普通高等教育“十三五”规划教材——化工环境系列

中国石油和石化工程教材出版基金资助项目

环境影响评价

牛显春　涂宁宇　杜　诚　主　编

赵　霞　邵　敏　张玉虎　韩严和　副主编

中国石化出版社

内 容 提 要

本书主要内容包括环境影响评价概述、建设项目工程分析、环境现状调查，以及大气、地表水、地下水、声、固体废物、生态、土壤的环境影响评价，环境风险评价和规划环境影响评价基本内容。

本书可作为高等院校环境类专业本科生和研究生教材，也可用作环境影响评价技术人员和管理人员的学习和应试用书，同时对环境保护部门和企事业单位的相关人员也有参考价值。

图书在版编目(CIP)数据

环境影响评价 / 牛显春，涂宁宇，杜诚主编．—北京：中国石化出版社，2020.12(2025.3 重印)
普通高等教育“十三五”规划教材，化工环境系列
ISBN 978-7-5114-6075-2

Ⅰ．①环… Ⅱ．①牛… ②涂… ③杜… Ⅲ．①环境影响-评价-高等学校-教材 Ⅳ．①X820.3

中国版本图书馆 CIP 数据核字(2020)第 252085 号

中国石化出版社出版发行

地址：北京市东城区安定门外大街 58 号
邮编：100011　电话：(010)57512500
发行部电话：(010)57512575
http://www.sinopec-press.com
E-mail:press@sinopec.com
北京捷迅佳彩印刷有限公司印刷
全国各地新华书店经销

*

787×1092 毫米 16 开本 14.75 印张 355 千字
2021 年 1 月第 1 版　2025 年 3 月第 2 次印刷
定价：45.00 元

《普通高等教育“十三五”规划教材——化工环境系列》
编　委　会

前　言

自 20 世纪 60 年代提出环境影响评价概念后，各国环境影响评价技术飞速发展，环境影响评价已经成为环境科学体系中一门重要的基础性学科。

1979 年 9 月，全国人大常委会通过了《中华人民共和国环境保护法〈试行〉》，2002 年 10 月颁布的《中华人民共和国环境影响评价法》使中国的环境影响评价制度更趋完善。建设和规划环境影响评价已成为环境影响审批前的一个重要环节，并为其提供了必要的技术支持和决策参考，是建设和规划项目环境管理的重要措施，对贯彻以预防为主的环境保护方针、防止或减轻新的污染和生态破坏，并带动老污染治理，发挥了十分重要的作用。

本书在编写过程中主要遵循以下原则：一是体现本科应用型教育特色，突出解决复杂环境工程问题的能力培养。因此本书在编制时重点介绍最新的环境影响评价技术和方法，特别考虑了加入工程实例及分析，尤其是重点强调了石化行业工程项目的案例及分析，强化理论与技术相结合，理论与实际相结合，提高学生分析、解决复杂环境工程问题的能力。二是突出教材内容的新颖性、实用性和系统性。由于地表水、地下水、大气、土壤等环境影响评价技术导则集中在 2016~2020 年之间进行了更新和修订，因此取材力求紧扣中国环境影响评价最新的政策、法律、标准、方法和环境影响评价技术导则，并充分体现绿水青山就是金山银山的理念，尊重自然、顺应自然、保护自然的理念，绿色发展、循环发展、低碳发展的理念等习近平生态文明思想的三大基本理念，使内容具有新颖性。

本书由广东石油化工学院牛显春、涂宁宇、杜诚担任主编；兰州理工大学赵霞、常州大学邵敏、首都师范大学张玉虎、北京石油化工学院韩严和担任副主编。

中国石化出版社为本书的出版做了大量的工作，付出了辛勤的劳动，在此一并表示感谢。

由于编者水平有限，时间仓促，疏漏和错误在所难免，望同行、读者批评指正。

目　　录

第一章 概 述

第一节 环境影响评价概述

一、基本概念

1. 环境

环境是一个相对的概念，不同学科对环境的定义差别较大。

环境作为环境影响评价的核心，其定义来源于《中华人民共和国环境保护法》，是指影响人类生存和发展的各种天然的和经过人工改造的自然因素的总体，包括大气、水、海洋、土地、矿藏、森林、草原、湿地、野生生物、自然遗迹、人文遗迹、自然保护区、风景名胜区、城市和乡村等。该定义从实际工作需求出发，对环境一词的法律适用对象或适用范围进行规定，以保证法律的准确实施。

环境是一个巨大、复杂多变的开放系统，是由自然环境和人类社会经济环境这两大互相联系和作用的系统组成的一个有机整体。通常情况下将环境质量作为人类生存和发展适宜程度的标志，将环境问题视为环境质量的变化问题。

2. 环境质量

环境质量指环境优劣的程度，即在一个具体的环境中，环境总体或某些要素对人群健康、生存和繁衍以及社会经济发展的适宜程度。环境质量可以用各种方法和手段作定性和定量描述。用于定量描述的有各种质量参数值、指标和质量模型；用于定性描述的是各种反映其程度的形容词、名词、短语，例如好、差、符合标准、不符合标准等。

环境质量是一个相对概念。随时间、地点变化，人类对环境质量的描述也会发生变化。因此，人类经常通过是否符合环境质量标准来判断环境质量的好坏。

3. 环境标准

环境标准是为了防治环境污染，维护生态平衡，保护人群健康，在综合考虑自然环境特征、科学技术水平和社会经济条件的基础上，按照一定的法定程序规定环境中污染物的允许含量和污染源排放污染物的数量、浓度、时间和速率以及其他有关技术规范。

环境标准随环境问题的产生而出现，随科技进步和环境科学的发展而发展，在种类(国家环境标准五类)和数量上也越来越多样化。政府部门往往依据不同的环境要素，制定出相应的环境质量标准，既为社会生产力的发展创造了良好的条件，但同时也受到社会生产力发展水平的制约。

4. 环境容量

环境容量是指一定地区(一般是地理单元)在特定的产业结构和污染源分布的前提下，根据地区的自然净化能力，为维持其自身的生态平衡，达到环境目标值所能承受的污染物存在的最大容纳量。

此外，环境容量还考虑到人们为了改善环境和治理环境污染物所建设的各种基础人工设施的影响。他们将环境容量分成以下三种类型。

环境容量Ⅰ：指环境的自净能力。在该容量限度之内，排放到环境中的污染物，通过物质的自然循环，一般不会对人群健康或自然生态造成危害。

环境容量Ⅱ：指不损害居民健康的环境容量。它既包括环境的自净能力，也包括环境保护设施对污染物的处理能力。因此，自然净化能力和人工设施处理能力越大，环境容量也就越大。

环境容量Ⅲ：指人类活动的地域容量。它包括环境容量Ⅰ和环境容量Ⅱ，并且加入了人类活动及其强度的因素。

因此，环境容量既包括环境本身的自净能力，也包括环境保护设施(如污水处理厂、废物回收处理站等)对污染物的处理能力。也就是说，环境自净能力和人工环保设施处理能力越大，环境容量就越大，承污能力也越大。现在，环境容量在环境保护工作中已有广泛应用，特别是应用于区域污染物总量控制和区域环境规划，以及为保持城市的环境功能，需要按环境制定的污染物排放总量控制规划等方面。

5. 环境影响

环境影响是指人类活动(经济活动和社会活动)对环境的作用和导致的环境变化，以及由此引起的对人类社会和经济的效应。它包括人类活动对环境的作用和环境对人类社会的反作用，这两个方面的作用可能是有益的，也可能是有害的。

环境影响按来源可分为直接影响、间接影响和累积影响；按影响效果可分为有利影响和不利影响；按影响性质可分为可恢复影响和不可恢复影响。另外环境影响还可分为短期影响和长期影响；地方影响、区域影响、国家影响和全球影响；建设阶段影响和运行阶段影响、单体影响和综合影响等。

6. 环境影响评价

环境影响评价，又称环境质量的预评价，是指人们在采取对环境有重大影响的建设和开发项目之前，在充分调查研究的基础上，识别、预测和评价该行动可能带来的影响，并按照社会经济发展与环境保护相协调的原则进行决策，在行动之前制定出环境影响及防治方案的报告。简言之，环境影响评价包含两个层面的含义，一个是技术方法层面，涉及物理学、化学、生态学、文化与社会经济等领域；另一个是管理制度层面，是以法律形式将环境影响评价作为环境管理中的一项制度规定下来。

环境影响评价按照评价对象可分为规划环境影响评价和建设项目环境影响评价；按照环境要素和专题可分为大气环境影响评价、地表水环境影响评价、声环境影响评价、生态影响评价、固体废物环境影响评价、土壤环境影响评价和建设项目环境风险评价等；按照时间顺序可分为环境质量现状评价、环境影响预测评价、建设项目环境影响后评价(或规划环境影响跟踪评价)。

环境影响评价是政府基于保护生态环境的目的所进行的活动，政府在决策或人们在从事相应生产活动时，充分考虑此行为对生态环境的影响，尽可能避免由此对环境造成的不利影响，从而使行政机关对环境价值的考虑更科学、更民主。

7. 环境影响评价制度

环境影响评价制度是环境影响评价活动的法律化、制度化，是国家通过立法对环境影响评价的对象、范围、内容、程序等进行规定而形成的有关环境影响评价活动的一套规则。环境影响评价不等于环境影响评价制度，前者是指人类开发活动的一种科学方法和技术手段，但没有约束力，后者提供了环境影响评价的法律依据。

环境影响评价制度的建立体现了人类环境意识的提高，是正确处理人与环境关系，保证社会经济领域环境协调发展的一大进步，它无论是以明确的法律形式确定，还是以其他形式存在，都具有强制性的共同特点。即法律规定对环境可能造成重大影响的建设项目或规划应当编制环境影响报告书，报告书的内容包括开发项目对自然环境、社会经济及经济发展将产生的影响，拟采取的环境保护措施及其经济、技术论证等。

二、我国环境影响评价的实施和发展

1. 环境影响评价的由来

环境影响评价的概念最早是在1964年加拿大召开的“国际环境质量评价会议”上提出的。1969年，美国国会通过的《国家环境政策法》(National Environmental Policy Act，NEPA)将环境影响评价作为联邦政府管理中心必须遵循的一项法律制度。20世纪70年代末，美国绝大多数州相继建立了各种形式的环境影响评价制度，积累了许多宝贵的经验和教训，为其他国家的环境影响评价工作提供了极富价值的参考。

1970年1月1日环境影响评价正式实施，标志着美国成为世界上第一个把环境影响评价用法律固定下来，并建立环境影响评价制度的国家。继美国环境影响评价制度确立后，先后有瑞典(1970年)、苏联(1972年)、日本(1972年)、新西兰(1973年)、加拿大(1973年)、澳大利亚(1974年)、马来西亚(1974年)、德国(1976年)、法国(1976年)、印度(1978年)、中国(1979年)、泰国(1979年)、印度尼西亚(1979年)、斯里兰卡(1979年)等国家建立了环境影响评价制度。到了20世纪90年代初期，非洲和南美洲的国家也相继制定了环境影响评价政策法规。

同时，一些国际组织和机构也纷纷制定了环境影响评价制度，如1970年世界银行设环境与健康事务办公室，对其每一个投资项目的环境影响作出审查和评价；1974年联合国环境规划署与加拿大联合召开了第一次环境影响评价会议；1984年联合国环境规划理事会第12届会议建议组织各国环境影响评价专家进行环境影响评价研究，为各国开展环境影响评价工作提供了方法和理论基础；1987年联合国环境规划署理事会作出了“关于环境影响评价的目标和原则”的第14/25号决议；1992年联合国环境与发展大会在里约热内卢召开会议通过的《里约环境与发展宣言》原则17宣告：对于拟议中可能对环境产生重大不利影响的活动，应进行环境影响评价，并由国家相关主管部门作出决策；1994年加拿大国际环境影响评价学会在魁北克市联合召开了第一届国际环境影响评价部长级会议，52个国家和组织机构参加了会议，会议作出了进行环境影响评价有效性研究的决定。许多国际环境条约，如《联合国气候变化框架公约》《生物多样性公约》等，也对环境影响评价制度做了相应规定。

经过近60年的发展，已有200余个国家建立、健全了环境影响评价制度，标志着环境影响评价已逐渐作为一项成熟的制度在全球范围内普及开来。

2. 环境影响评价制度的建立形成及发展

(1) 引入和确立阶段(1972~1979年)

1972年联合国斯德哥尔摩会议之后，我国开始对环境影响评价制度进行探讨和研究。1973年8月，在北京召开的第一次全国环境保护会议，揭开了我国环境保护工作的序幕。1974~1976年开展了“北京西郊环境质量评价研究”和“官厅水系水源保护研究”工作，由此开始了环境质量评价及其方法的研究和探索。在此基础上，1977 年中国科学院召开了“区域环境保护学术交流研讨会议”，进一步推动了大中城市的环境质量现状评价和重要水域的环境质量现状评价。

1978 年 12 月 31 日，中发〔1978〕79 号文件批转的国务院环境保护领导小组《环境保护工作汇报要点》中，首次提出了环境影响评价的意向。1979 年 4 月，国务院环境保护领导小组在《关于全国环境保护工作会议情况的报告》中，把环境影响评价作为一项方针政策再次提出。在国家的支持下，北京师范大学等单位率先在江西永平铜矿开展了我国第一个建设项目的环境影响评价工作。

1979 年 9 月全国人大常委会通过的《中华人民共和国环境保护法(试行)》确立了环境影响评价制度后，在以后颁布的各种环境保护法律、法规中，不断对环境影响评价进行规范，通过行政规章，逐步规范环境影响评价的内容、范围、程序，环境影响评价的技术方法也不断得到完善。

(2) 规范和建设阶段(1980~1989 年)

环境影响评价制度确立后，相继颁布的各项环境保护法律、法规和部门行政规章，使环境影响评价制度不断规范。

1981 年国家计划委员会、国家基本建设委员会、国家经济委员会和国务院环境保护领导小组联合发布了《基本建设项目环境保护管理办法》，把环境影响评价制度纳入到基本建设项目审批程序中。

此后，我国陆续颁布的一些环境保护法律和条例等都对环境影响评价作出了相关规定，如 1982 年颁布的《中华人民共和国海洋环境保护法》第六条、第九条和第十条，1984 年颁布的《中华人民共和国水污染防治法》第十三条，1987 年颁布的《中华人民共和国大气污染防治法》，1988 年颁布的《中华人民共和国野生动物保护法》和 1989 年颁布的《中华人民共和国环境噪声污染防治条例》。

国家还通过部门行政规章逐步明确了环境影响评价的内容、范围和程序，环境影响评价的技术方法也不断完善，如 1986 年 3 月颁布的《建设项目环境保护管理办法(试行)》对建设项目环境影响评价的范围、程序、审批和环境影响报告书(表)编制格式作了明确规定，同年颁布的《建设项目环境影响评价证书管理办法(试行)》在我国开始了对环境影响评价单位的资质进行管理。同期，环境影响评价的技术方法也得到不断探索与完善。

1989 年颁布的《中华人民共和国环境保护法》第十三条规定：建设污染环境的项目，必须遵守国家有关建设项目环境保护管理的规定。建设项目的环境影响报告书，必须对建设项目产生的污染和对环境的影响作出评价，规定防治措施，经项目主管部门预审并依照规定的程序报环境保护行政主管部门批准。环境影响报告书经批准后，计划部门方可批准建设项目设计任务书。

同时，各地方也根据《建设项目环境保护管理办法》制定了适用于本地的建设项目环境影响评价行政法规，各行业主管部门也陆续制定了建设项目环境保护管理的行业行政规章，初步形成了国家、地方、行业相配套的建设项目环境影响评价的多层次法规体系。

这期间，在环境影响评价技术方法上也进行了广泛研究和探讨，取得了明显进展。环境影响评价覆盖面积越来越大，“六五”期间(1980~1985 年)全国共完成大中型项目环境影响评价 2592 个，其中有 84 个项目的环境影响评价指导和优化了项目选址。1980~1989 年这十年，是环境影响评价制度在中国形成规范和建设发展阶段。

（3）强化和完善阶段（1990~2002年）

进入20世纪90年代，环境影响评价制度进一步得到强化与完善。

1990年6月颁布的《建设项目环境保护管理程序》明确了建设项目环境影响评价的管理程序和审批资格。

随着外商投资和国际金融组织贷款项目的增多，1992年，原国家环保局和外经贸部又联合颁发了《关于加强外商投资建设项目环境保护管理的通知》；1993年原国家环保局、国家计委、财政部联合颁布了《关于加强国际金融组织贷款建设项目环境影响评价管理工作的通知》。

此外，针对建设项目的多渠道立项和开发区的兴起，1993年国家环保局及时下发了《关于进一步做好建设项目环境保护管理工作的几点意见》，提出了"先评价，后建设""环境影响评价分类管理"和"对开发区进行区域环境影响评价"的规定。

1994年起，开始了环境影响评价招标试点，原国家环保局选择上海吴泾电厂、常熟氟化工项目等十几个项目陆续进行了公开招标，甘肃、福建、陕西、辽宁、新疆、江苏等省积极进行了招标试点和推广，江苏、陕西、甘肃等省还制定了较规范的招标办法。招标对提高环境影响评价质量，克服地方和行业的狭隘保护主义起到了积极推动作用。

第三产业蓬勃发展也带来了相应的扰民问题，1995年原国家环保局、国家工商行政管理局又联合颁发《关于加强饮食娱乐服务企业环境管理的通知》，及时对改革开放新形势下的新问题进行了规范，刹住了建设项目中出现的一些错误倾向，纠正了行政的违法行为。

1996年召开了第四次全国环境保护工作会议，各级环境保护主管部门认真落实《国务院关于环境保护若干问题的决定》，严格把关，坚决控制新污染，对不符合环境保护要求的项目实施"一票否决"。各地加强了对建设项目的检查和审批，并实施污染物总量控制，环评中还强化了"清洁生产"和"公众参与"的内容，强化了生态环境影响评价。环境影响评价的深度和广度得到进一步扩展。

随后，在已有工作基础上，1993年国家环保局发布了《环境影响评价技术导则（总纲、大气环境、地面水环境）》，1996年发布《环境影响评价技术导则声环境》《电磁辐射环境影响评价方法与标准》《辐射环境保护管理导则》《火电厂建设项目环境影响报告书编制规范》，1997年发布《环境影响评价技术导则非污染生态影响》，2011年发布《环境影响评价技术导则 生态影响》。

1998年11月29日，国务院颁布实施了《建设项目环境保护管理条例》，这是建设项目环境管理的第一个行政法规，提升了我国环境影响评价制度的法律地位，进一步对环境影响评价做出了明确规定。

1999年4月环境保护总局发布的《建设项目环境保护分类管理名录（试行）》公布了分类管理名录，从此将建设项目按照分类管理名录编制环境影响评价文件。

这一阶段，我国建设项目环境影响评价在法规建设、评价方法建设、评价队伍建设及评价对象和评价内容的拓展等方面，取得了全面进展。

2002年10月28日，第九届全国人大常委会通过了《中华人民共和国环境影响评价法》并于2003年9月1日正式实施，至此我国的环境影响评价制度进入了一个新的阶段。环境影响评价从项目环境影响评价拓展到规划环境影响评价，是环境影响评价制度的重大发展。

（4）提高和拓展阶段（2003~2015年）

2003年9月1日起实施的《中华人民共和国环境影响评价法》使环境影响评价从建设项

目环境影响评价扩展到规划环境影响评价，是我国环境影响评价制度的重大进步，标志着我国环境影响评价制度法律地位的进一步提高。

环境保护总局于2003年发布了《规划环境影响评价技术导则(试行)》和《专项规划环境影响报告书审查办法》，明确了规划环境影响评价的基本内容、工作程序、指标体系以及评价方法等；2004年制定了《编制环境影响报告书的规划的具体范围(试行)》《编制环境影响篇章或说明的规划的具体范围(试行)》。

2003年环境保护总局初步建立了环境影响评价基础数据库，有效管理了环境影响评价据与文件，促进各部门、各单位之间在环境影响评价方面的信息交流与共享，推进了环境影响评价制度的健康发展。同年建立国家环境影响评价审查专家库，保证环境影响评价审查的公正性。

2004年2月，人事部、原国家环境保护总局决定在全国环境影响评价行业建立环境影响评价工程师执业资格制度，对环境影响评价这门科学和技术以及从业者提出了更高的要求。人事部、国家环境保护总局发布了《环境影响评价工程师职业资格制度暂行规定》《环境影响评价工程师职业资格考试实施办法》《环境影响评价工程师职业资格考核认定办法》等文件，并于2004年4月1日起实施。建立环境影响评价工程师职业资格制度是为了进一步加强对环境影响评价专业技术人员的管理，规范环境影响评价的行为，提高环境影响评价专业技术人员的素质和业务水平，保证环境影响评价工作的质量，维护国家环境安全和公众利益。

2004年，环境保护总局首次发布《建设项目环境风险评价技术导则》，随后环境保护部相继修订并颁布了《环境影响评价技术导则 大气环境》(HJ 2.2—2008)、《环境影响评价技术导则声环境》(HJ 2.4—2009)等。

2005年8月15日，国家环境保护总局第26号令《建设项目环境影响评价资质管理办法》规定，评价机构只有在经国家环境保护总局审查合格，取得《建设项目环境影响评价资质证书》后，方可在资质证书规定的资质等级和评价范围内从事环境影响评价技术服务。按照资格证书规定的等级(甲级和乙级)和范围，从事建设项目环境影响评价工作，并对评价结果负责。

2009年8月17日国务院颁布《规划环境影响评价条例》，自2009年10月1日起施行。这是我国环境立法的重大进展，标志着环境保护参与综合决策进入新阶段。

国家环境保护标准的修订与制定与时俱进，取得了突飞猛进的发展，为环境影响评价工作提供了大量的技术依据，并在2011年发布《环境影响评价技术导则生态影响》(HJ 19—2011)、《环境影响评价技术导则总纲》(HJ 2.1—2011)、《环境影响评价技术导则地下水环境》(HJ 610—2011)、《规划环境影响评价技术导则总纲》(HJ 130—2014)等技术导则。

2014年4月24日全国人大常委会通过了新修订的《中华人民共和国环境保护法》于2015年1月1日施行，标志着我国环境保护管理进入了新的阶段。

在2015年年底及2016年年初，环保部又先后出台了《关于加强规划环境影响评价与建设项目环境影响评价联动工作的意见》《关于开展规划环境影响评价会商的指导意见(试行)》《建设项目环境保护事中事后监督管理办法》《建设项目环境影响后评价管理办法》《建设项目环境影响评价区域限批管理办法》《建设项目环境影响评价信息公开机制方案》和《关于规划环境影响评价加强空间管制、总量管控和环境准入的指导意见(试行)》等一系列环评制度性文件，推动规划环评“落地”。其中，规划环境影响评价对建设项目环境影响评价具有指导和约束作用，建设项目环境保护管理中应落实规划环境影响评价的成果，进一步阐明了建设项目环境影响评价与规划环境影响评价的相互联系。

(5) 改革和优化阶段(2016年至今)

2016年7月2日全国人大常委会通过了修订的《中华人民共和国环境影响评价法》。随后，环境保护部印发了《“十三五”环境影响评价改革实施方案》(环评〔2016〕95号)为在新时期发挥环境影响评价源头预防环境污染和生态破坏的作用、推动实现“十三五”绿色发展和改善生态环境质量总体目标，制定了实施方案。至此，环境影响评价进入了改革和优化阶段。

2016年12月8日环境保护部发布了修订的《建设项目环境影响评价技术导则总纲》(HJ 2.1—2016)，于2017年1月1日起实施；2017年1月5日发布了《排污许可证管理暂行规定》，同年5月25日发布了《建设项目环境风险评价技术导则(征求意见稿)》。

2017年6月21日国务院常务会议通过了《国务院关于修改〈建设项目环境保护管理条例〉的决定(草案)》，于2017年10月1日起施行。与原条例相比，该条例删除了有关行政审批事项；取消了对环境影响评价单位的资质管理；将环境影响登记表由审批制改为备案制；将建设项目环境保护设施竣工验收由环境保护部门验收改为建设单位自主验收；简化了环境影响评价程序；细化了审批要求；强化了事中事后监管；加大了处罚力度；强化了信息公开和公众参与。

随后，环境保护部发布了修订的《建设项目环境影响评价分类管理名录》，于2017年9月1日起施行；为贯彻落实“放管服”改革，生态环境部于2020年发布了修订的《建设项目环境影响评价分类管理名录(2021年版)》。

近年来，大部分环境影响评价技术导则都进行了更新。2017年8月7日和10日分别公布了《环境影响评价技术导则大气环境(征求意见稿)》和《环境影响评价技术导则 土壤环境(征求意见稿)》，开始了大气环境和土壤环境影响评价技术标准的更新。2017年12月25日通过了《“生态保护红线、环境质量底线、资源利用上线和环境准入负面清单”编制技术指南(试行)》，持续深化环境影响评价制度改革。2018年5月21日发布《规划环境影响评价技术导则 总纲(征求意见稿)》，加强规划环境影响评价技术指导。

部分环境影响评价技术导则更新，2018年7月31日发布了《环境影响评价技术导则 大气环境》(HJ 2.2—2018，于2018年12月1日实施)；2018年9月13日发布了《环境影响评价技术导则土壤环境(试行)》(HJ 964—2018，于2019年7月1日实施)；2018年9月30日发布了《环境影响评价技术导则 地表水环境》(HJ 2.3—2018，于2019年3月1日实施)；2018年10月14日发布了《建设项目环境风险评价技术导则》(HJ 169—2018，于2019年3月1日实施)。生态环境部印发《规划环境影响评价技术导则 总纲》(HJ 130—2019)，并于2020年3月1日起实施。该导则新增了与“生态保护红线、环境质量底线、资源利用上线和生态环境准入清单”(简称“三线一单”)工作的衔接。

3. 我国环境影响评价制度的特点

自1979年我国的环境影响评价制度确立以来，我国环境影响评价制度借鉴国内外经验并结合中国的实际情况不断发展，逐渐形成一套完备的制度体系。我国的环境影响评价制度主要特点表现在以下5个方面：

(1) 具有法律强制性。我国的环境影响评价制度是《中华人民共和国环境保护法》和《中华人民共和国环境影响评价法》明令规定的一项法律制度，以法律形式约束人们必须遵照执行，具有不可违背的强制性，所有对环境有影响的建设项目都必须执行这一制度。

(2) 纳入基本建设程序。我国多年实行计划体制，改革开放以来，虽然实行社会主义市场经济，但在固定资产上国家仍然有较多的审批环节和产业政策控制，强调基建程序。多年来，建设项目的环境管理一直纳入到基本建设程序管理中。《中华人民共和国环境保护法》《中华人民共和国环境影响评价法》和《建设项目环境保护管理条例》均明确规定，依法编制环境影响评价报告书(表)的建设单位应当在建设项目开工建设前，将环境影响报告书(表)报有审批权的环境保护行政主管部门审批。建设项目的环境影响报告书(表)未依法经审批部门审查或者审查后未予以批准的，建设单位不得开工建设。

(3) 分类管理。国家规定，对造成不同程度环境影响评价的建设项目实行分类管理。对环境有重大影响的必须编写环境影响报告书；对环境影响较小的项目可以编写环境影响报告表；而对环境影响很小的项目，可只填报环境影响登记表。评价工作的重点也因类而异，对新建项目，评价重点主要是解决合理布局、优化选址和总量控制；对扩建和技改项目，评价的重点在于工程实施前后可能对环境造成的影响及“以新带老”，加强原有污染治理，改善环境质量。

(4) 分级审批。分级审批是指建设对环境影响的项目，不论投资主体、资金来源、项目性质和投资规模，其环境影响报告书(表)均按照规定确定分级审批权限，由环境保护部、省(自治区、直辖市)和市、县等不同级别环境保护行政主管部门负责审批。分级审批的依据是2017年10月1日起实行的《建设项目环境保护管理条例》。

(5) 取消评价资格审核认定制。为确保环境影响评价工作的质量，自1986年起，我国建立了环境影响评价单位的资格审查制度，强调评价机构必须具有法人资格，具有与评价内容相适应的固定在编的各专业人员和测试手段，能够对评价结果负起法律责任。评价资格经审核认定后，颁发环境影响评价资格证书。

但是2018年12月29日，第十三届全国人大常委会第七次会议通过了对《环境影响评价法》的修改，正式取消环境影响评价机构资质行政许可，并规定环评编制单位应当为独立法人，并具备统一社会信用代码；建设单位具备相应技术能力的，也可自行编制环境影响报告书(表)。

第二节　环境标准与环境法规

一、环境标准

1. 环境标准及其作用

环境标准是为防治环境污染，维护生态平衡，保护人体健康，国务院环境保护行政主管部门和省、自治区、直辖市人民政府依据国家有关法律规定，对环境保护工作中需要统一的各技术规范和技术要求所做的规定。具体地讲，环境标准是对环境中污染物的允许含量和污染源排放污染物的数量、质量、浓度、速度、时间及其监测方法和样品等的统一规定。

环境标准在保护环境、控制环境污染与破坏中所起的作用如下：

(1) 国家环境保护法规的重要组成部分

我国环境标准是依据国家有关法律规定制定的，绝大多数环境标准是法律规定必须严格贯彻执行的强制性标准，具有法律约束性，因而成为环境保护法规的重要组成部分。

(2) 环境保护规划的具体体现

环境保护规划的核心是对一定区域在一定时期内采取合理有效的环境保护和预防措施以达到预期的环境目标，此环境目标主要通过量化的环境标准来体现。

(3) 环境管理和环境执法的技术依据

环境管理要求在污染源控制与环境目标管理之间建立定量评价关系，并通过综合分析控制污染物排放量，确保环境质量状况。环境标准为这种定量评价关系的建立提供了统一的技术参数和技术方法，成为环境管理和环境执法的技术依据，如环境质量标准用于确认环境是否被污染，为衡量环境质量状况提供依据；污染物排放标准用于确认排污行为是否合法，为衡量污染源是否超标排放提供依据。

(4) 环境保护科技进步的动力

环境标准是以相关领域科学技术和生产实践的综合成果为依据制定的，具有科学性、先进性，体现了今后一段时期内科学技术的发展方向，目的是使标准在某种程度上成为判断污染防治技术、生产工艺与设备是否先进可行的依据，成为筛选、评价环境保护科技成果的一个重要尺度；对技术起步起到导向作用。同时，环境方法、样品、基础标准统一采样、分析、测试、统计计算等技术方法，规范了环境保护有关技术名词、术语等，保证了环境信息的可比性，使环境科学各学科之间、环境监督管理各部门之间以及环境科研和环境管理部门之间有效的信息交往和相互促进成为可能。环境标准的实施使一些先进的环境保护科技成果被强制推广和使用，引导环境科学与技术的进步，促进了污染防治新技术、新工艺、新设备的研发和应用。

(5) 环境评价的准绳

无论是环境质量现状评价还是环境影响预测评价，均需要依据具体的环境标准给出定量的比较和分析，才能正确判断环境质量状况优劣和环境影响大小，使环境评价更具有准确性、公正性和可信性。

(6) 投资导向作用

环境标准中的具体指标数据是确定治理污染源、治理污染投入资金的技术依据，在基本建设和技术改造项目中也是根据标准值，确定治理程度，提前安排污染防治资金。环境标准对环境投资的这种导向作用是明显的。

2. 环境标准体系的组成与相互关系

各个环境标准之间是相互联系、相互依存和相互补充的。环境标准体系是指各种不同环境标准依据其性质、功能及其相互间的内在联系，相互依存、相互补充、相互制约所构成的一个有机整体。环境标准体系依据国际或国家不同时期的社会经济状况和科学技术发展水平而不断修订、补充和发展。

(1) 环境标准体系的组成

环境标准体系从级别上分为国家环境标准(用 GB 表示)、地方环境标准(用 DB 表示)和生态环境部(原环境保护部)标准(用 HJ 表示)，见图 1-1。

国家环境标准是国家依据有关法律规定，对全国环境保护工作范围内需要统一的各项技术规范和技术要求所作的规定，包括国家环境质量标准、国家污染物排放(控制)标准、国家环境监测方法标准、国家环境标准样品标准和国家环境基础标准。

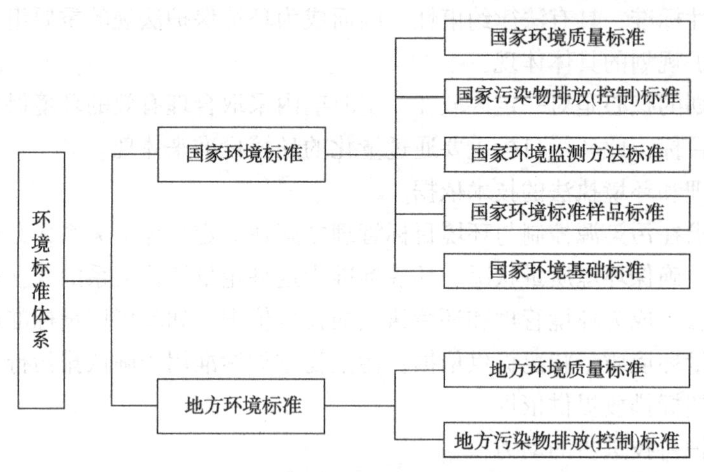

图 1-1　中国现行的环境标准体系

地方环境标准由省、自治区、直辖市人民政府批准和发布，是对国家环境标准的补充和完善。地方环境标准包括地方环境质量标准和地方污染物排放(控制)标准。国家环境质量标准和国家污染物排放(控制)标准中未作出规定的项，可以制定地方环境质量标准和地方污染物排放(控制)标准；国家环境质量标准和国家污染物排放(控制)标准已作规定的项目，可以制定严于该标准的地方环境质量标准和地方污染物排放(控制)标准。地方环境质量标准和地方污染物排放(控制)标准应当报国务院环境保护主管部门备案。

生态环境部标准是指环境保护部在环境保护工作中对需要统一的技术要求所制定的标准，包括执行各项环境管理制度，监测技术，环境区划、规划的技术要求、规范、导则等。

① 环境质量标准　环境质量标准是指在一定时间和空间范围内，对各种环境要素(如大气、水、土壤等)中的污染物或污染因子所规定的允许含量和要求，是衡量环境污染的尺度，也是环境保护有关部门进行环境管理、制定污染排放标准的依据。环境质量标准主要包括空气质量标准、水环境质量标准、环境噪声及土壤、生物质量标准等。污染报警标准是一种环境质量标准，其目的是使人群健康不致被严重损害。如《环境空气质量标准》(GB 3095—2012)、《声环境质量标准》(GB 3096—2008)、《地表水环境质量标准(GB 3838—2002)、《土壤环境质量建设用地土壤污染风险管控标准(试行)》(GB 36600—2018)、《土壤环境质量 农用地土壤污染风险管理标准(试行)》(GB 15618—2018)等。

② 污染物排放标准　污染物排放(控制)标准是国家或地方为实现环境质量标准，根据环境质量要求，结合环境特点和社会、经济、技术条件，对污染源排入环境的有害物质和产生的有害因素的允许限值或排放量所做的规定。它是实现环境质量目标的重要手段。规定了污染物排放标准，就要求严格控制污染物的排放量。这能促使排污单位采取各种有效措施加强管理和污染管理，使污染物排放达到标准。污染物排放标准按污染物的状态分为气态、液态和固态污染物排放标准，还有物理污染(如噪声、振动、电磁辐射等)控制标准；按其适用范围可分为通用(综合)排放标准和行业排放标准，行业排放标准又可分为指定的部门行业污染物排放标准和一般行业污染物排放标准。如：《无机化学工业污染物排放标准》(GB 31573—2015)、《石油炼制工业污染物排放标准》(GB 31570—2015)、《工业企业厂界环境噪声排放标准》(GB 12348—2008)、《生活垃圾填埋场污染控制标准》(GB 16889—2008)、《辽宁省污水综合排放标准》(DB 21/1627—2008)、《污水综合排放标准》

（GB 8978—1996）、《大气污染物综合排放标准》（GB 16297—1996）等。随着国民经济的迅速发展和环境保护形势的变化，行业性排放标准不断完善，综合性排放标准适用范围不断缩小。

③ 环境方法标准　环境监测方法标准是在环境保护工作中，为监测环境质量和污染物排放状况，对采样方法、分析方法、测试方法及数据处理要求等所作的统一规定，如《建筑施工场界环境噪声排放标准》（GB 12523—2011）、《环境空气颗粒物（$PM_{2.5}$）手工监测方法（重量法）技术规范》（HJ 656—2013）、《机场周围飞机噪声测量方法》（GB 9661—1988）等。

④ 环境标样品标准　环境标准样品是在环境保护工作中用来标定监测仪器、验证测量方法、进行量值传递或质量控制的标准材料或物质，该标准是对这些样品应达到的要求所作的规定。如《气体标准样品——空气中甲烷》（GSB 07-1411-2001）、《无机标准溶液——亚硝酸盐》（GSB 05-1142-2000）等。

⑤ 环境基础标准　环境基础标准是在环境保护工作范围内，对有指导意义的导则、指南、名词术语、符号、代号、标记方法、标准编排方法等所做的统一规定。如《集中式饮用水水源编码规范》（HJ 747—2015）、《环境保护标准编制出版技术指南》（HJ 565—2015）、《制定地方大气污染物排放标准的技术方法》（GB/T 3840—1991）等。

（2）环境标准的权限和法律效力

国家环境标准和生态环境部标准在全国范围内执行。国家环境标准发布后，相应的环境保护部标准自行废止。地方环境标准在颁布该标准的省、自治区、直辖市辖区范围内执行。

国家环境标准和环境保护部标准分为强制性标准和推荐性（以 T 表示）标准。环境质量标准、污染物排放标准和法律、行政法规规定必须执行的其他环境标准为强制性标准。强制性环境标准必须执行，超标即违法。强制性标准以外的环境标准属于推荐性标准。国家鼓励采用推荐性环境标准，推荐性环境标准被强制性标准引用时，也必须强制执行。

（3）环境标准之间的关系

环境质量标准和污染物排放标准是环境标准体系的核心，前者为后者的制定提供依据，后者是保证实现前者的手段和措施。环境基础标准为各种标准提供了统一的语言，对统一、规范环境标准具有指导作用，是环境标准体系的基础。环境监测方法标准是环境标准体系的支持系统，是执行环境质量标准和污染物排放标准并实现统一管理的基础。

具体执行中，地方环境标准优于国家环境标准，如辽宁省污水排放执行《辽宁省污水综合排放标准》（DB 21/1627—2008），而不执行国家《污水综合排放标准》（GB 8978—1996）。

污染物排放标准（国家排放标准、生态环境部排放标准以及地方排放标准）从适用对象上分为跨行业综合排放标准和行业排放标准，两者不交叉执行，有行业排放标准的项目执行行业排放标准，没有行业排放标准的项目执行综合排放标准，如石油炼制工业执行《石油炼制工业污染物排放标准》（GB 31570—2015）、城镇污水处理厂排放污水执行《城镇污水处理厂污染物排放标准》（GB 18918—2002）。

3. 常用环境标准

（1）环境质量标准

环境质量标准是为了保障人体健康、维护生态环境、保证资源充分利用，并考虑技术、经济条件，而对环境中有害物质和因素作出的限制性规定。

① 水环境质量标准　水环境质量标准是对水中污染物或其他物质的最大容许浓度所作的规定。水环境质量标准按水体类型分为地表水环境质量标准、海水水质标准和地下水质量

标准等；按水资源的用途分为生活饮用水水质标准、渔业用水水质标准、农业用水水质标准、娱乐用水水质标准和各种工业用水水质标准等。

② 大气环境质量标准　大气环境质量标准是对大气中污染物或其他物质的最大容许浓度所作的规定。目前世界上已有 80 多个同家颁布了大气环境质量标准，主要对二氧化硫、飘尘、氮氧化物、一氧化碳和氧化剂等污染物的最大容许浓度作出了规定。

③ 土壤环境质量标准　土壤质量标准在是对污染物在土壤中的最大容许含量所作的规定：土壤中污染物主要通过水、食用植物、动物进入人体，因此，土壤质量标准中所列的主要是在土壤中不易降解和危害较大的污染物。

④ 生物质量标准　生物质量标准是对污染物在生物体内的最高容许含量所作的规定。污染物可通过大气、水、土壤、食物链或直接接触而进入生物体，危害人群健康和生态系统。

⑤ 声环境质量标准　声环境质量标准规定了五类声环境功能区的环境噪声限值及测量方法。适用于声环境质量评价与管理。

按区域的使用功能特点环境质量要求，声环境功能区分为以下五种类型：

0 类声环境功能区：指康复疗养区等特别需要安静的区域。

1 类声环境功能区：指以居民住宅、医疗卫生、文化教育，科研设计、行政办公为主要功能，需要保持安静的区域。

2 类声环境功能区：指以商业金融、市集贸易为主要功能，或者居住、商业、工业混杂，需要维护住宅安静的区域。

3 类声环境功能区：指以工业生产、仓储物流为主要功能，需要防止工业噪声对周围环境产生严重影响的区域。

4 类声环境功能区：指交通干线两侧一定距离之内，需要防止交通噪声对周围环境产生严重影响的区域，包括 4a 类和 4b 类两种类型。4a 类为高速公路、一级公路、二级公路、城市快速路、城市主干路、城市次干路、城市轨道交通(地面段)、内河航道两侧区域；4b 类为铁路干线两侧区域。

除上述五类环境质量标准外，还有辐射、振动、放射性物质和一些建筑材料、构筑物等方面的质量标准。中国已经颁布了《环境空气质量标准》(GB 3095—2012)、《地表水环境质量标准》(GB 3838—2002)、《地下水质量标准》(GB/T 14848—2017)、《声环境质量标准》(GB 3096—2008)、《土壤环境质量 建设用地土壤污染风险管控标准(试行)》(GB 36600—2018)、《土壤环境质量 农用地土壤污染风险管控标准(试行)》(GB 15618—2018 代替 GB 15618—1995)等。

（2）污染物排放标准

污染物排放标准是国家对人为污染源排入环境的污染物的浓度或总量所作的限量规定。其目的是通过控制污染源排污量的途径来实现环境质量标准或环境目标，污染物排放标准按污染物形态分为气态、液态、固态以及物理性污染物(如噪声)排放标准。

① 通用排放标准　通用的污染物排放标准规定一定范围(全国或一个区域)内普遍存在或危害较大的各种污染物的容许排放量，适用于各个行业。有的通用排放标准按不同排向(如水污染物按排入下水道、河流、湖泊、海域)分别规定容许排放量。行业的污染物排放标准规定某一行业所排放的各种污染物的容许排放量，只对该行业有约束力。因此，同一污染物在不同行业中的容许排放量可能不同。

② 行业排放标准　行业的污染物排放标准还可以按不同生产工序规定污染物容许排放量，如钢铁工业的废水排放标准可按炼焦、烧结、炼铁、炼钢、酸洗等工序分别规定废水中的 pH、悬浮物总量和油等的容许排放量。

二、环境法规

1. 法规的构成

目前，我国建立了以法律、环境保护行政法规、政府部门规章、地方性法规和地方性规章、环境标准、环境保护国际条约组成的比较完整的环境保护法律法规体系。

（1）法律

我国有关环境保护的法律包括宪法、环境保护综合法、环境保护单行法和环境保护相关法。

① 宪法　1982 年通过的《中华人民共和国宪法》(2018 年修正)第九条第二款规定："国家保障自然资源的合理利用，保护珍贵的动物和植物，禁止任何组织或者个人用任何手段侵占或者破坏自然资源。"第二十六条第一款规定："国家保护和改善生活环境和生态环境，防治污染和其他公害。"这些规定为我国环境保护的立法提供了依据和指导原则。

② 环境保护综合法　1989 年颁布实施的《中华人民共和国环境保护法》是我国环境保护的综合法，也是环境保护具体工作中遵照执行的基本法。该法由第十二届全国人民代表大会常务委员会第八次会议通过修订，于 2015 年 1 月 1 日起施行。修订后，该法共七章七十条，分为总则、监督管理、保护和改善环境、防治污染和其他公害、信息公开和公众参与、法律责任和附则。与修订前的六章四十七条相比，进一步明确了 21 世纪环境保护工作的指导思想，规定了环境影响评价制度的具体要求。如第十九条规定："编制有关开发利用规划，建设对环境有影响的项目，应当依法进行环境影响评价。未依法进行环境影响评价的开发利用规划，不得组织实施；未依法进行环境影响评价的建设项目，不得开工建设。"第五十六条规定："对依法应当编制环境影响报告书的建设项目，建设单位应当在编制时向可能受影响的公众说明情况，充分征求意见。负责审批建设项目环境影响评价文件的部门在收到建设项目环境影响报告书后，除涉及国家秘密和商业秘密的事项外，应当全文公开；发现建设项目未充分征求公众意见的，应当责成建设单位征求公众意见。"

③ 环境保护单行法　除《中华人民共和国环境保护法》之外，针对特定的环境保护对象、领域或特定的环境管理制度而进行的专门立法，是宪法和环境保护综合法的具体体现，是实施环境管理、处理环境问题的直接法律依据。随着我国社会经济发展和环境保护形势的变化，一些环境保护单行法陆续被重新修正或修改。如第十二届全国人民代表大会常务委员会第三十次会议、第二十八次会议、第二十一次会议、第十六次会议分别修正或修改了《中华人民共和国海洋环境保护法》(2017 年 11 月 5 日起施行)、《中华人民共和国水污染防治法》(2018 年 1 月 1 日起施行)、《中华人民共和国环境影响评价法》(2016 年 9 月 1 日起施行)、《中华人民共和国大气污染防治法》(2016 年 1 月 1 日起施行)等。这些法律中都规定了环境影响评价的内容，使环境保护落实到具体工作中更具有针对性和可行性，在环境保护法律体系中占有重要的地位。

④ 环境保护相关法　指一些自然资源保护法和其他有关法律，如《中华人民共和国水法》和《中华人民共和国节约能源法》(2016 年 7 月 2 日通过修订并施行)、《中华人民共和国城乡规划法》(2008 年 1 月 1 日起施行)等，其中都涉及了环境保护的有关要求，成为环境保

护法律法规体系的一个重要组成部分。

(2) 环境保护行政法规

由国务院依照宪法和法律的授权，按照法定程序颁布或通过的关于环境保护方面的行政法规，几乎覆盖了所有环境保护的行政管理领域，其效力仅低于环境保护法律，在实际工作中起到解释法律、规定环境执法的行政程序等作用，在一定程度上弥补了环境保护综合法和单行法的不足。如《规划环境影响评价条例》(2009 年 10 月 1 日起施行)、《城镇排水与污水处理条例》(2014 年 1 月 1 日起施行)、《建设项目环境保护管理条例》(2017 年 10 月 1 日起施行)等。

(3) 环境保护部门规章

由环境保护行政主管部门及其他有关行政机关依照《中华人民共和国宪法》授权制定的关于环境保护的规范性文件，在具体环境保护和环境管理工作中针对性和可操作性强。如《环境保护主管部门实施按日连续处罚办法》(2015 年 1 月 1 日起施行)、《环境影响评价公众参与办法》(2019 年 1 月 1 日起施行)、《国家危险废物名录》(2016 年 8 月 1 日起施行)、《建设项目环境影响评价分类管理名录》(2017 年 9 月 1 日起施行)。

(4) 地方性法规和地方性规章

由享有立法权的地方行政机关和地方政府机关依据《中华人民共和国宪法》和相关法律的规定，根据当地实际情况和特定环境问题制定，在其行政区范围内实施，具有较强的可操作性。目前我国各地都存在着大量的环境保护地方性法规及规章，如《辽宁省扬尘污染防治管理办法》(2013 年 7 月 1 日起施行)、《大连市饮用水水源保区污染防治办法》(2013 年 11 月 1 日起施行)、《河南省减少污染物排放条例》(2014 年 1 月 1 日起施行)、《郑州市大气污染防治条例》(2015 年 3 月 1 日起施行)、《黑龙江省湿地保护条例》(2016 年 8 月 1 日起施行)、《哈尔滨市机动车排气污染防治条例》(2017 年 9 月 1 日起施行)等。

(5) 环境标准

环境标准是国家为了维护环境质量、实施污染控制，按照法定程序制定的各种技术规范和要求，是具有法律性质的技术标准。如《污水综合排放标准》(GB 8978—1996)、《环境空气质量标准》(GB 3095—2012)、《声环境功能区划分技术规范》(GB/T 15190—2014)、《石油炼制工业污染物排放标准》(GB 31570—2015)、《生态环境状况评价技术规范》(HJ 192—2015)、《建设项目环境影响评价技术导则　总纲》(HJ 2.1—2016)等。环境保护法律中都规定了实施环境标准的条款，使其成为环境执法必不可少的依据和环境保护法规的重要组成部分。

(6) 环境保护国际公约

为解决突出的全球性环境问题，在联合国环境规划署牵头组织下，各国经过艰苦谈判达成了一系列环境公约，并以法律制度的形式确定各方的权利和义务，以推动国际社会采取共同行动，使环境问题得到解决或改善。目前我国已签署 40 多个环境保护国际公约和条约，其中由我国牵头的有《保护臭氧层维也纳公约》(1989 年 12 月 10 日对中国生效)、《生物多样性公约》(1993 年 12 月 29 日生效)、《关于持久性有机污染物的斯德哥尔摩公约》(2004 年 11 月 11 日对中国生效)等。

2. 环境法规的相互关系

我国环境保护法律法规各层次之间的相互关系包括以下几点：

(1)《中华人民共和国宪法》是环境保护法律法规体系的基础，是制定其他各种环境保护法律、法规、规章的依据。在法律层面上，无论是综合法、单行法还是相关法，其中有关环境保护要求的法律效力是等同的。

（2）如果法律规定中出现不一致的内容，按照发布时间的先后顺序，遵循后颁布法律的效力大于先前颁布法律的效力。

（3）国务院环境保护行政法规的地位仅次于法律。

（4）部门行政规章、地方性环境法规和地方性环境规章均不得违背法律和环境保护行政法规。地方法规和地方政府规章只在制定本法规、规章的辖区内有效。

（5）我国参加和签署的环境保护国际公约与我国环境法规有不同规定时，优先适用国际公约的规定，但我国声明保留的条款除外。

3. 环境影响评价的重要法律法规

（1）中华人民共和国环境影响评价法

该法作为一部环境保护单行法，自 2003 年 9 月 1 日起施行，共五章三十七条，是我国环境影响评价工作的直接法律依据。该法分别在第十二届全国人民代表大会常务委员会第二十一次会议通过了第一次修正(2016 年 7 月 2 日)、第十三届全国人民代表大会常务委员会第七次会议(2018 年 12 月 29 日)通过了第二次修正。该法具体内容包括总则、规划的环境影响评价、建设项目的环境影响评价、法律责任和附则。

① 总则　规定了立法目的、法律定义、适用范围、基本原则、公众参与等。

② 规划的环境影响评价　规定了规划环境影响评价的类别、范围及评价要求；规定了专项规划环境影响报告书的主要内容、报审时限、审查程序和审查时限、报告书结论和审查意见；规定了规划有关环境影响的篇章或说明的主要内容和报送要求等内容。

③ 建设项目的环境影响评价　规定了建设项目环境影响评价的分类管理和分级审批制度；规定了提供环境影响评价技术服务机构的资质审查及要求；规定了建设项目环境影响报告书的编写内容等。

④ 法律责任　规定了规划编制机关、规划审批机关、项目建设单位、环境评价技术服务机构、环境保护行政主管部门或者其他部门的主管人员和相关工作人员违反本法规所必须承担的法律责任。

⑤ 附则　规定了省级人民政府可根据本地的实际情况，制定具体办法对辖区的县级人民政府编制的规划进行环境影响评价；规定了中央军事委员会按本法原则制定军事设施建设项目的环境影响评价办法。

（2）建设项目环境保护管理条例

该条例是国务院于 1998 年 11 月发布并施行的关于建设项目环境管理的第一个行政法规。为防止、减少建设项目产生的环境污染和生态破坏，建立健全环境影响评价制度和“三同时”制度，强化制度的有效性，2017 年 7 月 16 日国务院发布《国务院关于修改〈建设项目环境保护管理条例〉的决定》，2017 年 10 月 1 日起施行。修订后的内容包括总则、环境影响评价、环境保护设施建设、法律责任和附则，共五章三十条。

（3）规划环境影响评价条例

该条例由国务院在 2009 年 8 月发布，于 2009 年 10 月 1 日起施行。为了加强规划的环境影响评价工作，提高规划的科学性，从源头预防环境污染和生态破坏，促进经济、社会和环境的全面协调可持续发展，该条例对规划环境影响评价进行了全面、详细、具体、系统的规定。具体内容包括总则、评价、审查、跟踪评价、法律责任和附则，共六章三十六条。

三、中国环境政策与产业政策

1. 中国环境政策有关要求

环境政策是推动和指导经济与环境可持续协调发展的重要依据和措施，在环境影响评价工作中必须认真贯彻执行。现仅就几个主要环境政策做简要介绍。

（1）国务院关于落实科学发展观加强环境保护的决定

国务院于 2005 年 12 月 3 日颁发了《国务院关于落实科学发展观加强环境保护的决定》（国发〔2005〕39 号），按照全面落实科学发展、构建社会主义和谐社会的要求，坚持环境保护基本国策，在发展中解决环境问题。

经济社会发展必须与环境保护相协调的有关要求：

① 促进地区经济与环境协调发展。

② 大力发展循环经济。

③ 积极发展环境保护产业。

切实解决的突出环境问题：

① 以饮水安全和重点流域治理为重点，加强水污染防治。

② 以强化污染防治为重点，加强城市环境保护。

③ 以降低二氧化硫排放总量为重点，推进大气污染防治。

④ 以防止土壤污染为重点，加强农村环境保护。

⑤ 以促进人与自然和谐为重点，强化生态保护。

⑥ 以核设施和放射源监管为重点，确保核与辐射环境安全。

⑦ 以实施国家环境保护工程为重点，推动解决当前突出的环境问题。

加强环境监管制度的有关要求：

① 要实施污染物总量控制制度，将总量控制指标逐级分解到地方各级人民政府并落实到排污单位。

② 推行排污许可证制度，禁止无证或超总量排污。

③ 要结合经济结构调整，完善强制淘汰制度，根据国家产业政策，及时制定和调整，强制淘汰污染严重的企业和落后的生产能力、工艺、设备与产品目录。

④ 强化限期治理制度，对不能稳定达标或超总量的排污单位实行限期治理，逾期未完成治理任务的，责令其停产整治。

⑤ 完善环境监管制度，强化现场执法检查。

⑥ 严格执行突发环境事件应急预案。

⑦ 建立跨省界河流断面水质考核制度。

⑧ 国家加强跨省界环境执法及污染纠纷的协调。

（2）节能减排综合性工作方案

该方案包括进一步明确实现节能减排的目标任务和总体要求；控制增量，调整和优化结构；加大投入，全面实施重大工程；创新模式，加快发展循环经济；依靠科技，加快技术开发和推广；强化责任，加强节能减排管理；健全法制，加大监督检查执法力度；完善政策，形成激励和约束机制；加强宣传，提高全民节约意识；政府带头，发挥节能表率作用。

（3）酸雨控制区和二氧化硫污染控制区

《大气污染防治法》规定，根据气象、地形、土壤等自然条件，可以将已经产生、可能产生酸雨的地区或者其他二氧化硫污染严重的地区，划定为酸雨控制区或者二氧化硫污染控制区，即“两控区”。该环境政策对酸雨控制区和二氧化硫污染控制区的范围及治理措施进行了详细阐述。

（4）全国生态环境保护纲要

制定该纲要的根本出发点就是全面落实“保护优先、预防为主、防治综合”的方针，以减少新的生态破坏，巩固生态建设成果，从根本上遏制我国生态环境不断恶化的趋势。

（5）废弃危险化学品污染环境防治方法

该环境政策对废弃危险化学品种类、危害及其管理进行了详细阐述。

2. 中国产业政策有关要求

为使我国国民经济按照可持续发展战略的原则，在适应国内市场的需求和有利于开拓国际市场的条件下，改善投资结构，促进产业的技术进步，有利于节约资源和改善生态环境，促进经济结构的合理化，从而使各产业部门得以协调、有序、持续、快速、健康的发展，实现国家对经济的宏观调控而制定的有关政策，统称为产业政策。

2005 年 12 月 2 日，国务院颁布了《促进产业结构调整暂行规定》（国发〔2005〕40 号），该规定自发布之日起施行。《产业结构调整指导目录》由鼓励类、限制类和淘汰类三类目录组成。《产业结构调整指导目录》历经多次修订，目前最新版本为 2019 年本。

制定和实施《促进产业结构调整暂行规定》，是贯彻落实党的十六届五中全会精神，实现“十一五”规划目标的一项重要举措，对于全面落实科学发展观、保持国民经济平稳较快发展具有重要意义。

促进产业结构调整暂行规定如下：

（1）产业结构调整的方向和重点

① 巩固和加强农业基础地位，加快传统农业向现代农业转变。

② 加强能源、交通、水利和信息等基础设施建设，增强对经济社会发展的保障能力。

③ 以振兴装备制造业为重点发展先进制造业，发挥其对经济发展的重要支撑作用。

④ 加快发展高技术产业，进一步增强高技术产业对经济增长的带动作用。

⑤ 提高服务业比重，优化服务业结构，促进服务业全面快速发展。

⑥ 大力发展循环经济，建设资源节约和环境友好型社会，实现经济增长与人口资源环境相协调。

⑦ 优化产业组织结构，调整区域产业布局。

⑧ 实施互利共赢的开放战略，提高对外开放水平，促进国内产业结构升级。

（2）产业结构调整的原则

① 坚持市场调节和政府引导相结合。

② 以自主创新提升产业技术水平。

③ 坚持走新型工业化道路。

④ 促进产业协调健康发展。

第三节　环境影响评价程序与方法

一、环境影响评价程序

环境影响评价程序指按一定的顺序或步骤指导完成环境影响评价工作的过程，一般是针对建设项目的环境影响评价。具体可以分为两个程序：管理程序和工作程序。管理程序主要用于指导环境影响评价的监督与管理；工作程序主要用于指导环境影响评价的工作内容和进程。

1. 环境影响评价管理程序

环境影响评价管理程序是环境影响评价管理工作的流程，是管理部门的监督手段。管理程序主要是为了保证环境影响评价工作顺利进行和实施的管理程序，贯穿于从提出建议到环境影响报告书审查通过的全过程。我国环境影响评价的管理程序如图1-2所示。

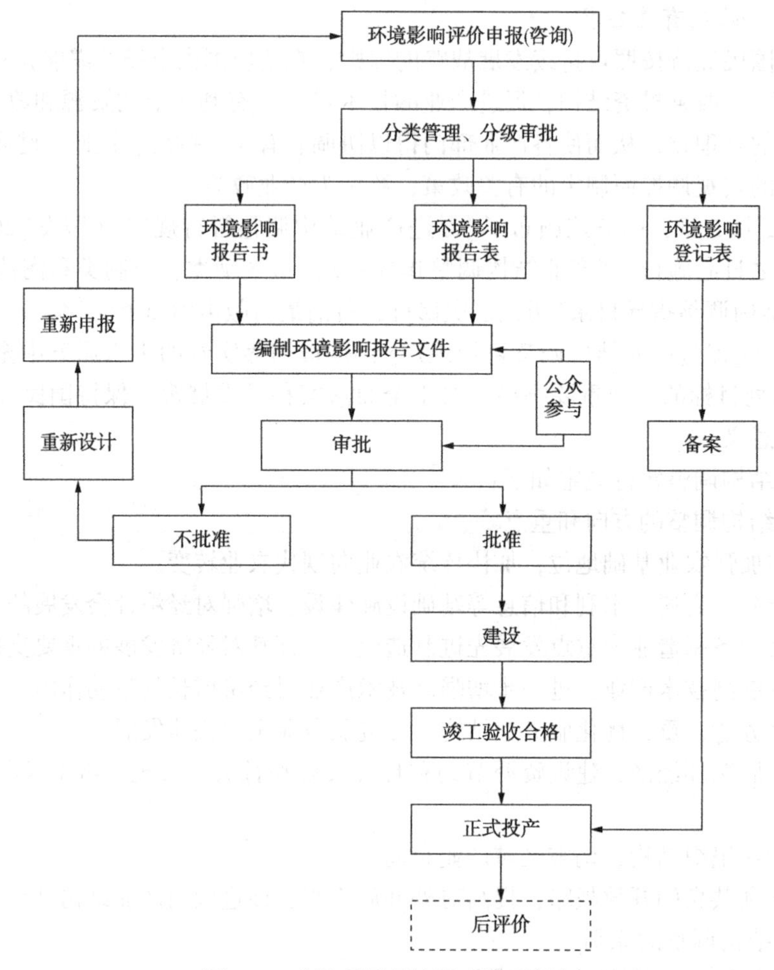

图1-2　建设项目环境影响管理程序

（1）分类管理

由于不同建设项目对环境的影响程度不同，我国对建设项目的环境影响评价实行分类管理。《环境影响评价法》和《建设项目环境保护管理条例》中明确规定，对建设项目的环境保护实行分类管理的原则。

凡新建或改扩建工程，首先需由建设单位将建设计划向环境保护部门提出申请，由环境保护部门会同有关专家对拟议项目的环境影响进行初步筛选，以便在所涉及问题的性质、潜在规模和敏感程度的基础上，确定需要进行哪种环境评价。根据生态环境部颁布的《建设项目环境保护分类管理名录》，环境影响评价按产生的影响程度的大小，编制的文件可以分为三种情况：编制环境影响报告书、编制环境影响报告表或填报环境影响登记表。

① 编制环境影响报告书　环境影响报告书的编制主要是针对项目可能会对环境造成重大的不利影响。这些影响可能是敏感的、不可逆的、综合的、广泛的、带有行业性的或以往尚未有过的。这类项目由于影响较大、需要做全面的环境影响评价。

② 编制环境影响报告表　环境影响报告表的编制主要是针对项目可能会对环境产生轻度不利影响时。这些影响相较于环境影响报告书所针对的环境影响来说，是较小的、有限的，或者减缓影响的补救措施是很容易找到的。这种影响通过规定控制或补救措施可以减缓建设项目对环境产生的影响。因此，这类项目可直接编写环境影响报告表，对其中个别环境要素或污染因子需要进一步分析的，可附单项环境影响评价专题报告。

③ 填写环境影响登记表　填写环境影响登记表主要针对项目可能会对环境产生的影响很小时，一般是项目对环境没有产生不利影响或者项目对环境产生的影响非常小。这类项目可以不开展环境影响评价，仅需填报环境影响登记表即可。

(2) 环境影响评价的监督管理

为了保障环境影响评价工作质量，规范环境影响评价技术服务市场秩序，环境保护主管部门对环境影响评价过程进行监督和管理。环境影响评价的监督管理法律与法规规定主要来源于《中华人民共和国环境保护法》《建设项目环境影响分类管理名录》和《建设项目环境管理条例》。另外，为确保资质审查取消后，环评文件质量不下降、环评预防环境污染和生态破坏的作用不降低，生态环境部于2019年发布了《建设项目环境影响报告书(表)编制监督管理办法》。

① 信用管理　于2019年11月1日正式启用全国统一的环境影响评价信用平台，向建设单位和社会公众开放环境影响评价编制单位和编制人员的诚信档案，包括守信名单、重点监督检查名单、限期整改名单和黑名单等。

根据已经出台的规定，平台信用管理对象一个记分周期内失信记分直接达到20分限制分数的，列入“黑名单”，依法禁止从业；实时累计达到20分限制分数的，列入限期整改名单，责令限期整改6个月；累计达到10分警示分数的，列入重点监督检查名单，加大报告书(表)抽查比例和频次。

信用平台启用对于保障环境影响报告书(表)编制质量以及构建“诚信有价”的社会监管大格局具有积极作用。

② 质量管理　建设单位对环境影响报告书(表)的内容和结论负责；编制单位对其编制的环境影响报告书(表)承担相应责任。环境影响报告书(表)的质量保证工作贯穿于环境影响评价的全过程。首先，由编制单位的质保部门负责检查环境影响报告书(表)；其次是咨询有经验的专家，专家的意见对于环境影响评价工作非常重要；最后，专家审评环节则是环境影响报告书质量把关的重要环节。

(3) 环境影响评价文件的审批

根据《建设项目环境保护管理条例》(2017年10月1日起施行)。在分类筛选后，确定需要编制环境影响报告书(表)的建设项目，建设单位可以采取公开招标的方式，选择具有环境影响评价资质的单位，对建设项目进行环境影响评价，编制环境影响评价报告书(表)。建设单位应当在建设项目开工建设前，将环境影响评价报告书(表)报有审批权的环境保护行政主管部门审批。审批部门应当自收到环境影响报告书之日起60日内、收到环境影响报告表之日起30日内，分别作出审批决定并书面通知建设单位。

2. 环境影响评价工作程序

建设项目的环境影响评价是一项系统性的工作，具体可以分为三个阶段：调查分析和工作方案制定阶段，分析论证和预测评价阶段，环境影响报告书(表)编制阶段。其工作程序可以依据《建设项目环境影响评价技术导则 总纲》(HJ 2.1—2016)执行。环境影响评价工作程序的工作流程如图1-3所示。

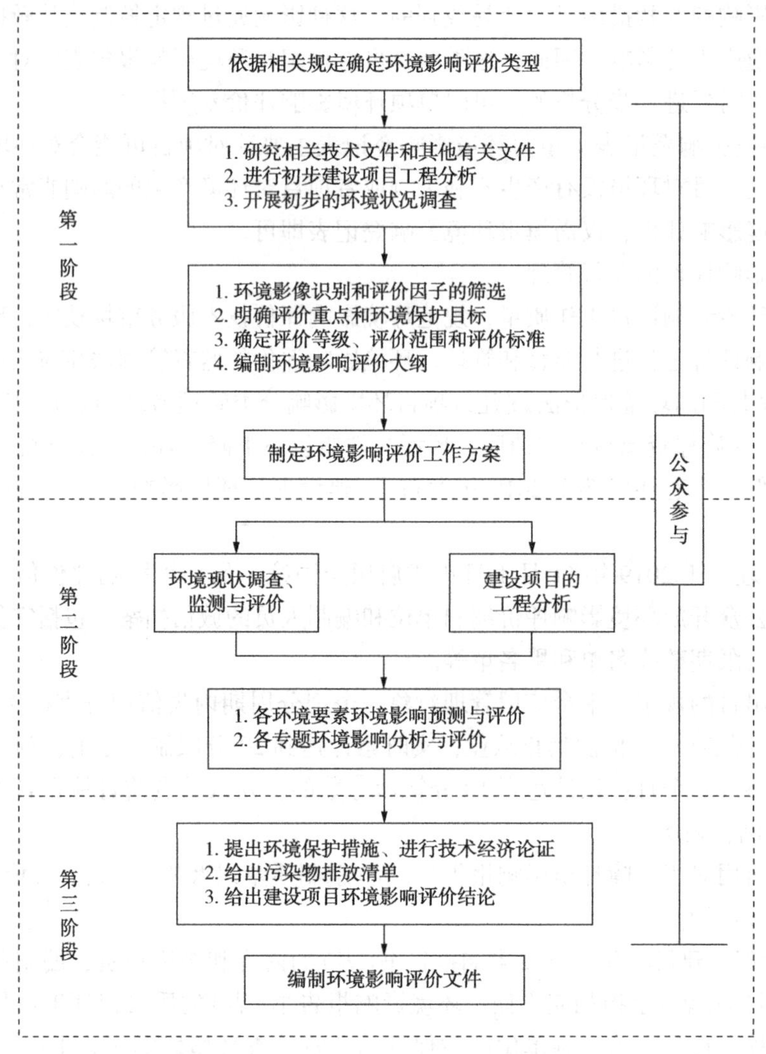

图1-3 建设项目环境影响工作程序

(1) 环境影响评价工作等级的确定

环境影响评价工作的等级是指需要编制环境影响评价和各专题工作深度的划分，各单项环境影响评价分为三个工作等级。一级评价最为详细，一般需要用定量化计算来完成，二级次之，只要求对单项环境要素的重点环境影响进行评价，三级较简略，用定性的描述来完成即可。环境影响评价工作等级划分具体由环境要素或专题环境影响评价技术导则规定。三种工作等级的划分具有明确的依据，依据划分如下：

① 建设项目的工程特点，主要包括：项目性质、项目规模、能源与资源的使用量、主要污染物的种类、源项、排放方式等。

② 评价区所在区域的环境特征，主要包括：自然环境特点、环境敏感程度、环境质量现状、社会经济状况等。

③ 国家或地方政府及环境保护部门所颁发的有关法律法规、规划、环境功能区划与标准，例如：和环境相关的环境质量标准和污染物排放标准等。

对于某一具体建设项目，在划分各评价项目的工作等级时，根据建设项目对环境的影响、所在地区的环境特征或当地对环境的特殊要求情况可做适当调整。

(2) 环境影响评价大纲的编制

环境影响评价大纲是环境影响评价报告书的总体设计和行动指南。评价大纲应在开展评价工作之前编制，它是具体指导环境影响评价的技术文件，也是检查报告书内容和质量的主要判据。该文件应在充分研读有关文件、进行行初步的工程分析和环境现状调查后形成。

评价大纲一般包括以下内容：

① 总则。主要包括：评价任务的由来、编制依据、污染控制和环境保护的目标、采用的评价标准、评价项目及其工作等级和重点等。

② 建设项目概况。主要包括：建设项目的基本情况、工艺流程、排污等。

③ 拟建项目地区环境简况。例如：自然环境特点、环境敏感程度、环境质量现状等。

④ 建设项目工程分析的内容与方法。

⑤ 环境现状调查。根据已确定的各评价项目工作等级、环境特点和影响预测的需要，尽量详细地说明调查参数、调查范围及调查的方法、时期、地点、次数等。

⑥ 环境影响预测与评价建设项目的环境影响。主要包括：预测方法、内容、范围、时段及有关参数的估值方法，对于环境影响综合评价，应说明拟采用的评价方法。

⑦ 评价工作成果清单，拟提出的结论和建议的内容。

⑧ 评价工作有组织、有计划的安排。

⑨ 经费概算。

(3) 评价区域环境现状调查与评价

① 基本要求

a. 应调查的有关参数的筛选，首先需要根据建设项目所在地区的环境特点，由此确定各环境要素现状需要调查的范围，再进行筛选。

b. 与建设项目有密切关系的环境要素的调查应该详细、全面，给出定量化的调查数据并做出相应的分析和评价。在对自然环境的现状进行调查时，可以根据建设项目的具体情况给出必要的说明。

c. 原则上调查范围应大于评价区域，特别是对评价区域边界以外的附近地区，若存在重要的污染源，则调查范围应当适当放大。

d. 环境现状调查应首先搜集现有资料，主要是评价范围内各例行监测点、断面或站位的近三年环境监测资料或背景值调查资料等，经过认真分析筛选，择取可用部分。当现有资料不能满足环境评价工作的要求时，则需要进行现场调查和测试，获取更为直观的环境现状数据，以满足评价工作需要。现状监测和观测网点应根据各环境要素按照环境影响评价技术导则要求布设，并且需要兼顾均布性和代表性原则。

② 环境现状调查与评价的方法

环境现状的调查目前主要有三种方法，分别是：资料收集法、现场调查法、遥感(RS)分析方法。三种方法各有其优点与局限性。三种方法的比较如表 1-1 所示。通常，在环境现状调查中将这三种方法进行有机结合与互补是最有效和可行的。

表 1-1　环境现状调查三种方法的比较

方　法	优　点	局限性
资料搜集法	应用范围广，收效大，比较节省人力、物力、时间	只能获得第二手资料，往往不全面，需要补充
现场调查法	直接获取第一手资料，可弥补收集资料法的不足	工作量大，耗费人力、物力，时间较多，往往受季节、仪器设备条件的限制
遥感(RS)法	从整体上了解环境特点，特别是人们不易开展现状调查的地区的环境状况	受遥感影像判读和分析技术的制约，产生精度不高、不宜用于微观环境状况调查

③ 环境现状调查与评价的内容

环境现状的调查与评价的主要内容可以分为三个部分：自然环境现状的调查与评价、社会环境现状的调查与评价以及环境质量和区域污染源现状的调查与评价。

自然环境现状的调查与评价主要涉及以下几个方面：地理位置、地形地貌、地质与土壤、气候与气象、地表水水系分布、水文情况、地下水环境、大气环境、动植物等情况。

社会环境现状的调查与评价主要涉及以下几个方面：社会经济情况（人口、工业、农业、土地利用等）、人群健康状况及地方病情况、相关地方性环境保护法规等。

环境质量和区域污染源现状的调查与评价主要是：评价区域环境质量现状、例行监测点、断面或站位的近期环境监测资料或背景值调查资料，环境功能区划和主要的环境敏感区，区域存在的环境问题及产生的原因、区域污染源的情况等。

（4）环境影响的预测

① 基本要求

a. 建设项目的环境影响预测，是指对能代表评价区环境质量的各种环境因子变量的预测，预测和评价的范围、时段、方法及内容均需要根据其评价工作等级、工程与环境特性、评价区域当地的环境保护要求而定。

b. 预测和评价的环境因子应包括反映评价区环境质量状况的主要污染因子、特征污染因子和生态因子，以及反映建设项目特征的常规污染因子、特征污染因子和生态因子。

c. 需考虑环境质量背景以及当前已建和在建的建设项目同类污染物环境影响的叠加。

d. 对于环境质量不符合环境功能要求的或环境质量改善目标的，应结合当地环境整治计划以及区域期限达标规划进行环境质量变化的预测。

② 环境影响预测的方法

环境影响预测的方法主要有以下几种：数学模式法、物理模型法、类比调查法和专业判断法，由各环境要素或专题环境影响评价技术导则具体规定。预测时应尽量使用通用、成熟、简便并能满足准确度要求的方法。

③ 环境影响预测的内容

按照建设项目实施过程的不同阶段，可以将建设项目的环境影响划分为建设阶段的环境影响，生产运行阶段的环境影响和服务期满后的环境影响。进行环境影响预测时，应考虑环境对建设项目影响的承载能力。

当建设阶段的大气、地表水、地下水、噪声、振动、生态以及土壤等影响程度较重、影响时间较长时，应进行建设阶段的环境影响预测。

应重点预测建设项目生产运行阶段正常工况和非正常工况等情况的环境影响。

可根据工程特点、规模、环境敏感程度、影响特征等选择开展建设项目服务期满后的环境影响预测和评价。

当建设项目排放污染物对环境存在累积影响时，应明确累积影响的影响源，分析项目实施可能发生累积影响的条件、方式和途径，预测项目实施在时间和空间上的累积环境影响。

对以生态影响为主的建设项目，应预测生态系统组成和服务功能的变化趋势重点分析项目建设和生产运行对环境保护目标的影响。

对存在环境风险的建设项目，应分析环境风险源项，计算环境风险后果，开展环境风险评价；对存在较大潜在人群健康风险的建设项目，应分析人群主要暴露途径。

(5) 环境影响报告文件的编制与填报

根据建设项目环境影响评价分类筛选的结果，建设项目的环境影响评价文件可以分为三种类型：环境影响报告书、环境影响报告表和环境影响登记表。不同的环境影响报告文件分别针对不同情况的环境影响情况。

① 环境影响报告书的编制

根据《中华人民共和国环境影响评价法》第十七条规定，建设项目环境影响报告书应当包括：

- 建设项目概况；
- 建设项目周围的环境现状；
- 建设项目对环境可能造成影响的分析、预测和评估；
- 建设项目的环境保护措施及其技术、经济论证；
- 建设项目对环境影响的经济损益分析；
- 对建设项目实施环境监测的建议；
- 环境影响评价的结论。

建设项目的类型不同，对环境的影响不同，环境影响报告书的编制内容也不同。但基本格式、基本内容相差不大。《建设项目环境影响评价技术导则总纲》(HJ 2.1—2016)中典型环境影响报告书的编制内容如下：

a. 总论

总论是环境影响评价总的概论，主要包括：环境影响评价项目的由来、编制环境影响报告书的目的、编制依据、评价因子与评价标准、评价等级和评价范围、相关规划及环境功能区划、主要的控制及环境保护目标等。

b. 建设项目概述

主要是关于建设项目概况的信息。简要介绍建设项目的规模与特点、建设项目的生产工艺、建设项目对原料、燃料及用水量的相关情况、建设项目的污染物排放量清单、需要关注的主要环境问题及环境影响、建设项目采取的环境保护措施、工程影响环境因素分析、环境影响评价的主要结论等。

c. 环境现状(背景)调查与评价

根据环境影响评价等级的划分结果，开展相应的环境现状调查与评价。调查与评价的主要内容包括：自然环境特点，社会环境状况，评价区内的大气环境质量现状，地表水和地下水环境质量现状，地表水和地下水水质现状，土壤及农作物现状，环境噪声现状，评价区内的人体健康及地方病现状，其他环境保护目标、环境质量和区域污染源等方面的现状。

d. 环境影响预测与评估

说明各环境要素或各专题的环境影响预测时段、预测方法、预测内容、环境影响评价的预测范围及预测结果，并根据环境质量标准或评价指标对建设项目的环境影响进行评价。重点预测建设项目生产运行阶段正常工况与非正常工况等情况的环境影响。环境影响预测与评估主要涉及大气环境影响预测与评价，水环境影响预测与评价，噪声环境影响预测与评价，生态环境影响预测与评价，对人群健康影响分析，振动及电磁波的环境影响分析，对周围地区的地质、水文、气象可能产生的影响。

e. 环境保护措施及其可行性论证

需要明确给出建设项目在建设阶段、生产运行阶段和服务期满后(可根据项目情况选择)拟采取的具体环境保护措施，包括：污染防治措施、生态保护措施、环境风险防范措施等；并对拟采取措施的技术可行性、经济合理性、长期稳定运行和达标排放的可靠性、满足环境质量改善和排污许可要求的可行性、生态保护和恢复效果的可达性等方面进行分析论证，得出分析论证的结论。

各类措施的有效性判定应以同类或相同措施的实际运行效果为依据，没有实际运行经验的，可提供工程化实验数据。环境保护措施主要涉及：大气污染防治措施，废水治理措施，废渣处理的可行性分析，噪声、振动等其他污染控制措施，绿化措施等。

f. 环境影响经济损益分析

从环境影响的正负两方面，对建设项目的环境影响，以直接和间接影响、不利和有利影响相结合的方式，进行定性与定量货币化经济损益核算，估算建设项目环境影响的经济价值。目前主要是从社会效益、经济效益、环境效益统一的角度论述建设项目的可行性。由于这三个效益的估算难度很大，特别是环境效益中的环境代价估算难度更大，目前有提出生态补偿的概念，但并不成熟，使环境影响经济损益简要分析还处于探索阶段，有待今后的研究和开发。

g. 实施环境监测的建议

环境监测计划应包括污染源监测计划和环境质量监测计划，主要内容包括监测因子、监测网点布设、监测频次、监测数据采集与处理、采样分析方法等，明确对各排放口及环境现状的监测方案或计划，并提出配备监测设备和人员的建议。

h. 环境影响评价结论

对建设项目的建设概况、环境质量现状、污染物排放情况、环境影响预测与评价、环境保护情况、经济损益分析、环境管理与监测计划等内容进行概括总结，结合环境质量目标要求，明确给出建设项目的环境影响的评价结论。结论要简要、明确、客观，主要包括以下内容：评价区的环境质量现状、污染源评价的主要结论、建设项目对评价区环境的影响、环境保护措施可行性分析的主要结论及建议，从经济损益角度，综合提出建设项目的选址、规模、布局等是否可行等。

i. 附录及参考文献

附录主要包括附件和附图，附件主要有建设项目的建议书及其批复，环境影响评价大纲及其批复，建设项目依据文件、相关技术资料、评价标准和污染物排放总量批复文件。附图主要为报告书中出现的各种图件等，参考文献应给出作者、文献名称、出版单位、版次、出版日期等。

② 环境影响报告表的编制

环境影响报告表的编制主要是针对建设项目对环境可能造成轻度环境影响的情况，这些影响相较于环境影响报告书所针对的环境影响来说，是较小的、有限的，或者减缓影响的补救措施是很容易找到的。这种影响通过规定控制或补救措施可以减缓建设项目对环境产生的影响。

建设项目环境影响报告表的主要内容包括：建设项目的基本情况、建设项目所在地自然环境和社会环境简况、环境质量状况、评价适用标准、建设项目工程分析、建设项目主要污染物产生及预期排放情况、环境影响分析、建设项目拟采取的防治措施及预期治理效果、结论与建议等。

③ 环境影响登记表的填报

环境影响登记表主要是针对项目对环境基本不产生坏的影响或者影响非常小的建设项目，由于项目对环境的影响非常小，这类项目只需要填报环境影响登记表即可。2017 年 1 月 1 日实施的《建设项目环境影响登记表备案管理办法》规定了建设项目环境影响登记表的内容及格式。具体登记表见表 1-2。

表 1-2　建设项目环境影响登记表　　　　填报日期：

项目名称			
建设地点		占地(建筑、营业)面积/m^2	
建设单位		法定代表人或者主要负责人	
联系人		联系电话	
项目投资/万元		环保投资/万元	
拟投入生产运营日期			
项目性质	□新建　□改建　□扩建		
备案依据	该项目属于《建设项目环境影响评价分类管理名录》中应当填报环境影响登记表的建设项目，属于第××类××项中××。		
建设内容及规模	□工业生产类项目 □生态影响类项目 □餐饮类项目 □畜禽养殖类项目 □核工业类项目(核设施的非放射性和非安全重要建设项目)□核技术利用类项目 □电磁辐射类项目		
主要环境影响	□废气 □废水： □生活污水 □生产废水 □其他措施 □生态影响 □辐射环境影响	采取的环保措施及排放去向	□无环保措施： 直接通过____排放至____。 □有环保措施： □采取____措施后通过____排放至____。 □其他措施：____。
承诺：××(建设单位名称及法定代表人或者主要负责人姓名)承诺所填写各项内容真实、准确、完整，建设项目符合《建设项目环境影响登记表备案管理办法》的规定。如存在弄虚作假、隐瞒欺骗等情况及由此导致的一切后果由××(建设单位名称及法定代表人或者主要负责人姓名)承担全部责任。 法定代表人或者主要负责人签字：			
备案回执 该项目环境影响登记表已经完成备案，备案号：××××××			

二、环境影响评价方法

目前现有的环境影响评价方法较多，在进行环境影响评价时，应优先考虑使用成熟的评价方法，再根据建设项目的具体情况选择先进的评价方法，对于存在争议或者尚处于研究阶段的评价方法建议不用。环境影响评价按照其功能具体可以划分为三类：环境影响识别方法、环境影响预测方法和环境影响评估方法。同时，随着现代科学技术的发展，遥感与地理信息系统技术在环境影响评价中的作用越来越受到重视。

1. 环境影响识别方法

环境影响识别的主要对象是受建设项目或者开发行为影响(尤其是不利影响)的环境因素，从而增加环境影响预测的目的性以及环境影响分析的可靠性，使得提出的对策更具有针对性。常用的环境影响识别方法是核查表法，当建设项目的环境影响比较复杂时，可采用矩阵法和网络图法等。

(1) 核查表法

核查表法是最常用的环境影响识别方法，该方法由 Little 等人于 1971 年提出。本法是将环境影响评价中必须考虑的环境因子，例如环境参数或影响以及决策的因素等在一张表单上一一列出，然后对这些环境因素进行逐项核查后做出判断，并根据判断结果给出定性或者半定量化的核查结论。根据核查表的复杂程度的不同，该方法可以分为：简单型核查表、描述型核查表、评分型核查表以及提问式核查表等多种形式。表 1-3 为常用的简单型核查表。

表 1-3　简单核查表

可能受影响的环境因子	可能产生的影响									
	不利影响						有利影响			
	短期	长期	可逆	不可逆	局部	大范围	短期	长期	显著	一般
地面水水质		×								
地下水										
河流水文情况		×		×		×				
土壤										
空气质量	×				×					
水生生态系统		×		×	×					
渔业		×		×	×					
森林		×		×	×					
陆地野生生物		×		×		×				
稀有及濒危物种		×		×		×				
航运		×			×					
陆上运输								×	×	
农业							×			×
社会经济								×	×	
美学		×		×						

注：表中的符号“×”表示有影响。

(2) 矩阵法

矩阵法是由清单法发展而来，该方法最早是由 Lepold 等人在 1971 年提出，当时主要是为了进行水利工程等建设项目的环境影响评价。本法是将开发行为和各种受开发行为影响的环境要素分别按表格的横纵列排列，组成一个矩阵，建立开发行为与环境要素之间的因果关系，在评价过程中判断这些开发行为对环境要素的影响。矩阵法的特点是直观、简洁明了。

矩阵法除了具有环境影响识别功能，其在环境影响综合分析评价中也有应用。矩阵法可以分为相关矩阵法和迭代矩阵法两类。

相关矩阵法主要是在开发行动和环境要素之间的相关矩阵建立之后，综合考虑开发行动对环境要素的影响程度及重要性，给出影响的性质(有利和不利)、不同的影响等级及影响的重要性。影响程度用数字表示，划分若干个等级，具体等级不定，可以划分为5级，也可以划分为10级。等级越高表示影响越大，反之越低；如若划分为10级，则10级表示影响程度最大，1级表示最小。用“+”和“-”分别表示有利影响和不利影响。影响的重要性用权重表示，权重划分为1~10级，值越大表示影响越重要，反之则重要性越低。

假设M_{ij}表示开发行为j对环境要素i的影响，W_{ij}表示环境因素i对开发行为j的重要性。则所有开发行为对环境要素i的总影响为$\sum_{j=1}^{m} M_{ij} \cdot W_{ij}$；开发行为$j$对整个环境的总影响为$\sum_{i=1}^{n} M_{ij} \cdot W_{ij}$；所有开发行为对整个环境的影响为$\sum_{j=1}^{m} \sum_{i=1}^{n} M_{ij} \cdot W_{ij}$。表1-4是某开发项目环境影响的相关矩阵。

表1-4　不同开发行为对环境要素影响的相关矩阵

环境要素	居住区改变	水文排水改变	修路	噪声和振动	城市化	平整土地	侵蚀控制	园林化	汽车绕行	总影响
地形	8(3)	-2(7)	3(3)	1(1)	9(3)	-8(7)	-3(7)	3(10)	1(3)	3
水循环使用	1(1)	1(3)	4(3)			5(3)	6(1)	1(10)		47
气候	1(1)				1(1)					2
洪水稳定性	-3(7)	-5(7)	4(3)			7(3)	8(1)	2(10)		5
地震	2(3)	-1(7)			1(1)	8(3)	2(1)			26
空旷地	8(10)		6(10)	2(3)	-10(7)			1(10)	1(3)	89
居住区	6(10)				9(10)					150
健康和安全	2(10)	1(3)	3(3)		1(3)	5(3)	2(1)		-1(7)	45
人口密度	1(3)			4(1)	5(3)					22
建筑	1(3)	1(3)	1(3)		3(3)	4(3)	1(1)		1(3)	34
交通	1(3)		-9(7)		7(3)				-10(7)	-109
总影响	180	-47	42	11	97	31	-2	70	-68	314

注：引自陆玉书等，2001。

迭代矩阵的提出是为了弥补相关矩阵只能识别出直接影响，不能识别出环境系统中错综复杂的交叉和间接影响而提出的。迭代矩阵是以相关矩阵为基础，开发行动和环境要素构成的矩阵为初级矩阵，各受影响的环境要素之间的连锁关系构成次级和三级矩阵，此即为迭代。迭代矩阵由于其形式较为复杂，一般应用较少，通常说的矩阵法一般为相关矩阵法。

(3) 网络图法

网络图法是由迭代矩阵发展而来，相较于迭代矩阵法，其既具备迭代矩阵的功能，又比迭代矩阵更为直观明了，是识别和评估间接和累计环境影响时常用的方法之一。本法利用网络图来表示开发活动对环境要素造成的影响以及各种影响之间的因果关系，这些影响可以划分为多个等级，将多级影响逐步展开则呈树枝状，称之为影响树或影响关系树。网络图法是由一系列事件链连接起来的，主要是开发活动与环境要素之间的事件关系，各种影响之间的关系，事件链表明开发活动的影响是连续的，因而也称为影响链。通过影响树可以识别开发活动带来的一系列影响，除了能够定性的识别各种影响，还可以在影响树的事件链箭头上标出该事件链发生的概率，并通过将网络上的事件影响赋予权值(有利影响权值为正、不利影响权值为负)的方法确定事件的重要性，然后计算该网络各个路线的权值期望，综合事件链的概率以及权值，从而对环境影响进行定量或半定量化的预测和评价。典型的网络图法如图 1-4所示。

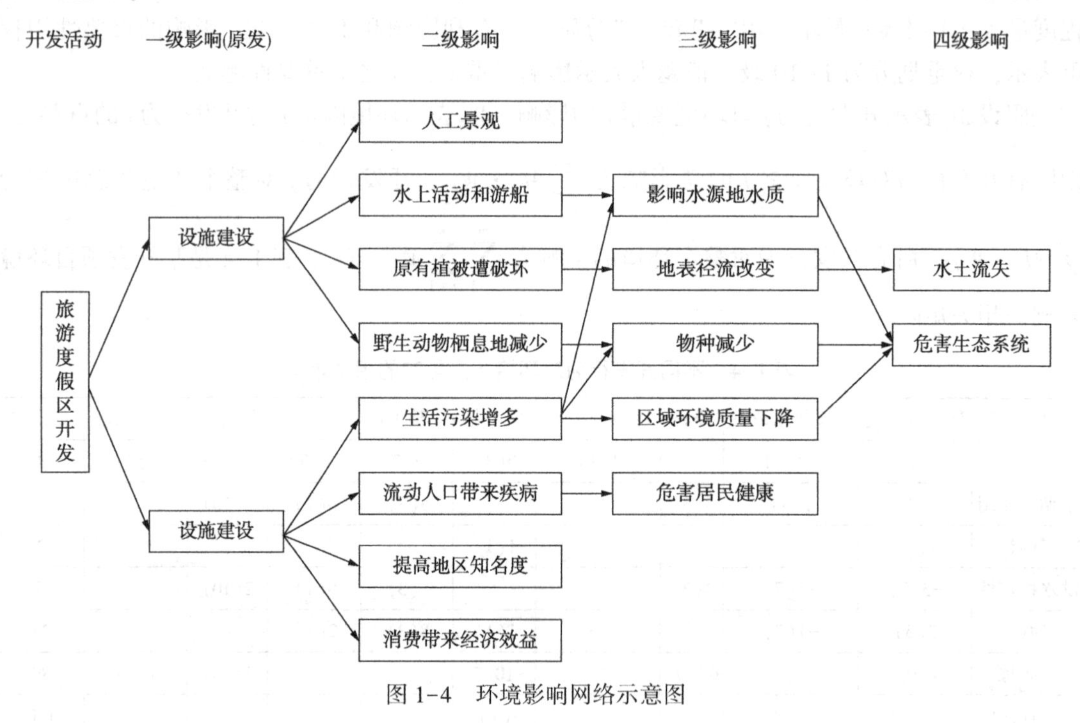

图 1-4　环境影响网络示意图

2. 环境影响预测方法

经过环境影响识别后，受开发活动影响的主要环境要素就已经确定了，在开发活动开展后这些环境要素会受到多大的影响就需要采取相应的方法来进行预测。环境影响预测和识别类似，优先考虑使用成熟、简便的预测方法，同时要满足预测准确度的要求。目前使用的较多的预测方法主要有类比分析法、专业判断法、数学模型法和物理模拟法，大体上可以归为主观预测方法和客观预测方法。

(1) 类比分析法

类比分析法是主观预测方法之一，本法主要是通过一个已建的相似工程对环境的影响和拟建的项目进行类比分析，预测拟建项目对环境的可能产生的影响。该方法应用广泛，适用于相似工程的分析。此方法预测效果的好坏关键在于选取好已建的相似工程。

(2) 专业判断法

专业判断法是一种以专家经验为主的主观预测方法，其对于环境影响的预测结果是定性的。最简单的专业判断法就是调查专家的意见，可以通过专家咨询会、论证会和调查表来获取专家意见。根据专家意见进行对比分析，通过对专家意见的演绎归纳和推理，得出建设项目的预测结果。专家会议或者调查表的形式都存在一定的局限，比如成本过高或者意见不易达成一致等。目前最具代表性的专业判断法是德尔菲法(Delphi)，该方法是通过围绕某一主题让专家们以匿名方式充分发表其意见，并对每一轮意见进行汇总、整理、统计，作为反馈材料再发给专家，供他们做进一步的分析判断、提出新的论证。依此经过多次反复，论证不断深入，意见日趋一致，可靠性越来越大，最后得出具有权威性的预测结论。德尔菲法预测效果的好坏取决于专家的选择，包括专家人数和素质，在确定使用德尔菲法时，必须要选择好专家，并做好专家意见的整理与反馈工作，同时要注意专家的积极性系数和权威程度。

(3) 数学模型法

数学模型法是一种客观预测方法，数学模型在环境影响预测中具有广泛应用，该方法用数学语言描绘预测对象的变化规律，可以对环境影响进行定量研究。数学模型法在实际应用过程中若不满足应用条件，则需要根据实际情况进行适当修正和验证后再使用。数学模型按不同的划分方法可以划分为不同的模型。例如按变量与时间的关系划分，数学模型可分为动态模型和稳态模型；按空间维数划分，数学模型可分为零维、一维、二维和三维。按变量的变化规律划分，数学模型可分为确定性模型和随机模型；按求解方法及方程形式划分，数学模型可分为解析模式和数值模式。按数学模型的性质和结构划分，数学模型可分为白箱、灰箱和黑箱三种。目前在用数学模型法来进行环境影响预测的方法中，最常用按数学模型的性质和结构划分的结果来进行预测。

根据数学模型的性质和结构划分，数学模型可分为白箱、灰箱和黑箱三种。白箱模型又称为机理模型。是建立在客观事物的变化规律的基础之上的，通过研究建设项目的环境影响机理，建立用来描述影响过程的数学方程，从而对建设项目的环境影响进行预测。黑箱模型是一种纯经验模型，根据系统的输入-输出数据建立各个变量之间的关系，不考虑系统的内部机理。关系的建立需要大量开发活动的信息作为输入数据，以及造成的环境影响作为输出数据来进行拟合，这些数据的正确性与代表性决定了模型的可靠性与适用性。在使用黑箱模型时，只有应用的条件和建模的条件相似时才可以使用黑箱模型。灰箱模型介于二者之间，又称为半机理模型，由于客观事物的机理较难掌握，人们对于客观事物规律的认识可能不够充分或仅仅是了解因素之间的定性关系，需要结合一些经验数据建立一种半经验半理论的模型。灰箱模型是目前环境影响预测分析的数学模型中最常用的，如 Streeter-Phelps 模型、高斯模型等。

(4) 物理模拟法

物理模拟法是客观预测方法的一种，与其他数学模型最大的区别就在于该方法不仅仅是具有理论研究，而是结合实验的方式来进行预测。该方法通过在实验室或现场直接对物理、化学、生物过程测试来预测人类活动对环境的影响。物理模拟法常用于研究变化机理，通过实验确定模型参数，从而构建数学模型来进行预测。物理模拟法的最大特点是采用实物模型(非抽象模型)来进行预测，关键在于开发活动的原型与实物模型的相似。相似通常考虑几何相似、运动相似、热力相似和动力相似。物理模拟法可分为野外模拟和室内模拟两种。

几何相似是指模型流场与原型流场中的地形地物的几何形状需要对等，尺寸按同一比例缩小，建筑物对应部分的夹角和相对位置要一致。运动相似是指模型流场与原型流场在各对应点上的速度方向相同，并且大小成常数比例。热力相似是指模型流场的温度垂直分布要与原型流场的相似。动力相似是指模型流场与原型流场在对应点上受到的力要求方向一致，并且大小成常数比例，所有对应点上的变化率必须相同。

3. 环境影响综合评价方法

环境影响综合评价方法是按照一定的评价目的，把人类活动对环境的影响从总体上综合起来，对人类活动产生的环境影响进行定性或定量的评定，常用的方法有指数法、矩阵法、网络图法、图形叠置法等。矩阵法和网络图法，与前面环境影响识别方法中的矩阵法和网络图法相似，此处不做介绍。

(1) 指数法

指数法多种多样，是环境影响综合评价常用的方法之一，指数法可以通过计算能代表环境质量好坏的环境质量指数判断环境质量的好坏并预测影响程度的相对大小。指数法大体上可以分为普通指数法和函数型指数法。

① 普通指数法

主要是以某影响要素的实测值或预测值为分子，标准值为分母，二者的比值作为指数的数值：$P=C/C_s$，P 值越小越好，越大越不利，越大则表示人类活动对环境影响较大。普通指数法又可以划分为单因子指数法和综合指数法。

单因子指数法是针对某个特定的评价因子的等标型指数，用 P_i 表示，单因子指数法主要用于评价该环境因子的达标($P_i \leqslant 1$)或超标($P_i \geqslant 1$)情况及其达标或者超标程度。

综合指数法是建立在单因子指数的评价完成的基础之上的，通过将不同环境要素以及环境因子的单因子评价指数值相加得到环境影响的综合指数。

$$P = \sum_{i=1}^{n} \sum_{j=1}^{m} P_{ij} \tag{1-1}$$

$$P_{ij} = C_{ij}/Cs_{ij} \tag{1-2}$$

式中，i 为第 i 个环境要素；n 为环境要素总数；j 为第 i 个环境要素中的第 j 个环境因子；m 为第 i 个环境要素中的环境因子总数。

在个影响因子的权重不同时，可以通过加权累加后得到加权型综合指数。

$$P = \frac{\sum_{i=1}^{n} \sum_{j=1}^{m} W_{ij} P_{ij}}{\sum_{i=1}^{n} \sum_{j=1}^{m} W_{ij}} \tag{1-3}$$

式中，W_{ij} 为权重因子，表示第 i 个环境要素中的第 j 个环境因子在整体环境中的重要性，权重因子由有关部门或专家咨询确定。指数评价方法不仅能够评价环境质量的好坏，还能够对人类活动影响的相对程度进行评估。

② 函数型指数法

函数型指数法通过引入评价对象的变化范围，以评价对象的变化范围定为横坐标，环境质量指数为纵坐标，建立评价对象的变化范围与环境质量指数之间的函数关系，绘制出函数图。若将函数图中的纵坐标的范围标准化为 0~1，则该方法称为巴特尔指数法。纵坐标值越大质量越好，以"0"表示质量最差，"1"表示质量最好。每个评价因子均可绘制出指数函数图，据此可以获得环境影响的综合指数，对环境影响进行预测。

(2) 图形叠置法

图形叠置法是环境影响的综合评价方法之一，最早是由美国生态规划师 Mchary 提出用于评价公路建设的环境影响。这种方法最初是手工作业，在一张透明图片上画出项目位置及评价区域的轮廓基图。同时准备一份可能受建设项目影响的环境要素一览表，由专家判断各环境要素受建设项目影响的程度和区域。每个待评价的环境要素都有一张透明图片，受影响的程度可以用一种专门的黑白色码阴影的深浅来表示。将表征各种环境要素受影响状况的阴影图叠置到基图上，就可以看出该项工程的总体影响。不同地区的综合影响差别可由阴影的相对深度来表示。

图形叠置法具有很强的直观性，对于空间特征明显的建设项目具有较强的适用性。但是该方法也具有一定的局限性，一方面手工画法太过繁琐，工作量大时难以应付；另一方面，评价因子过多时，叠置法画出的图由于颜色过杂会导致难以分辨。随着现代科学技术的发展，地理信息系统(GIS)在环境影响评价中应用越来越广泛。地理信息系统的空间分析功能以及可视化功能使得图形叠置法可以在计算机上进行操作，其克服了原有手工画法的局限性，使得图形叠置法的适用性得到进一步提升。

习　题

1. 名词解释

环境；环境标准；环境容量；环境影响；环境影响评价。

2. 环境标准在保护环境、控制环境污染与破坏中所起的作用？
3. 切实解决的突出环境问题有哪些？
4. 环境影响评价的具体程序如何？
5. 环境影响评价文件的审批是怎么样的？

第二章 建设项目工程分析

第一节 工程分析简介

一、工程分析的作用

1. 项目决策的重要依据

通过工程分析，判断建设项目是否满足国家法律法规的要求、符合相关规划，分析建设项目产污环节、核算污染源强、判别是否达标排放，初步分析建设项目的环境可行性，为项目决策提供重要依据。

2. 为环境影响预测提供基础数据

工程分析是环境影响评价的基础环节，工程分析给出的产污环节、污染源分布、污染源强、污染物排放方式、污染物去向等技术参数，是进行环境影响预测计算和分析的重要基础数据，为定量分析建设项目的环境影响提供可靠的保证，为污染防治对策可行性提供完善的改进意见。

3. 为环保设计提供优化建议

工程分析中考虑工程活动对周边环境质量的影响，并对工程设计提出的污染防治措施的先进性、可靠性进行分析，必要时要提出进一步完善改进污染处理措施建议，起到对工程环境保护设计优化的作用。

4. 为环境管理提供科学依据

工程分析中识别的环境影响因子是项目建设单位和环境管理部门日常管理的对象，核算的污染物排放量是建设项目进行污染控制的目标，工程分析中提供的污染源相关信息能够为环境管理提供科学依据。

二、工程分析的原则和要求

1. 全过程分析

工程分析涵括建设项目的各个时期，包括施工期、运行期和退役期的所有工程活动，工程分析必须全面、完整、实现全过程分析。

2. 突出重点

建设项目各种活动都会对环境产生影响，要选择可能对环境造成显著或重大影响的重点工程作为评价重点。重点工程的判别标准有二：一是规模大、影响范围大或影响时间长的工程，如水库淹没、移民、取土场等；二是位于环境敏感区或其附近的工程。

3. 针对产污环节，量化污染源强

工程分析重要内容是进行建设项目的污染源分析。根据工程特性和周边环境特征，阐明主要产生污染的施工项目和生产工艺环节，分析“三废”排放情况。对污染物排放浓度、排放量要做到定量化，给出各类污染源的排放强度。

三、工程分析的主要内容

工程分析内容主要包括以下 10 个方面：工程概况；规划协调性分析；选址、选线分析；污染源强分析；方案比选；环保措施方案分析；清洁生产水平分析；环境风险分析；环境影响识别；评价因子筛选。

1. 工程概况

对建设项目的工程基本情况、一般特性进行介绍。主要包括工程的名称、建设地点、性质、规模、工程特性、工程组成、总图布置、施工布置、施工组织、生产工艺、主要原材料与辅料、运行方式、工程量、占地、拆迁与移民、投资等。对于改扩建项目，还应列出现有工程，并说明依托关系；对于分期建设项目，要按不同建设期分别说明建设规模。在工程概况介绍中需要重视以下问题：

(1) 工程组成必须完全

工程介绍中必须把所有工程建设活动给予说明，需要提供工程组成表。一般建设项目的工程组成包括有主体工程、辅助工程、配套工程、公用工程和环保工程等，通常采用工程组成表形式罗列出各种工程的设计参数，并重点关注与环境有关工程设计内容。

(2) 生产工艺和原材料必须清楚

污染型建设项目的排污特征与使用的原材料、辅料以及生产工艺息息相关。在工程介绍中必须对原材料、辅料使用情况和生产工艺进行详细、清晰地描述。

对于生产工艺，在文字陈述的基础上，需要绘制生产工艺流程图，特别是对产生污染物的装置和工艺工程必须在图上显示，一般可简化用方块流程图来表示。

企业生产需要的主要原材料、辅料，应列出名目和消耗量。通常采用表格形式，提供原材料、辅料消耗表。

(3) 辅助工程要详尽

一般来说，辅助工程对环境存在的不利影响较大，应进行详细分析。通常需要重点关注的辅助工程有：

① 对外交通公路。在大型建设项目中，如水利水电工程、新建或改扩建对外交通公路工程。因此在工程分析时，需要分析其长度、走向、占地类型与面积，核算土石工程量，了解修筑方式等信息，如利用已有交通线路的建设项目，应阐明对外交通公路的基本路况、车流量等情况。

② 施工道路。连接施工场地、生活营地、运送各种物料和土石方等都要有施工道路。对于设计有施工道路的建设项目，要具体说明其布线、修筑方式，重点分析该施工道路是否影响到敏感保护目标、是否注意了植被保护、是否采取水土流失防治措施。

③ 料场。包括土料场、石料场、砂石料场等施工建设的项目，需要明确各种料场的位置、规模、采料作业期及方法，尤其需要明确有无爆破等特殊施工方法。

④ 作业场地。建设项目中可能包括有若干个作业场地，如仓库、混凝土拌和系统、砂石料系统、碎石系统、预制件制备区等，应给出作业场地位置、布置图、占地类型、使用的加工设备、作业安排等。

⑤ 生活营地。集中或单独建设的施工人员生活营地，无论大小都需要进行说明，给出生活营地的位置、面积、占地类型、供热、采暖、供水、供电以及炊事、环卫设施、施工结束后恢复方式等。

⑥ 弃土弃渣场。渣场选址合理性分析是工程分析的重要内容，对于项目的每个渣场，都必须给出位置、坡度、径流汇集情况、弃土弃渣量、弃土弃渣方式、占地类型与数量、事后复垦或生态恢复方式等情况。

2. 规划协调性分析

通常情况下是先有规划，再根据规划进行建设项目开发活动。建设项目是规划的具体实施，在遵守国家环境保护法律、法规以及国家产业政策的前提下，必须要与规划相适应，工程分析中必须要论证建设项目与规划的协调关系。

规划协调性分析主要包括两个方面：一是分析建设项目是否遵守国家环境保护法律、法规和产业政策；二是分析建设项目与各类规划的协调性。

（1）环境保护法律、法规和国家产业政策的要求

国家制定的各类环境保护法律、法规具有强制性和不可违反性，建设项目必须要遵守相关环境保护法律，无条件的履行法律要求的环境保护责任和义务。国家在大力发展经济的同时，越来越重视环境保护工作，对不同产业的发展结构和方向提出了指导性意见，并严格要求按照国家既定的产业发展结构来有序发展经济。《产业结构调整指导目录(2019年本)》由鼓励、限制和淘汰三类产业目录组成。不属于以上三类，且符合国家有关法律、法规和政策规定的为允许类，不列入《目录》。国家鼓励具有节约资源、保护环境和产业优化的鼓励类项目。新建项目不能属于限制类行业。《目录》中的淘汰类若有淘汰期限或淘汰计划的条目，根据计划或期限进行淘汰；未标明淘汰期限或淘汰计划的条目为国家产业政策已明令淘汰或立即淘汰。

（2）全面分析与建设项目的全部规划的协调性关系

主要分析内容包括建设项目是否符合规划目标、符合功能区划、影响重要规划保护目标、实现区域可持续发展等。

一般来说，需要进行协调性分析的规划有城市和区域总体发展规划、环境保护规划(包括生态保护规划等)、土地利用规划、流域规划(包括综合规划、水电开发规划、水资源利用规划等)、部门或企业发展规划等不同类型。不同类型规划的执行效力有所不同。对于城市和区域总体发展规划、环境保护规划和土地利用规划等，都是经过地方批准的具有法律效力的文件，建设项目必须要遵守；建设项目要符合流域规划目标，说明工程在流域规划中的地位和作用，并提供标明工程所在位置的流域规划示意图；部门或企业规划不具有法律效力，说明建设项目与其关系即可。

规划协调性分析中，与规划的符合性、项目建设目标的可达性和实现区域可持续发展是需要重点分析和判断的方面。

3. 选址、选线分析

主要是对建设项目中厂区位置、路线走向、“三场”位置(土料场、采石场、弃渣场)、厂区总体平面布置等环境合理性进行分析，并从环境保护角度提出场址和线路选择的优化调整方案。

（1）场址和线路的环境合理性分析

分析建设项目的厂区位置、线路走向的选择是否合理，能够满足环境保护要求。在进行所选厂址或线路走向的环境合理性分析时，主要论证工程所处地理位置或线路走向沿线能够满足以下基本要求：①与规划协调，满足规划要求，符合规划目标、符合功能区划；②不存在战略性影响，不造成流域、区域性影响，不得损害流域、区域的可持续发展；③满足环境

安全性要求，不置于环境风险大的点、线、面上，不产生自然灾害；④不影响敏感目标，对法定的或科学评价认定的重要保护目标不会造成重大影响；⑤对资源影响小，不影响重要资源，不造成重大的资源损失；⑥对生态影响小，不造成重要生态系统不可修复的损害，不造成物种和重要栖息地损失；⑦对生态功能影响小，不造成不可逆的生态功能损失；⑧对景观影响小，不置于敏感景观点，不影响重要景观，不影响风景名胜区。

进行厂址或线路选择时，必须要避开不允许建设和穿行的区域。一般来说，要避开以下地区：生活饮用水水源保护区；风景名胜区；自然保护区；国家或地方法律、法规规定需要特殊保护的其他区域。

此外，国家还规定了部分特定行业的场址选择要求，主要有畜禽养殖场、生活垃圾填埋场、危险废物填埋场、危险废物焚烧场等，这些规定必须遵守。

① 畜禽养殖场场址要求。节约土地、不用良田、不占或少占耕地，选择交通便利，水电供应可靠，便于排污的地方。场址用地要符合当地城镇发展规划和土地利用规划的要求，不能在旅游区、自然保护区、水源保护区和环境污染严重的地区建址。应选择位于居民区常年主导风向的下风向或侧风向处。场址要有一定的面积，场界距离交通干线不少于500m，距离居民区和其他畜牧场不少于1000m，距离畜产品加工厂1000m左右。

禁止在下列区域建设畜禽养殖场：生活饮用水水源保护区；风景名胜区；自然保护区；城市和城镇居民区、县级人民政府依法划定的禁养区域、国家或地方法律、法律规定需要特殊保护的其他区域。

② 生活垃圾填埋场不得建在下列地区：自然保护区、风景名胜区、生活饮用水源地和其他需要特别保护的区域；居民密集居住区；直接与航道相通的地区；地下水补给区、洪泛区、淤泥区；活动的坍塌地带、断裂带、地下蕴矿带、石灰坑及溶岩洞区。

③ 危险废物填埋场选址要求。危险废物填埋场场址选择应符合国家及地区城乡建设总体规划要求，应位于相对稳定的区域，不会因为自然或人为因素而受到破坏，不应该选城市工农业发展规划区、农业保护区、自然保护区、风景名胜区、文物保护区、生活饮用水源保护区、供水远景规划区、矿产资源储备区和其他需要特别保护的区域。应距离飞机场、军事基地3000m以上，位于居民区800m以外，并保证当地气象条件下对附近居民区大气环境不产生影响，必须位于百年一遇洪水线上，并在长远规划建设的水库等人工蓄水设施淹没区和保护区以外。距离地表水域距离不小于150m，地质条件能够满足填埋基础层要求，现场或附近有足够的黏土资源来满足构筑防渗层的需要，位于地下水饮用水源地主要补给区范围之外且下游无集中供水井，地下水位在不透水层3m以下，地层岩性相对均匀、渗透率低、饱和渗透系数不大于1.0×10^{-7}cm/s、天然基础层厚度不小于2m，地质结构相对简单、稳定、没有断层。填埋场具有足够大使用面积以保证10年或更长使用期，附近交通便利，运输距离较短，建造和运行费用低。

危险废物填埋场应避开下列区域：破坏性地震及活动构造区；海啸及涌浪影响区；湿地和低洼汇水区；地应力高度集中，地面抬升或沉降速率快的地区；石灰溶洞发育带；废弃矿井或塌陷区；崩塌、岩堆、滑坡区；山洪、泥石流地区；活动沙丘区；尚未稳定的冲积扇及冲沟地区；高压缩性淤泥、泥炭及软土区以及其他可能危及填埋场安全的区域。

④ 危险废物焚烧场选址要求。危险废物焚烧场不允许建设在地表水Ⅰ、Ⅱ类功能区和环境空气质量一类功能区，不允许建设在人口密集的居住区、商业区和文化区，不允许建设在居民区主导风向的上风向地区。场界距离居民区不小于1000m。

（2）“三场”设置的环境合理性分析

主要是论证“三场”设置是否处于自然保护区、风景名胜区、世界文化自然遗产地等敏感区域，是否影响重要资源（如基本农田、特产地、林场等），是否置于环境风险地段（如崩塌、滑坡、泥石流及泄洪通道、大风通道等环境不稳定处），是否影响环境敏感目标，是否易于景观恢复、植被恢复、土地恢复利用等，运输道路是否穿越不宜穿越地区（如城区、集中居民区、学校等）。

（3）总图布置环境合理性分析

对生产厂区内各种建筑物、设备车间的平面布局的环境合理性进行分析。主要包括三部分内容：

① 分析厂区与周围的环境保护目标之间的安全防护距离。参考国家的有关卫生防护距离规范，分析厂区与周围的保护目标之间的所定防护距离的可靠性，合理布置建设项目的各种建筑物及生产设施，给出总图布置与外环境关系图。总图布置与外环境关系图中应标明保护目标与建设项目的方位关系、保护目标与建设项目的距离以及保护目标的内容与性质。

② 根据气象、水文等自然条件确定总图布置的合理性。在充分掌握项目建设地点的气象、水文和地质资料的条件下，分析这些因素对污染物污染特性的影响，合理布置工厂和车间，尽可能减少对环境的不利影响。

③ 分析对周围环境敏感点处置措施的可行性。分析项目产污环节和污染物特征，确定建设项目对附近环境敏感点的影响程度，提出切实可行的处置措施，如搬迁、防护等。

4. 污染源强分析与核算

阐述建设项目的污染产生位置，并对污染源的污染物排放强度进行估算。

（1）产污环节分析

① 产污环节分析的内容。产污环节分析本质上是建设项目新增的污染源分析，污染物分布、类型、排放量是环评的基础材料，是找出建设项目施工建设、生产运行和服务期满等整个过程期间产生污染物的位置和对环境产生影响的因子，分析工程建设带来的新增污染源和环境影响因子。除矿山等特殊类项目在服务期满后存在部分环境影响外，一般建设项目的产污环节分析主要是分为施工期和运行期两个阶段。

污染型建设项目和生态型建设项目由于污染特性和环境影响方式不同，产污环节分析的侧重点有所差异。工程施工期由于施工行为、人员活动和工程占地等，会产生部分数量的污染物或存在环境影响因子，各类建设项目施工期产污环节分析都是必需的。污染型建设项目在工程运行期间有固定、明确的污染物产生和排放，运行期产污环节分析是污染型建设项目的重点。生态型建设项目主要是工程施工和运行干扰和破坏了当地生态系统，因此，确定生态影响的环境影响因子是该类项目重点关注的问题。

② 施工期污染物分析。建设项目施工期间的新增污染物主要是由于施工活动、人员活动和工程占地等引起的。一般来说，施工期产生的污染物或存在的环境影响因子主要包括以下几类：大气污染物，主要来源于土方开挖、爆破等施工活动引起的施工扬尘，车辆运输等产生的道路扬尘，施工机械和运输车辆排放的尾气等，主要污染物为粉尘、二氧化硫、一氧化碳、氮氧化物等；噪声，由施工机械和运输车辆产生；废水，包括有施工废水和施工营地的生活污水；固体废物，由施工场地清理、平整、土石方开采、清障、拆迁等施工活动产生的弃土、弃渣和施工人员的生活垃圾等；植被破坏，施工活动、人员活动和占地等践踏、破坏了原有地表植被；工程占地，包括施工期临时占地和工程永久占地，改变了原有土地利用方法，对环境造成多种间接影响。

③ 污染型建设项目的产污分析。污染型建设项目更要重视产污环节分析，主要的产污环节包括有四个方面：生产工艺，给出生产工艺过程中产生污染物的具体位置、污染物的种类和数量，通常需要绘制污染工艺流程图，一般可简化用方块流程图来表示，污染工艺流程图应包括产生污染物的装置和工艺工程，不产生污染物的过程和装置可以简化，有化学反应发生的工序要列出主要化学反应和副反应式；原辅材料和能源的储运，在装卸、搬运、储藏、预处理等环节产生污染；交通和运输，增加了附近运输量；场地的开发利用，改变了原有土地利用方式。

④ 生态型建设项目的产污分析。生态型建设项目的主要环境影响是对生态系统的干扰和改变，工程施工和运动、活动主要是对生态系统的影响较大。该类项目的产污分析中，侧重于罗列出所有生态影响因子，分项逐一阐明不同"活动"带来的生态变化。

(2) 污染源强分析

主要是针对污染型建设项目，分析内容主要包括污染源统计、污染物类型、污染源强(浓度和数量)、污染物排放量统计等。

① 污染源统计。建设项目产生的污染源一般分为废水、废气、固体废物、噪声和放射性。对于固体废物，根据物理状态可分为废液和废渣，根据危险程度又分为一般固体废物和危险废物。

建设项目产生的污染源统计中，需要说明污染源产生位置、污染物类型、排放情况等具体来说。

废气：按照有组织排放、无组织排放进行分类，说明源强、排放方式、排放高度等。

废水：应说明种类、成分、浓度、排放方式、排放去向等。

固体废物：按照国家规定进行分类，废液要说明种类、成分、浓度、是否属于危险废物、处置方式和去向等。

废渣：说明有害成分、溶出物浓度、是否属于危险废物、排放量、处理和处置方式、贮存方法等。

噪声及放射源的统计：列表说明源强、剂量和分布。

污染源统计一般是根据已绘制的污染流程图和厂区平面布置图，按排放点标明各种污染物排放浓度和数量，对于最终排入外部环境的污染物要确定是否达标排放，大多是采用列表形式逐点统计。污染源统计表中要分别列出废水、废气、固体废物排放点，表格式见表 2-1。

表 2-1　污染源统计表

类别	序号	污染源	位置	污染因子	产生量	治理措施	排放量	排放方式	排放去向	达标分析
废水	1									
	2									
	3									
废气	1									
	2									
	3									
固体废物	1									
	2									
	3									

② 污染源强估算。污染源强估算是工程分析中非常重要的内容，它为环境影响预测评价提供了排污基础数据，直接影响到预测成果的准确性。

a. 物料平衡和水平衡

工程分析时，据不同行业特点，选择若干代表性物料，主要针对有毒有害物料，进行物料衡算，主要方法有类比法、物料平衡法、经验排污系数法。

类比法是应用较为广泛的基本方法，采用与建设项目生产工艺、使用原材料相似的其他现有工程的污染监测数据进行类比，核算拟建项目的污染物排放浓度和排放量。采用该方法时，应充分注意分析对象与类比对象之间的相似性和可比性，保持两者在工程一般特性、污染排放特性、环境特征相似的条件下进行类比。

物料平衡法，是运用质量守恒定律来核算污染物的排放量，即生产过程中投入使用的物料总量必须等于产品数量和物料流失量之和，通用计算公式为：

$$\sum G_{投入} = \sum G_{产品} + \sum G_{流失} \tag{2-1}$$

式中 $\sum G_{投入}$——投入系统的物料总量；

$\sum G_{产品}$——产出产品总量；

$\sum G_{流失}$——物料流失总量。

当物料在生产过程中发生化学反应时，按式(2-2)进行计算

$$\sum G_{投入} = \sum G_{排放} + \sum G_{回收} + \sum G_{处理} + \sum G_{转化} + \sum G_{产品} \tag{2-2}$$

式中 $\sum G_{投入}$——投入物料中的某污染物总量；

$\sum G_{产品}$——进入产品结构中的某污染物总量；

$\sum G_{回收}$——进入回收产品中的某污染物总量；

$\sum G_{处理}$——经净化处理掉的某污染物总量；

$\sum G_{转化}$——生产过程中被分解、转化的某污染物总量；

$\sum G_{排放}$——某污染物的排放量。

物料平衡法常应用于生产工艺过程的原材料产生污染物的计算，应用较多的有水平衡计算、硫组分计算等。

经验排污系数法，是根据同类项目当地污染排放统计分析数据或行业单位产品产污量统计结果，来估算拟建项目的产污量。使用该方法时，必须严格保证采纳的经验排污数据的权威性和可靠性。

工业用水量和排水量关系图如下：

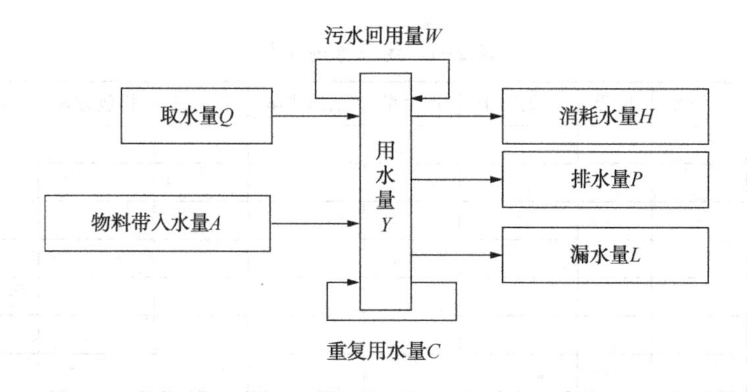

水平衡式：

$$Q+A=H+P+L \tag{2-3}$$

项目取水量定义：

取水量：取自地表水、地下水、自来水、海水、城市污水及其他水源的总水量；

重复用水量：指生产厂(项目)内部循环使用和循序使用的总水量；

耗水量：指整个项目消耗点的新鲜水量总和；

$$H=Q_1+Q_2+Q_3+Q_4+Q_5+Q_6 \tag{2-4}$$

式中 Q_1——产品含水，即由产品带走的水；

Q_2——间接冷却水系统补充水量，即循环冷却水系统补充水量；

Q_3——洗涤用水(包括装置和生产区地坪冲洗水)、直接冷却水和其他工艺用水量之和；

Q_4——锅炉运转消耗的水量；

Q_5——水处理用水量，指再生水处理装置所需的用水量；

Q_6——生活用水量；

项目取水量=生产用水量(间接冷却水量+工艺用水量+锅炉给水量)+生活用水量；

b. 常见污染源强的估算方法

车辆扬尘量：一般采用类比法计算。

生活污水排放量：按照人均用水量乘以用水人数的80%计。

工业场地废水排放量：根据不同设备逐一核算并加和。

固体废物：根据设计文件给出量。

生活垃圾：人均垃圾产生量与人数的乘积。

土石方平衡：根据设计文件给出量计算或核实。

矿井废水量：根据设计文件给出量，必要时进行重新核算。

c. 噪声源强分析

噪声源主要包括有施工机械、运输车辆、生产设备、辅助设备等的运行噪声。常用施工机械或生产设施的运行噪声在一定范围值内，可根据机械设备的型号、功率等参数，经验给出其噪声源强。表2-2列出了部分机械设备的噪声级。

表2-2 常见机械设备噪声源强

序号	名称	型号	声级/dB
土石方工程			
1	装卸机	$2m^3$、$1m^3$	90~110
2	液压反铲	$1.6m^3$、$1m^3$	79~96
3	推土机	120型、150型	85~96
4	振动碾	13.5t	90~110
起重运输器械			
1	载重汽车	3~8t	79~91
2	自卸汽车	5~8t、8~12t	75~90
混凝土机械			
1	搅拌机	$0.8m^3$、$0.5m^3$	80~100
2	砂浆搅拌机	200L	90~110
3	混凝土泵	BW—100/30	75~90

d. 无组织排放源的源强估算

废气无组织排放源是对应于有组织排放而言的，表现为工艺过程中产生的污染物没有进入收集和排气系统，而是通过厂房天窗或直接弥散到环境中。通常将没有排气筒或排气筒高度低于 15m 排放源定为无组织排放源。其排放量确定方法要有三种：一是物料平衡法，通过全厂物料的投入产出分析，核算无组织排放量；二是类比法，采用同类工厂进行类比；三是反推法，通过对类比工厂的无组织排放量的现场监测数据，利用面源扩散模式反推。

e. 非正常排污的源强分析

非正常排污包括有事故排污和异常排污两类。事故排污是由于人为或自然原因难免发生的事故，异常排污是由于工艺设备或环保设施未达到设计规定标准而超额排污的事件。非正常排污的发生是不确定的，属于风险评价范畴。源强分析中要确定污染物排放量，还要同时确定与其对应的发生概率。

(3) 污染物排放量统计

产污环节分析的最终目的是了解建设项目的产污部位和污染物排放量，提供污染物排放量统计表是该部分成果的最终体现。

新建项目的污染物排放量统计表算清新增污染物的“两本账”即生产过程中污染物产生量和实现污染防治措施后污染物削减量，两者之差为污染物的最终排放量。新建项目污染物排放量统计表格式见表 2-3。

表 2-3 新建项目污染物排放量统计表

类别	污染物	产生量	治理削减量	排放量
废水				
废气				
固体废物				

改扩建项目的污染物排放量统计表应算清新老污染物的“三本账”，即改扩建前污染物排放量、改扩建项目污染物排放量、改扩建完成后(包括“以新带老”削减量)污染物排放量，其相互关系可表示为：改扩建前污染物排放量-“以新带老”削减量+改扩建项目污染物排放量=改扩建完成后污染物排放量。

改扩建项目污染物排放量统计表格式见表 2-4。

表 2-4 改扩建项目污染物排放量统计表

类别	污染源	现有工程排放量	拟建项目排放量	“以新带老”削减量	技改工程完成后总排放量	增减量变化
废水						

续表

类别	污染源	现有工程排放量	拟建项目排放量	"以新带老"削减量	技改工程完成后总排放量	增减量变化
废气						
固体废物						

(4) 方案比选

对设计文件中提出的多个工程方案，从经济、社会、环境等方面进行全面对比分析，重点是环境保护方面的优劣对比。对不同方案可能引起的环境影响程度进行对比，选择环境影响较小并能实现工程建设目标的方案作为推荐方案。

(5) 环保措施方案分析

环保措施方案分析是对设计文件中提出的污染防治措施的效果进行分析，提出切实可行的改进完善建议。主要分析内容包括以下方面：

① 分析建设项目可研阶段环保措施方案的技术经济可行性。根据建设项目的产污特点，调查同类项目采取的环保措施的运行指标，分析拟建项目所采用的环保设施的技术可行性、经济合理性和运行可靠性，并提出进一步改进的意见，也可提出替代方案。

② 分析项目采用的污染处理工艺实现污染物达标排放的可靠性。分析建设项目环保设施运行参数是否合理、能够稳定运行、确保污染物达标排放的可靠性。

③ 分析环保投资构成以及在总投资的比例。对各种环保设备的投资进行统计，分析其投资结构，并计算环保投资在总投资中所占比例。

(6) 清洁生产水平分析

污染型建设项目必须要进行清洁生产水平分析，并在环境影响评价报告中单列章节。

清洁生产是一种新的污染防治战略，国家已经公布了部分行业清洁生产标准，要求拟建项目的相应指标与之进行比较，以此来衡量建设项目的清洁生产水平。在清洁生产分析的指标中，主要包括有单位产品或万元产值的物耗、能耗、水耗以及污染排放量。

(7) 环境风险分析

建设项目在施工建设和运行期间存在潜在危险、有害因素，有可能发生有毒有害物质泄漏、易燃易爆物品爆炸等突发性事故时，需要进行环境风险评价，并单列章节说明。

(8) 环境影响识别和评价因子筛选

在工程建设产污环节分析的基础上，对工程活动与环境要素之间相互关系进行系统分析，识别可能的环境影响，并选择重要的环境影响因子和环境要素作为评价因子。

第二节　环境影响识别

环境影响识别是全面分析并列出工程建设的环境影响因子和受到影响的环境要素，分析工程活动的环境影响。环境影响识别的本质是系统、全面地分析建设项目的各项活动与各环境要素之间的关系，识别出项目建设可能带来的环境影响。

环境影响识别中需要区分建设项目的各种活动和可能受到影响的各类环境要素。项目建设活动统称为环境影响因子，包括有工程施工期间工程组成中各项的施工活动、工程运营期内生产和运行行为以及工程退役后采取的封闭行为等。环境要素分为自然环境和社会环境两部分。自然环境要素可划分为地形、地貌、地质、水文、气候、水质、空气质量、声环境质量、生态、土壤、森林、草场、农田、陆生生物、水生生物等；社会环境要素划分为城镇、农村、土地利用、人口、健康、经济、居民区、交通、文物古迹、风景名胜、自然保护区以及重要基础设施等。

一、环境影响识别的任务和目的

1. 环境影响识别的任务

环境影响识别任务是识别出项目建设可能带来的环境影响，判断某个环境影响因子是否对某类环境要素产生影响，若产生影响，还需要给出产生环境影响的影响方式、影响程度、影响性质和影响范围。

不同类型建设项目对环境产生影响的方式是不同的。污染型建设项目有明确的、固定的污染物产生和排放，直接对特定环境要素产生影响，可通过追踪污染物的类型来识别其影响。而生态型建设项目，可能没有明确或固定的污染物产生，需要分析环境影响因子和环境要素之间相互关系来识别其影响，如水利水电项目中水库蓄水淹没、大坝阻隔因子，公路、铁路项目中区域片段化因子等，都是通过影响部分外部环境，从而对当地生态产生影响。

影响范围包括工程施工活动、运行过程中直接或间接涉及的区域。不同类型工程的影响范围各不相同，如水库工程一般包括库区、施工区和下游水文变化区域，跨流域调水工程分为调出区、调入区和调水沿线区域。影响范围识别可为确定评价范围提供依据。

2. 环境影响识别的目的

环境影响识别的目的在于判别建设项目的主要环境影响，区分和筛选出主要的环境影响因子以及显著或重大影响的、社会关注的环境要素。对于识别出来的主要环境影响因子和环境要素，在项目决策和环境管理中要给予重视，并进一步进行环境影响预测评价。

判别主要环境影响的标准为受影响范围大、历时长、强度大的环境要素和环境敏感区及其附近的工程活动。

二、环境影响识别的方法

现有环境影响识别方法还是以定性分析为主，虽然部分方法中提供了专家打分、权重等半定量手段，但这些量化参数还是多以经验为主。常用的环境影响识别方法包括有清单法、矩阵法、叠图法和网络法。

1. 清单法

清单法的应用比较广泛，通常是按照环境要素或环境影响因子分类，采用定性描述方法或二维表格形式，逐一分析、判断环境影响因子对环境要素的影响，并提供影响程度影响性质的判别结果。在世界银行《环境评价资源手册》等文件中提供有工业类、能源类、水利工程类、农业工程类、森林资源类、市政工程类等不同行业的主要环境影响识别表。表 2-5 为水利枢纽及输水工程项目的环境影响识别表。

表 2–5　水利枢纽及输水项目的环境影响识别表

影响因子 / 环境要素		施工期							运行期					移民安置	
		施工修路	施工占地	枢纽施工	管线施工	水厂施工	施工营地	清库	枢纽运行			输水管	净水厂	安置建议	道路建设
									蓄水淹没	水库运行	泄流发电				
水文情势									−G	−G					
泥沙									−S	−S	−S				
空气环境		−S		−S	−S	−S	−S	−S	+S				−S	−S	−S
声环境		−S	−S	−G	−G	−S	−S	−S			−S		−S	−S	−S
水环境	水质			−S	−S		−S	+G	−S	−S	+G				
	水温								−S	−S	−S				
生态系统	森林植被	−S	−S	−G	−S		−S	−G	−G					−S	−S
	野生动物	−S	−S	−G		−S	−S		−S					−S	−S
	水生生物			−S					−G	−G	−S				
局地气候									+S	+S					
库岸稳定									−S	−S					
土地资源		−S	−G	−G	−S		−S	−G	−G					−G	−S
水土保持		−S	−S	−G	−G		−S		−S	−S				−S	−S
社会环境	减灾								+G	+G	+G				
	工业									+G	+G	+G	+G		+G
	农业								−S	+G	+G	+G	+G		+G
	社区经济	+G		+G	+S					+G	+G	+G	+G		+G
	交通	+G		−S	−G	−S			−G						+G
	人群健康			−S	−S	−S	−S		−S					+S	
	居住条件								−G					+G	+G
环境容量			−S						+G					−G	−S

注：空白表示基本无影响；S 表示影响较小；G 表示影响较大；−表示不利影响；+表示有利影响

2. 矩阵法

矩阵法由清单法发展而来，将清单中所列内容进行系统排列，把环境影响因子和环境要素组成一个影响矩阵，建立两者之间的因果关系，定性或半定量地说明建设项目的环境影响。影响矩阵中可将影响程度分若干等级，影响性质可通过各种符号来表示，或采用加权法对不同环境要素赋予不同权重。影响矩阵可以简单、明了地判别工程的环境影响。若矩阵全部采用数值表示，则可半定量地计算出环境影响的显著性水平。

3. 叠图法

叠图法在涉及较大地理空间的建设项目中使用较多，如公路、铁路、管道和区域开发项目。该方法是采用手工叠图或 GIS 软件进行图层叠加，通过一系列环境、资源图件的叠加，表示环境要素、不同区域的相对重要性和受影响程度，从全局上系统分析建设项目的主要环境影响。

4. 网络法

采用因果关系分析网络来解释和描述建设项目的各项活动和环境要素之间的关系。

三、不同项目的主要环境影响

1. 机场建设项目

机场建设项目产生的环境影响，按照重要性排序为噪声、空气质量、水质和社会影响。此外还有占地和飞越区域影响。噪声主要来自飞机起降活动；空气质量污染物主要来源于机场和跑道施工，以及在运营期增加了地面运输量；水质影响来自大面积构造平面形成的地面径流，同时存在废水排放问题；社会影响主要考虑搬迁带来的影响，同时还有人口流动和增长形式的改变、公用事业需求和经济活动改变。

2. 公路建设项目

公路建设项目最重要的是景观和视觉、空气质量、交通运输方式、噪声、社会经济、水质和野生生物的影响。景观影响包括有妨碍视野、景观不协调等；空气质量影响主要由于车辆尾气和扬尘等。

3. 水利水电工程项目

水利水电工程的建设内容较多，施工时间较长，施工期环境影响必须作为重点，同时工程运行的主要环境影响根据工程建设内容的不同而有所区别。

施工期环境影响主要有：施工废水排放可能对受纳水体产生污染；粉尘和噪声影响施工人员和周边居民身体健康；土方开挖等施工活动产生的弃土弃渣可能破坏当地植被、引起新增水土流失；水上施工可能影响水生生物等。

运行期各种工程的主要环境影响有所差异。航道建设，主要环境影响是改变了原有自然生态系统、流态；灌溉工程，主要环境影响是引水引起河流水量变化、地下水位变化、退水对受纳水域产生污染等；堤坝加固工程，主要环境影响对水质、野生生物栖息地、流态、天然排水条件等产生影响；蓄水工程，主要环境影响是栖息地和物种多样性改变、土地使用变化、水质变化等；小船坞建设，主要环境影响是生活废水排放、漏油、水流变化等；大坝和水库建设主要环境影响是对下游河道、生态、移民、地质等产生影响。

4. 天然气管道项目

天然气管道的环境影响分为建设期、运营期和服务期满。建设期存在土地使用改变、物种和生态影响、搬迁、大气污染、水污染、噪声、固体废物等影响；运营期主要环境影响是限制附近土地使用、事故等；服务期满主要环境影响是土地使用、美学价值等。

5. 农业开发项目

农业开发项目的主要环境影响是土地使用、化肥和农药使用产生面源污染、土壤盐渍化、地下水污染、水土流失、农业生态影响等。

6. 渔业项目

捕捞渔业的主要环境影响是过度捕捞、捕捞方式伤害其他物种、漏油、冲洗废水等；养殖渔业主要环境影响是改变了自然生态、局地水文、排水污染、外来物种、传染病等。

7. 采矿业项目

采矿业项目的主要环境影响是清除植被、水土流失、地面塌陷区、生态、水力开采改变河道和河床、尾矿排放堆积等。

第三节　评价因子的筛选

一、评价因子筛选的原则

通过环境影响识别，识别出主要的环境影响因子和受显著影响的环境要素，才能进一步进行环境影响预测评价。在环境影响预测评价中，需要采用能够表征环境影响因子或环境要素变化的指标作为评价因子。

评价因子筛选与建设项目的特点、产生的污染物特征、周边环境状况等有关。评价因子一般选择使用对环境要素产生重大影响的主要污染物、主要环境影响因子或者是能够表征环境要素特征的代表性指标。

二、评价因子的筛选方法

1. 空气环境的评价因子筛选方法

选择建设项目排放的主要大气污染物和当地大气环境中污染严重指标，或者是国家制定的大气污染物总量控制指标，作为空气环境影响评价因子。一般来说，空气环境影响评价因子为二氧化硫、氮氧化物等。

建设项目排放的大气污染物数目较多时，可采用等标排放量 P_i 作为衡量指标，选择该项目等标排放量 P_i 较大的污染物作为评价因子。等标排放量 P_i 计算方法为：

$$P_i = C_i / C_{0i} \tag{2-5}$$

式中　C_i——第 i 类污染物单位时间的排放量，t/h；

C_{0i}——第 i 类污染物空气质量标准（按照《环境空气质量标准》中二级、1h 平均值计算），mg/m^3。

国家制定的“十五”期间污染排放总量控制的大气污染物指标为二氧化硫、烟尘和工业粉尘。当建设项目存在该污染物排放时，必须作为评价因子。

2. 水环境的评价因子筛选方法

水环境影响评价因子是从项目排放废水的水质参数和受水水域的水质参数中选取的，通常选取的水环境评价因子包括有建设项目排放废水的主要污染物、受水水域现状水质的主要污染物、有毒性或危害大的污染物、国家制定的水环境污染总量控制指标。国家制定的“十五”期间污染排放总量控制水环境污染物指标为化学需氧量和氨氮，必须选择作为评价因子。对于有毒性的污染物，对水环境和当地居民生活危害极大，也必选择作为评价因子。

废水中主要污染物的判定通过等标污染负荷法来进行，等标污染负荷值较大者为主要污染物。等标污染负荷计算公式为

$$P_i = \frac{C_i Q_i}{C_{0i}} \times 10^6 \tag{2-6}$$

式中　P_i——某污染物等标污染负荷，t/a；

C_i——某污染物在废水中的实测浓度，mg/L；

C_{0i}——某污染物排放标准浓度，mg/L；

Q_i——废水排放量，m^3/a 或 t/a。

对于河流水体，可通过计算 *ISE* 值(水质参数的排序指标)来选择水环境评价因子，*ISE* 值计算式为

$$ISE=\frac{C_{pi}Q_{pi}}{(C_{si}-C_{hi})Q_{hi}}\times10^{-6} \tag{2-7}$$

式中 C_{pi}——水污染物 i 的排放浓度，mg/L；

Q_{pi}——含水污染物 i 的废水排放量，m^3/s；

C_{si}——水质参数 i 的地表水水质标准，mg/L；

C_{hi}——河流上游水质参数 i 的浓度，mg/L；

Q_{hi}——河流上游来流流量，m^3/s。

ISE 值越大，说明拟建项目对河流中该项水质参数的影响越大。当 *ISE* 值为负值时，说明河流现状该项水质参数超标，必须选择该项参数作为评价因子。

三、不同行业的评价因子筛选

1. 种植业

土壤侵蚀和盐渍化：土壤侵蚀种类、影响范围、侵蚀模数、水土流失治理面积、盐渍化面积、程度和治理面积等。

动植物资源：植被类型、生物量、森林覆盖率、敏感物种种类和数量、保护动植物种类和数量等。

生物安全：生物入侵种类、数量、范围和引进外来物种的安全性。

土地利用：土地利用构成、面积和百分比等。

土壤：土壤种类和数量、土壤质量和土层厚度等。

水资源：地表水可利用量、地下水资源补给量、贮存量、可开采量和使用量等。

水质：地表水和地下水。

空气环境：总悬浮颗粒物。

噪声：等效声级。

固体废物：土石方量、秸秆量。

社会经济：人口，土地面积，耕地面积，人均土地面积，人均居住面积。一、二和三产业产值，粮食总产量，作物单产，复种指数，人均粮食产量和人均纯收入。

2. 畜牧业

土壤侵蚀：土壤侵蚀种类、影响范围、侵蚀模数和水土流失治理面积等。

动植物资源：植被类型、生物量、森林覆盖率、敏感物种、保护动植物、草场面积、产草量和草场质量等。

生物安全：生态入侵现状、引进外来物种的安全性。

土地利用：土地利用构成、面积等。

土壤质量：有机质、全氮、全磷、全钾、水解性氮、速效磷和速效钾。

水资源：地表水可利用量、地下水资源补给量、贮存量、可开采量、使用量等。

水质：地表水和地下水，地表水质为 COD、pH、氨氮、总氮、总磷等；地下水质总硬度、pH、NO_3^--N、NO_2^--N 等。

空气环境：$PM_{2.5}$、恶臭等。

噪声：效声级。

固体废物：土石方量、粪尿、垫料。

社会经济：农业产值、作物产量、人均粮食产量、畜牧业产量、畜牧业产值、畜牧业产值占农业产值的比例、人均纯收入、人均土地面积、人均居住面积、传染病的种类、死亡率等。

3. 水产养殖

动植物资源：滩涂和水域的植被类型、生物量、敏感物种、保护动植物等。

生物安全：生态入侵现状、引进外来物种的安全性。

土地利用：土地利用构成、面积等。

水质：地表水和地下水，地表水质为 SS、COD、pH、氨氮、总磷等；地下水质为总硬度、pH、NO_3^--N、NO_2^--N 等。

水资源：地表水可利用量、地下水资源补给量、贮存量、可开采量、使用量等。

土壤质量：有机质、全氮、全磷、全钾、碱解氮、速效磷、速效钾。

空气环境：$PM_{2.5}$。

噪声：等效声级。

废物：土石方量。

社会经济：农业产值、渔业产值、渔业产值占农业产值比例、增加就业、人均纯收入，人均居住面积。

4. 林业

土壤侵蚀：土壤侵蚀种类、程度、面积、侵蚀模数、水土流失治理面积等。

动植物资源：植被类型、动植物种类、生物量、森林覆盖率、敏感物种、保护动植物等。

生物安全：生态入侵现状、引进外来物种的安全性。

景观生态：类型、分布、动态。

土地利用：土地利用构成、面积等。

水资源：地表水可利用量、地下水资源补给量、贮存量、可开采量、地下水位。

土壤质量：土层厚度、土壤种类、土壤有机质含量、全氮、全磷、全钾、碱解氮、速效磷、速效钾。

水质：地表水和地下水，地表水质为 SS、COD、BOD_5、pH、氨氮、总磷、粪大肠菌群等；地下水质总硬度、pH、NO_3^--N、NO_2^--N 等。

社会经济：农业产值、作物产量、林业产值、林业产值占农业产值的比例、对当地经济发展的影响、人均纯收入、人均居住面积。

5. 水利水电工程

水利水电工程一般以水环境(包括水文情势)、生态、移民和施工期环境影响为重点环境要素或评价因子。

6. 输变电工程

施工期评价因子：噪声、扬尘、弃渣、植被、水土流失、生态等。

运行期评价因子：工频电场、工频磁场、无线电干扰、可听噪声。

本文以生态影响型项目和环境风险类项目的工程分析为例(详见第四、五节)，说明工程分析的基本步骤和技术要点。

第四节　生态影响型项目工程分析

一、生态影响项目工程分析的基本内容

1. 工程概况

(1) 名称、地点、性质、规模及工程特性(列出工程特性表)；

(2) 项目组成施工布置图。

2. 施工规划

工程进度、环境规划。

3. 生态环境影响源分析

(1) 分析项目的环境影响的范围、强度、方式；

(2) 占地面积、类型、植被破坏量、移民、水土流失。

4. 主要污染物与源强分析

污染物排放量、源强、排放方式、去向。

5. 替代方案

介绍工程选点、选线、设计中不同方案比选内容，说明推荐理由。

二、生态环境影响评价工程分析技术要点

1. 工程组成完全

(1) 对外交通

① 新、改、扩建项目，了解对外交通走向、占地类型与面积、土石方量和修筑方式。

② 项目单列环评，按公路进行环评。

③ 已修建，做现状调查。

(2) 施工道路

① 施工道路是连接施工场地、营地、运送各种物料和土石方的道路。

② 如果施工道路已设计：说明其布线、修筑方法，是否影响敏感环保目标；是否注意植被保护或防止水土流失。

③ 如果施工道路尚未设计：明确选线原则，提出修建原则与建议，给出禁止路线占用的土地或地区。

(3) 料场

① 土料场、石料场、沙石料场等施工建设的料场。

② 明确的内容：点位、规模、采料作业时期及方式，爆破方式，运输方式(皮带、汽车)、运输量、运输道路、车流密度等。

(4) 介绍工业场地

工业场地布设、占地面积、主要作业内容。

(5) 施工营地

① 集中或单独建设的营地，无论大小都要纳入工程分析中。

② 重点说明：占地类型、占地面积、事后恢复设计。

③ 生活营地：供暖、供热、供水、供电、炊事、环卫等设施，要一一说明。

(6) 弃土场

弃土场选址合理性是环评的重要论证内容。

① 点位、弃土弃渣量及方式，占地类型与数量，复垦计划。

② 弃土场坡度，径流汇集情况等，以及采取的安全设计措施和防止水土流失措施等。

③ 采矿、选矿项目：弃渣场、尾矿库是专门的设计内容，进行专项环评。

2. 重点工程明确

(1) 重点工程定义

重点工程一般是指工程规模比较大的，其影响范围大或影响时间比较长的；或者是位于环境敏感区附近的，虽然规模不是最大，但是造成的环境影响较大的。

(2) 重点工程确定方法

① 研读设计文件并结合环境现场踏勘确定。

② 通过类比调查并核查设计文件确定。

③ 通过投资分项进行了解(列入投资核算中的所有内容)。

④ 从环境敏感调查入手再反推工程，类似影响识别方法。

(3) 主要工程

① 隧道：点位、长度、单洞(双洞)、土石方量、施工方式(平峒、出渣口、道路)、弃渣方式与利用量、弃渣点、占地类型与面积、生态恢复方案措施。

② 大桥、特大桥：桥位(漂流名称)、长度、跨度(有无水中桥墩)、桥型、施工方式(有无单设作业场或施工营地)、施工作业场期、材料来源、拟用环保措施。

③ 高填方路段：线位、长度、填筑高度、占地类型与面积、土方来源或取土场设置、通道(涵洞)；高填方路段是环评中需要论证环境可行性和合理性的路段，有时需要替代方案。

④ 深挖方路段：线位、长度、最大挖深，岩性(地层概况)，挖方量、弃方的利用(土石方平衡)，弃土场点位、弃土量、占地类型与面积，边坡稳定方案，水保方案和生态恢复措施；深挖方路段也是需要进行环境合理性分析的重点环境问题包括水文隔断、生物阻隔和沟堑阻隔。

⑤ 互通立交桥：桥位、桥型、占地类型与面积、土地权属、土石方量及来源。

⑥ 服务区：位置、占地类型与面积、服务设施或功能设计，绿化方案；服务区排污问题是主要评价内容。

⑦ 取土场：位置、占地面积、类型，取土方式和复垦；取土场设置不明确时，环评应明确取土场设置原则，说明不宜或禁止的保护目标，提出恢复方案。

⑧ 弃土场：说明弃土方式，并禁止随挖随弃的施工方式。

3. 全过程分析

(1) 过程分类

① 选址选线期——工程的预可研期；

② 设计方案——初步设计与工程设计；

③ 建设期——施工期；

④ 运营期和运营后期——结束期、闭矿、设备退役和渣场封闭。

(2) 简要说明

① 设计期(与环评同时进行)——及时提出问题、修改建议、替代方案；

② 施工期——环境敏感区的施工区段施工方案分析；

③ 运营期——分析主要工程活动；

④ 退役期——提出对未来的(后期的)污控、生态恢复和环境监测与管理方案的建议。

4. 污染源分析

(1) 锅炉：烟气排放量、除尘降噪措施和效果、燃烧类型、消耗量(燃烧锅炉以 SO_2 和 NO_2 为污染控制因子)。

(2) 车辆扬尘量估算：一般采用类比方法计算。

(3) 生活污水排放量按人均用水量乘以用水人数的 80%；生活污水的污染因子一般取 COD、氨氮和 BOD_5。

(4) 工业场地废水排放量：根据不同设备核算并加和，沙石料清洗废水的污染因子可取 SS，机修废水的污染因子可取 COD 和石油类。

(5) 固体废物：根据设计文件给出量。

(6) 生活垃圾：人均产生量乘以人数的乘积。

(7) 土石方量平衡：根据文件给出量计算或核实。

5. 其他分析

(1) 环境风险问题。

(2) 事故性泄漏。

第五节　事故风险源项分析

一、源项分析

(一) 阶段划分

第一阶段：以定性分析为主。

第二阶段：以定量分析为主。

(二) 源项分析的步骤

1. 划分功能单元

(1) 划分(按功能)生产运行、公用工程、储运、辅助、环境保护、安全消防等系统。

(2) 注意事项：各系统划分为功能单元，每单元至少含一个危险物质的主要贮存容器或管道。单元分隔地方，有单一信号控制的紧急自动阀。

2. 筛选危险物质，确定评价因子

有毒有害、易燃易爆(名称、贮量、类型、相态、压力、温度、体积、重量)。

3. 事故项源分析和最大可信事故筛选

采用事件树、事故树、类比分析(可信事故和发生率)。

4. 进行泄漏估算

估算各功能最大可信事故泄漏量和泄漏率。

二、泄漏量计算

不论建设期，还是施工期，由于设备损坏或者操作失误引起有毒有害物质、易燃易爆物质泄漏，将会导致火灾、爆炸甚至中毒，进而污染环境，并对人群或生态环境造成伤害。因此，泄漏分析是源项分析的主要对象，泄漏涉及设备分析、泄漏物质分析和泄漏量的计算。

（一）泄漏设备分析

1. 管道

（1）装置：管道、法兰、接头、弯管。

（2）典型泄漏事故：法兰泄漏、管道泄漏、接头损坏。

2. 挠性连接器

（1）装置：软管、波纹管、铰接管。

（2）典型泄漏事故：破裂泄漏、接头泄漏、连接机构损坏。

3. 过滤器

（1）装置：滤器、滤网。

（2）典型泄漏事故：滤体泄漏、管道泄漏。

4. 阀

（1）装置：球阀、栓、阻气门、保险、蝶型阀。

（2）典型泄漏事故：壳泄漏、盖孔泄漏、杆损坏。

5. 压力容器、反应槽

（1）装置：分离器、气体洗涤器、热交换器、火焰加热器、接受器、再沸器。

（2）典型泄漏事故：容器破裂泄漏、进入孔盖泄漏、喷嘴断裂、仪表管路破裂、内部爆炸。

6. 泵

（1）装置：离心泵、往复泵。

（2）典型泄漏事故：机壳损坏、密封压盖泄漏。

7. 压缩机

（1）装置：离心式压缩机、轴流式压缩机、往复式/活塞式压缩机。

（2）典型泄漏事故：机壳损坏、密封套泄漏。

8. 贮罐

（1）包括贮罐连接管部分和周围的设施。

（2）典型泄漏事故：容器损坏、接头泄漏。

9. 贮存器

（1）装置：压力容器、运输容器、冷冻容器、冷冻运输容器、埋设或露天贮存器。

（2）典型泄漏事故：气爆、破裂、焊接点断裂。

10. 放空燃烧装置、放空管

（1）装置：多岐头接头、气体洗涤器、分离罐。

（2）典型泄漏事故：多岐头泄漏或超标排放。

（二）泄漏物质分析

环境风险分析中，确定泄漏物质的性质、压力、温度、易燃性、毒性等。

（三）泄漏量计算

1. 液体泄漏速率（柏努利方程式）

$$Q_L = C_d A\rho\sqrt{\frac{2(p-p_0)}{\rho}+2gh} \tag{2-8}$$

式中 Q_L——液体的泄漏速度，kg/s；

C_d——液体的泄漏系数，此值常用 0.6~0.64；

A——裂口面积，m^2；

p——容器内介质压力，Pa；

p_0——环境压力，Pa；

g——重力加速度，9.81m/s^2；

h——裂口之上液位高度，m。

2. 气体泄漏速率

(1) 气体流速在音速范围(临界流)

$$\frac{p_0}{p} \leqslant \left(\frac{2}{k+1}\right)^{\frac{k}{k+1}} \tag{2-9}$$

(2) 气体流速在亚音速范围(次临界流)

$$\frac{p_0}{p} > \left(\frac{2}{k+1}\right)^{\frac{k}{k-1}} \tag{2-10}$$

式中 p——容器内介质压力，Pa；

p_0——环境压力，Pa；

k——气体的绝热指数(热容比)，即定压热容 C_p 与定容热容 C_v 之比。

假定气体的特性是理想气体，气体泄漏速度 Q_G 按下式计算：

$$Q_G = YC_dAp\sqrt{\frac{Mk}{RT_G}\left(\frac{2}{k+1}\right)^{\frac{k+1}{k-1}}} \tag{2-11}$$

式中 Q_G——气体泄漏速度，kg/s；

p——容器压力，Pa；

C_d——气体泄漏系数，当裂口形状为圆形时取 1.00，三角形时取 0.95，长方形时取 0.90；

A——裂口面积，m^2；

M——分子量；

R——气体常数，J/(mol·K)；

T_G——气体温度，K；

Y——流出系数，对于临界流 $Y=1.0$，对于次临界流按下式计算：

$$Y = \left(\frac{p_0}{p}\right)^{\frac{1}{k}} \times \left\{1-\left(\frac{p_0}{p}\right)^{\frac{(k-1)}{k}}\right\}^{\frac{1}{2}} \times \left\{\left(\frac{2}{k-1}\right) \times \left(\frac{k+1}{2}\right)^{\frac{(k+1)}{(k-1)}}\right\}^{\frac{1}{2}} \tag{2-12}$$

3. 两相流泄漏

假定液相和气相是均匀的，且互相平衡，两相流计算按下式：

$$Q_{LG} = C_dA\sqrt{2\rho_m(p-p_c)} \tag{2-13}$$

式中 Q_{LG}——两相流泄漏速度，kg/s；

C_d——两相流泄漏系数，可取 0.8；

A——裂口面积，m^2；

p——操作压力或容器压力，Pa；

p_c——临界压力，Pa，可取 $p_c=0.55p$；

ρ_m——两相混合物的平均密度，kg/m^3，由下式计算：

$$\rho_m = \frac{1}{\frac{F_V}{\rho_1} + \frac{1-F_V}{\rho_2}} \tag{2-14}$$

式中 ρ_1——液体蒸发的蒸气密度，kg/m^3；

ρ_2——液体密度，kg/m^3；

F_V——蒸发的液体占液体总量的比例，由下式计算：

$$F_V = \frac{C_P(T_{LG} - T_C)}{H} \tag{2-15}$$

式中 C_P——两相混合物的定压比热，$J/(kg \cdot K)$；

T_{LG}——两相混合物的温度，K；

T_C——液相在临界压力下的沸点，K；

H——液体的汽化热，J/kg。

当 $F_V>1$ 时，表明液体将全部蒸发成气体，这时应按气体泄漏计算；如果 F_V 很小，则可近似地按液体泄漏公式计算。

4. 泄漏液体蒸发

（1）分类

泄漏液体蒸发可分为：闪蒸蒸发、热量蒸发、质量蒸发。

（2）单项分析

① 闪蒸蒸发的计算

$$Q_1 = F \cdot W_T / t_1 \tag{2-16}$$

式中 Q_1——内蒸量，kg/s；

W_T——液体的泄漏总量，kg；

t_1——闪蒸蒸发时间，s；

F——蒸发的液体占液体总量的比例，按下式计算：

$$F = C_P \frac{T_L - T_b}{H} \tag{2-17}$$

式中 C_P——液体的定压比热容，$J/(kg \cdot K)$；

T_L——泄漏前液体的温度，K；

T_b——液体在常温下的沸点，K；

H——液体的汽化热，J/kg。

② 热量蒸发的估算

当液体闪蒸不完全，有一部分液体在地面形成液池，并吸收地面热量而汽化称为热量蒸发。热量蒸发速度 Q_2 按下式计算：

$$Q_2 = \frac{\lambda S \times (T_0 - T_b)}{H\sqrt{\pi \alpha t}} \tag{2-18}$$

式中 Q_2——热量蒸发速度，kg/s；

T_0——环境温度，K；

T_b——沸点温度，K；

S——液池面积，m^2；

H——液体汽化热，J/kg；

λ——表面热导系数，W/(m·K)(表2-6)；

α——表面热扩散系数，m^2/s(表2-6)；

t——蒸发时间，s。

地面热传递性质如表2-6所示。

表2-6 某些地面的热传递性质

地面情况	λ/[W/(m·K)]	α/(m^2/s)
水泥	1.1	1.29×10^{-7}
土地(含水8%)	0.9	4.3×10^{-7}
干阔土地	0.3	2.3×10^{-7}
湿地	0.6	3.3×10^{-7}
沙砾地	2.5	11.0×10^{-7}

③ 质量蒸发估算

当热量蒸发结束，转由液池表面气流运动使液体蒸发，称之为质量蒸发。质量蒸发速度Q_3按下式计算：

$$Q_3=\alpha\times p\times M/(R\times T_0)\times u^{(2-n)/(2+n)}\times r^{(4+n)/(2+n)} \tag{2-19}$$

式中 Q_3——质量蒸发速度，kg/s；

α，n——大气稳定系数，如表2-7所示；

p——液体表面蒸发气压，Pa；

R——气体常数，J/(mol·K)；

T_0——环境温度，K；

u——风速，m/s；

r——液池半径，m。

表2-7 大气稳定度系数

稳定度条件	n	α
不稳定(A，B)	0.2	3.846×10^{-3}
中性(D)	0.25	4.685×10^{-3}
稳定(E，F)	0.3	5.285×10^{-3}

质量蒸发液池半径确定方法如下：

有围堰时，以围堰最大等效半径为液池半径；

无围堰时，设定液体瞬间扩散到最小厚度时，推算液池等效半径。

④ 液体蒸发总量的计算

$$Q_P=Q_1t_1+Q_2t_2+Q_3t_3 \tag{2-20}$$

式中 Q_P——液体蒸发总量，kg；

Q_1——闪蒸蒸发速度，kg/s；

Q_2——热量蒸发速度，kg/s；

Q_3——质量蒸发速度，kg/s；

t_1——闪蒸蒸发时间，s；

t_2——热量蒸发时间，s；

t_3——从液体泄漏到液体全部处理完毕的时间，s。

三、最大可信事故概率确定

（1）最大可信事故概率的含义：

所有可预测的概率不为零，不一定是概率最大事故，但是危险最严重的事故概率，常用事件树分析法确定事故概率。

（2）事件树分析法是一种逻辑演绎法。

（3）事件树分析法的推荐文件：世界银行《工业污染事故评价手册》《建设项目事故评价技术手册》。

（4）泄漏事故分类：

①易燃易爆气体泄漏；②毒性气体泄漏；③可燃液体泄漏；④毒性气体泄漏。

第六节　案例分析

一、案例一（化工行业）：某石化分公司 60×10^4t/a 乙烯改扩建工程

项目分析：乙烯装置采用 Liude 公司裂解、深冷前脱乙烷分离工艺；聚乙烯装置采用联碳公司 Unipol 气相流化床工艺；丁二烯装置采用改造的日本合成橡胶公司萃取精馏工艺，芳抽提采用环丁砜逆流连续抽提工艺。

1. 与法律法规及相关规划的符合性分析

项目产品和技术属于鼓励类，符合国家产业政策；符合《中国石化工业“十五”规划》要求；厂址选择符合城市总体规划和环境功能区划。

2. 污染物分析（主要污染来源及特点）

本工程属于改扩建工程，在进行污染物排放源强核算时，应注意清算新老污染源“三本帐”，即技改扩建前污染物排放量、技改扩建项目污染物排放量和技改扩建完成后污染物排放量（包括“以新带老”削减量）。

因涉及多套装置，应给出总物料衡算和各装置物料平衡、水平衡及污染物汇总表料平衡、水平衡及污染物汇总表

（1）废气：①有组织排放及主要污染物：乙烯装置裂解炉、再生气加热炉和清焦排放的烟气，主要污染物为 SO_2、NO_2；工艺废气有：乙烯、聚乙烯、丁二烯和芳烃装置的回馏罐排放不凝气，加氢反应器催化剂再生气，单体脱气塔、干燥器、树脂脱气仓和产品贮仓排气，脱烃组分塔和溶剂回收塔排气，以及超压放空气，主要污染物为非甲烷总烃、乙腈、苯、甲苯、二甲苯，均送火炬焚烧。②无组织排放为各种中间产品和产品的贮罐大、小呼吸排气，主要污染物为非甲烷总烃、苯、甲苯、二甲苯。

（2）废水：①生产工艺废水。乙烯装置的清焦废水、废碱沉降槽排水、聚乙烯装置造粒机排污水、丁二烯装置溶剂回收塔底排水等。②其他生产废水。各装置机泵冷却水、设备及地面冲洗水、采样冷却器废水、化验室排水、脱盐水站排污水，废水中主要污染物为 COD、挥发酚、石油类、苯系物、硫化物、氨氮、SS 等。公用工程和辅助工程污水包括循环冷却

水系统排水、脱盐水系统排水等，主要污染因子为COD、pH、SS、氨氮和石油类。③生活污水，主要污染物为COD、BOD_5和SS等。

(3) 排放固体废物及其特性：属于危险废物的包括脱氧器(塔)、脱炔塔、脱氧器(塔)、脱炔塔、脱CO罐等排放废催化剂(含CuO、NiO、ZnO等)，废矿物油，废白土和废环丁砜溶剂；属于一般工业固体废物的有废分子筛、废吸附剂、废树脂等。

3. 环保治理措施

(1)废气污染防治措施与国内乙烯装置普遍采用的废气污染防治措施相同，该项目采用低硫燃料，排放烟气可满足达标排放要求。工艺废气送火炬焚烧，含烃气体回收。(2)乙烯装置废水治理主要问题是裂解气碱洗含硫废碱液的处理。该项目采用国内已成功应用的湿式氧化处理工艺。

常见问题解答

1. 结合项目所在区域特点，该项目主要关注的问题和评价重点是什么？

主要关注的问题和评价重点：根据改扩建工程的特点，周围区域环境特点，在工程分析的基础上，以建设单位概况调查及现有装置的回顾评价、污染防治措施和总量控制分析为重点，同时应当兼顾其他专题评价。

2. 结合乙烯项目特点，如何针对老项目和周围环境现状，充分论证项目选址合理性，并提出合理有效的污染防治措施？

首先采用先进的石化原料工艺路线，对乙烯装置及配套下游加工装置进行扩建改造，符合国家产业政策和企业发展规划，乙烯改扩建工程在规划的发展石油化工区进行建设，利用依托的现有装置的空地，无需新征土地，而且充分依托现有公用工程设施，厂址选择合理，符合城市总体发展规划和环境功能区划的要求。提出合理有效的污染防治措施：废气污染防治采用低硫燃料、排放烟气可满足达标排放的要求，工艺废气送火炬燃烧，含烃气体回收利用；乙烯装置废水治理的主要问题是裂解气碱洗含硫废碱液的处理，该项目采用湿式氧化处理工艺，湿式氧化分解后的废水与其他含油污水送污水处理厂进行生化处理。制定厂址区域的地下水环境现状监测制度。

3. 改扩建工程如何做好“以新带老”及厂址附近区域环境综合整治工作？

实施总量控制：改扩建工程应做到“增产不增污”，并与环保部“十一五”总量削减指标相符。其次，在达标排放和总量控制的基础上，依据环境容量的大小，实施污染治理和区域环境综合整治，确保达到环境功能要求。(严格控制高能耗、高污染、高耗资项目建设，杜绝已被淘汰的项目以技术改造、投资拉动等名义恢复生产；严格按照总量控制要求，把污染物排放总量指标作为区域、行业和企业发展的前提条件，使“以新带老”、“上大压小”等污染减排措施得到有效落实。)

4. 如何通过本次改扩建，提高生产装置清洁生产水平和减少污染物的产生和排放，做到“增产减污”？

改扩建生产装置采用的生产工艺先进，技术成熟可靠，物耗的指标低，水资源的利用水平高，“三废”的排放量减少，与国内同类装置相比，处于国内领先水平；与现有的装置相比，物耗、综合能耗均有一定程度减少，水资源的利用水平较高，生产每吨产品产生的废水、废气有不同程度的降低，属于清洁生产工艺，符合清洁生产的原则。改扩建工程实施后可以做到“增产减污”。

5. 如何通过环境风险防范措施确保任何情况下事故排放(尤其是事故废水)不污染环境?

(1)选址、总图布置和建筑安全防范措施。厂址及周围居民区、环境保护目标设置卫生防护距离，厂区周围工矿企业、车站、码头、交通干道等设置安全防护距离和防火间距。厂区总平面布置符合防范事故要求，有应急救援设施及救援通道、应急疏散及避难所。(2)危险化学品贮运安全防范及避难所。对贮存危险化学品数量构成危险源的贮存地点、设施和贮存量提出要求，与环境保护目标和生态敏感目标的距离符合国家有关规定。(3)工艺技术设计安全防范措施。设自动监测、报警、紧急切断及紧急停车系统；防火、防爆、防中毒等事故处理系统；应急救援设施及救援通道；应急疏散通道及避难所。(4)自动控制设计安全防范措施。有可燃气体、有毒气体检测报警系统和在线分析系统。(5)电气、电讯安全防范措施。(6)消防及火灾报警系统。(7)紧急救援站或有毒气体防护站设计。

二、案例二(高速公路)：某高速公路工程

1. 工程概况

工程概况介绍中需明确与项目密切相关的高速公路网规划情况，规划环评的工作进展，与规划的协调情况，说明路网建设现状。需阐明工程建设内容和建设规模和工程项目组成等。工程组成和工程分析中主要关注：(1)线路与沿线城镇规划的关系，与沿线环境敏感区的关系(有无自然保护区，风景名胜区，饮用水源保护区，文物、保护类野生动植物分布区域)。(2)工程占地情况，临时和永久占地的分类、数量，特别是明确占用基本农田的数量。取、弃土场分布，占地类型，恢复类型。(3)桥梁、隧道工程的施工方式。(4)临时工程的影响，包括施工场地、施工便道、搅拌场等。如项目属于改扩建项目，要阐明原有工程的EI及存在的环境问题，明确"以新带老"措施。

2. 环境现状

现状分析中需明确：(1)自然环境概况：地理、地质、气象、水文、生物。(2)生态现状：主要生态类型、重要植被、重点保护动植物。涉及重点保护野生动物的应该介绍动物保护级别、生活习性和活动区域，以判断工程对动物的影响和采取相应的保护措施。(3)环境敏感区，如自然保护区的功能分区。(4)取、弃土场明确占地类型、位置、取弃土量。(5)饮用水源：水源保护分级、范围、取水口位置。工程与水源保护区的关系，经过水源保护区应考虑采用更严格的风险防范和保护措施。(6)噪声敏感点与线路的距离、高差、受影响户数和人口数等。

3. 营运期环境影响

(1)公路上汽车行驶，噪声影响附近环境敏感点和保护目标；汽车尾气会污染环境空气。(2)服务设施排放的污水，路桥面径流可能会污染水体，从而危害公众健康。(3)突发性交通事故会影响公路的正常营运和公共安全；若因危险品运输车辆发生交通事故而导致有毒、有害危险品泄漏入水中，将会危害水体，降低地表水和地下水水质。(4)由于局部工程防护稳定和植被恢复均需一定的时间，水土流失在工程营运初期可能仍然存在。(5)线型廊道的阻隔和阻断作用不可逆转的切割生境，影响物流、地表和地下径流等，对动植物繁衍也有一定影响。

4. 替代方案比选

从工程占地、植被损失、施工期水土流失、地表水、声环境、环境空气、工程因素和社会环境(地方利用、压矿)等方面进行比较分析。

5. 生态环境影响

（1）施工期：施工过程中因清理现场、减缓坡度或修筑路基而占用土地、破坏植被，并可能破坏沿途的自然、文物和景观。山区修路会导致水土流失；严重的弃渣流失还可能导致泥石流等地质灾害。平原地带修筑路基不仅会占压农田，更有取土挖毁耕地和需要进行土地利用恢复问题；公路破坏影响基本农田保护区时，还要履行有关法规的要求。植被破坏和施工机械噪声迫使野生动物迁移或丧失。上述影响也出现在采石场等材料采集地。在环境敏感地带或附近施工时，还有对敏感保护目标的保护问题。具体从工程组成来分析，包括：①路基施工：开挖和填筑为主的施工活动对生态影响的途径主要是改变了线形地表土地的使用性质，一般情况是：占用土地(注意基本农田)；降低生物量，降低自然系统稳定现状；干扰地表天然的物流、能流、物种流。②桥涵工程：开挖和填筑河道两岸扰动局部地表现状，特别注意桥墩建设围埝(堰)对地表径流的改变，以及施工引起悬浮物增量对水生生物(尤其是土著种和特有种)的影响，如在洄游产卵季节不合理的围堰，对生态的影响是很大的。③隧道工程：改变地层局部构造除产生大量弃渣外，特别注意施工引起的环境地质问题，注意地下水流态的改变引起生活用水、生态用水的影响，进而影响陆生生境和水生生境。施工爆破噪声和振动对居民和大型野生动物的影响，矿山地区注意诱发岩体稳定和地面沉降问题等。④站场工程：改变局部地表土地使用现状特别注意占用基本农田和在偏僻山区诱发城市化和人工化倾向，在天然植被分布良好的拼块中开天窗，使生境破碎化。⑤辅助工程：临时用地施工，包括施工便道、施工营地、砂石料场、临时码头、便桥、材料厂和轨排基地等辅助工程施工主要是扰动地表、破坏植被、干扰大型野生动物的栖息，以及诱发荒漠化进程(如戈壁地区施工辅助工程扰动了地表稳定的覆盖层，激活沙丘；山区辅助工程施工诱发水土流失；丘陵地区施工造成大片弃用地等)。注意“大临”工程，指公路、铁路建设中的桥梁厂等，由于占地面积大、施工内容特殊，施工结束后很难恢复，要列专题评价。⑥取弃土(渣)场：路基工程、隧道工程等自身土石方不能平衡，需另建取弃土(渣)场。这些场地施工要改变土地利用现状，改变局部生境的功能和过程，特别注意不要占用基本农田、占用生态敏感区域(如繁殖地、育幼地、主要觅食区域、野生动物饮水区和汇水区域、居民点上游、生态用水区域、易诱发荒漠化区域等)。

（2）营运期：线形廊道的阻隔和阻断作用是公路、铁路生态影响的主要原因，这种作用结果常常是长期、潜在、累积和不可逆转的。①线路工程主要指线路占地形成的条带状区域。路基方案的影响：由于路基可以有全填、半挖半填、全挖等三种方式，也有路基高、低的差别，因此，在不同的地形地貌区、不同的地质(含水文地质)和不同的生态敏感类型地区，表现出了不同程度的切割生境、阻断和阻隔生态功能和过程的负面生态影响。主要表现为切割生境，影响地表径流、地下径流及动植物繁衍。②桥涵工程。桥梁建成主要是与景观的协调，在风景秀丽的地区要注意维护区域整体景观资源的自然性、时空性、科学性和综合性，桥梁体量大小，色调配置要经过评价。桥涵，尤其是过河桥需注意运输危险物品风险。③隧道工程建成运行只要不改变地下水自然流态，进出口避免大规模削山劈山，便可以减小穿山带来的严重生态破坏，它的正面作用明显。

（3）站场工程运行的生态影响与占地面积大小、占地类型密切相关，站场是引进拼块，呈规则的块状，是对自然系统的干扰源，需规范站场人员的行为。一般负面的生态影响有限。注意：废水、废气、固体废弃物。

（4）辅助工程和取弃土(渣)场。项目建成后，所有的临时用地，包括取弃土场都已复垦。这些地方的生物量可以恢复，但物种组成将有改变，这个影响可能在几十或上百年消除，也可能永远不会恢复所有的物种。

除生态影响外，交通运输车辆运行过程产生的噪声、废气，站场人员生活废水、垃圾也是项目运行期的污染源。

(5) 其他环境影响：公路建设对区域性社会经济和生态环境会有很大的影响。公路使人口向交通干线集聚，会在一些地区形成新的集镇或城市，从而根本性地改变区域的生态环境。公路修通，人流增加，许多原先难以到达的地方变得易于进入，这对自然保护区类的保护目标将产生负面影响，会增加人类干扰的压力。

公路对景观也有很大的影响。公路建设可能会破坏值得保护的自然景观，形成不好的景观(如开山取石、弃土弃渣)；公路修通可使一些原来人类难以到达的景观变得可望可及，增加其观赏价值。

常见问题解答

1. 列举高速公路建设工程的生态环境现状调查方法。

工程主要现状调查方法采用收集资料、现场调查、类比和分析法、收集遥感资料，建立地理信息系统，并进行野外定位验证。

2. 项目施工期的主要环境影响有哪些？

(1) 生态环境影响：施工过程中因清理现场、减缓坡度、修筑路基或施工便道、取、弃土(渣)场而占用土地、破坏植被，并可能破坏沿途的自然、文物和景观。山区修路会导致水土流失；严重的弃渣流失还可能导致泥石流等地质灾害。平原地带修筑路基不仅会占压农田，更有取土挖毁耕地和需要进行土地利用恢复问题；植被破坏和施工机械噪声迫使野生动物迁移或丧失。上述影响也出现在采石场等材料采集地。同时，也存在房屋公共设施拆迁和居民搬迁等社会环境影响。

(2) 环境空气影响：挖土、填土及泥土、水泥、石灰运输、装载、搅拌时产生的飘尘；物料堆放时被风吹起的扬尘；物料运输产生的扬尘；路面铺筑、桥面铺装时的沥青烟气污染大气环境。

(3) 地表水环境影响：路基工程排水工程的路面径流、防护工程的混凝土溢洒；桥梁工程施工过程中，基础施工的泥浆、废渣，下部结构施工的混凝土和泥浆的溢洒及钻渣；生活污水、生活垃圾，堆放的建筑材料被雨水冲刷可能污染水体以及施工机械产生的跑冒滴漏的污油，雨水冲刷产生的油污染。

(4) 声环境影响：土石方工程挖掘、装载、运输等机械设备及爆破作业；路基填筑时，推土机、压路机、装载机等机械作业；施工场地碎石、混凝土搅拌、沥青搅拌等设备运转；物料运送车辆行驶；特殊不良地质路段的地基加固施工打桩机、钻孔机械、真空压力泵等机械作业的噪声影响。

3. 取、弃土场一般应如何恢复？

(1) 合理选择弃渣弃土场，保证弃渣场安全，并对弃渣弃土场实行先挡后弃(先修挡土墙，再弃渣)的操作方案。

(2) 取土场和弃土场的土地整治应考虑的问题：①首先应考虑农业利用，凡坡度适宜(<15°)、地面稳定、降雨或水分适宜并有足够土壤覆盖可形成耕作土壤的(一般>30cm)，应复垦为农田。特别是弃渣场、取土场和临时占地的生态恢复，都首先应以农田为优先考虑。环评中应十分重视事前保存表层土壤，才有利于事后的恢复。②考虑土地生产力的恢复和培植。把土地整治看作是一个重建植被并使之不断改善的动态过程。整治后的土地往往由于缺乏表土或表土比较瘠薄，生产力很低，需要不断培肥，提高其生产力，增加新建植被稳定性，因而可以利用城市污泥、河泥、湖泥、锯末或农业废弃秸秆等，增加土壤有机质；可接种苔藓、地衣等，防止风化；可种植绿肥植物，即选择具有根瘤或有固氮菌根的植物(如豆科植物)，或有针对性地施用一些肥料物质，改良土壤。③根据具体条件，考虑土地综合的、合理的、高效的利用，并需根据土地的利用方向、主要功能，配备必要的配套措施。如取土场做鱼塘，事前要使取土场深度适宜、大小要适合于鱼塘经营，事后要有配套的进水出水流路，要有水源匹配。又如作为旅游景点使用，就要事先保护周围有观赏价值的景观。如果作为建筑利用，如建房，则稳定性就成为重要原则。

(3) 生物治理措施。首先应考虑采用的措施是人工再植被过程。①要因地制宜，符合当地的生态条件，建立能自我存在和稳定的植被，如根据水分和土壤条件确定以种植乔木为主还是以种植灌木或草本为主。②要恢复植被的生态环境功能，应考虑因害设防，如防风固沙林带、种草固沙和植被化防止土壤水蚀，即生态环境效益。③植被工程还应考虑防止生物入侵的问题、易植易活以及可采用技术的操作性问题等。

4. 噪声超标治理的措施一般有哪几种？

线位调整、声源上降低、传播途径上降低、受声敏感目标自身防噪。

5. 如果声环境评价等级为一级，其工作基本要求有哪些？

(1) 工程分析：①给出项目对环境有影响的主要声源的数量、位置和声源源强，②并在标有比例尺的图中标识固定声源的具体位置或流动声源的路线、跑道等位置。③在缺少声源源强的相关资料时，应通过类比测量取得，并给出类比测量的条件。

(2) 声环境质量现状：评价范围内具有代表性的敏感目标的声环境质量现状需要实测。对实测结果进行评价，并分析现状声源的构成及其对敏感目标的影响。

(3) 噪声预测：①应覆盖全部敏感目标，给出各敏感目标的预测值及厂界(或场界、边界)噪声值。②固定声源评价、机场周围飞机噪声评价、流动声源经过城镇建成区和规划区路段的评价应绘制等声级线图，当敏感目标高于(含)三层建筑时，还应绘制垂直方向的等声级线图。③给出项目建成后不同类别的声环境功能区内受影响的人口分布、噪声超标的范围和程度。

预测时段：不同代表性时段噪声级可能发生变化的公路项目，应分别预测其不同时段的噪声级。

方案比选：对工程可研和评价中提出的不同选址(选线)和建设布局方案，应根据不同方案噪声影响人口的数量和噪声影响的程度进行比选，并从声环境保护角度提出最终的推荐方案。

噪声防治措施：针对公路项目的工程特点和所在区域的环境特征提出噪声防治措施，并进行经济、技术可行性论证，明确防治措施的最终降噪效果和达标分析。

习　题

1. 工程分析内容主要包括几个方面？

2. 选址、选线分析有几个方面需要注意，分别是什么？

3. 污染源强分析的主要内容。

4. 什么是环境影响识别？环境影响识别需要区分什么？
5. 环境影响识别的方法。
6. 评价因子筛选的原则。
7. 空气环境与水环境影响评价因子的选择。
8. 等标污染负荷计算公式和 ISE 值计算式。
9. 重点工程的确定方法。
10. 污染源分析的内容。
11. 源项分析的步骤。
12. 液体和气体泄漏速率的计算。

第三章　环境现状调查与评价

环境现状调查与评价是环境影响评价的重要组成部分，是通过环境质量现状的调查和监测，分析出污染因子的现状本底值，再结合相应的环境质量标准来评价现有环境质量状况。根据《建设项目环境影响评价技术导则总纲》(HJ 2.1—2016)的规定，环境现状调查与评价的内容包括：自然环境现状调查与评价、环境保护目标调查、环境质量现状调查与评价和区域污染源调查。

第一节　自然环境现状调查与评价

一、自然环境调查的基本内容

结合环境现状调查与评价的需要，自然环境调查的基本内容主要有以下 9 个方面：

(1)地理位置；(2)地质；(3)地形地貌；(4)气候与气象；(5)地表水环境；(6)地下水环境；(7)土壤与水土流失；(8)生态；(9)声环境等。根据环境要素和专题设置情况选择相应内容进行详细调查。

二、自然环境调查的技术要求

1. 地理位置

对地理位置的调查应包括建设项目所处的经、纬度，行政区位置和交通位置，要说明项目所在地与主要城市、车站、码头、港口、机场等的距离和交通条件，并附地理位置图。

2. 地质

对地质的调查，一般情况下只需根据现有资料，选择下述部分或全部内容，概要说明当地的地质状况：

(1) 地质概况；

(2) 地壳构造的基本形式：岩层；断层；断裂；

(3) 风化情况；

(4) 矿藏资源情况：已探明、已开采；

(5) 预测地质灾害风险：地震、滑坡、泥石流、崩塌等。

若建设项目规模较小且与地质条件无关时，地质现状可不叙述。

评价矿山以及其他与地质条件密切相关的建设项目的环境影响时，对与建设项目有直接关系的地质构造，如断层、断裂、坍塌、地面沉陷等，要进行较为详细的叙述。一些危害特别大的地质现象如地震等也应加以说明。必要时应附图辅助说明。若没有现成的地质资料，应做一定的现场调查。

3. 地形地貌

一般情况，只需根据现有资料，简要说明建设项目所在地区的海拔高度、地形特征(如高低起伏状况)和周围地貌类型(如山地、平原、沟谷、丘陵、海岸)以及岩溶地貌、冰川地貌、风成地貌的情况；对崩塌、滑坡、泥石流、冻土等有危害的地貌现象，若不直接或间接威胁到建设项目时，可简要说明其发展情况。

若无可参考的资料，则需进行一定的现场调查。

当地形地貌与建设项目密切相关时，除应比较详细地叙述上述全部或部分内容外，还应附建设项目周围地区的地形图。特别应详细说明可能直接对建设项目有危害的地貌现象，或可能被项目建设诱发不良环境影响的地貌现象，必要时还应进行一定的现场调查。

4. 气候与气象

根据已有资料，说明建设项目所在地区的主要气候特征，如年平均风速、全年主导风向、年平均气温、极端气温、月平均气温(最冷月和最热月)、年平均相对湿度、平均降水量、降水天数，降水量极值和日照等。说明建设项目所在地区的主要天气特征如梅雨、寒潮、雹和飓风等。如需进行建设项目的大气环境影响评价，除应详细叙述上面全部或部分内容外，还应按《环境影响评价技术导则 大气环境》(HJ 2.2—2018)中的规定，增加有关内容。

5. 地表水环境

对地表水环境的自然环境调查分以下三种情况进行：

(1) 不进行地表水环境单项评价

如不需进行地表水环境单项评价，则应根据现有资料概要说明地表水状况，如地表水资源的分布及利用情况；地表水各部分(河、湖、库等)之间及其与海湾、地下水的联系；地表水的水文特征及水质现状，以及地表水的污染来源等。

(2) 无需进行海湾单项评价

如果建设项目建在海边又无需进行海湾单项评价时，应根据现有资料概要说明海湾环境状况，如海洋资源及利用情况，海湾的地理概况，海湾与当地地面水及地下水之间的联系，海湾的水文特征及水质状况，污染来源等。

(3) 需进行地表水(海湾)单项评价

如需进行建设项目的地面水(海湾)环境影响评价，除应详述上述部分或全部内容外，还应按《环境影响评价技术导则 地表水环境》(HJ/T 2.3—2018)的规定，增加水文、水质及水利用状况调查。

6. 地下水环境

对地下水环境的自然环境调查分以下两种情况进行：

(1) 不需进行与项目相关的地下水环境影响评价

若不需要进行地下水环境影响评价，只需要根据现有资料，全部或部分简述以下内容：地下水开采情况、埋深、地下水与地面的联系、地下水水质状况与污染来源等。

(2) 需进行地下水环境影响评价

若需要进行地下水环境影响评价，除要详细叙述(1)的内容外，还应根据需要，选择以下内容进一步调查：水质的物理和化学特性；水的污染源情况；水的储量与运动状态；水质演变与趋势；水源地及保护区的划分；水文地质方面的蓄水层特性；承压水状况等。

(3) 当资料不全时，应进行现场采样分析。

7. 土壤与水土流失

(1) 不需进行与项目相关的土壤环境影响评价

对无需进行土壤单项环评的项目，根据现有资料简述项目周围土壤类型及分布、肥力与使用情况、污染主要来源、质量状况、周围地区水土流失现状及原因等。

(2) 需进行与项目相关的土壤环境影响评价

对需要进行土壤单项环评的项目，则除了简述(1)外，还要概述土壤的物理和化学特性、结构、一二次污染状况、沙土流失原因特点、面积、元素及流失量，并附上土壤分布图。

8. 生态

(1) 不需进行与项目相关的生态环境影响评价

对无需进行生态单项环评的项目，根据现有资料简述项目周围地区的植被情况(覆盖度、生长情况)，有无重点保护、稀有、受危害、作为资源的野生动植物；当地的主要生态系统类型(森林、草原、沼泽、荒漠等)及状况。

(2) 需进行与项目相关的生态环境影响评价

对需要进行生态单项环评的项目，除(1)外，还要概述本地动植物清单，需要保护动植物种类与分布，生态系统的生产力、稳定性；生态系统与周围环境的关系，以及进行影响生态系统的主要环境因素调查。

9. 声环境

声环境现状调查的主要内容有：影响声波传播的环境要素、声环境功能区划、敏感目标和现状声源。

第二节　环境保护目标调查

环境保护目标调查包括调查评价范围内的环境功能区划和主要的环境敏感区，详细了解环境保护目标的地理位置、服务功能、范围、保护对象和保护要求等。环境保护目标调查范围应包含评价范围以及建设项目可能影响到的周边区域。环境影响报告书、环境影响报告表应当就建设项目对环境敏感区的影响做重点分析。环境敏感区是指依法设立的各级各类保护区域和对建设项目产生的环境影响特别敏感的区域，主要包括下列区域：

(1) 国家公园、自然保护区、风景名胜区、世界文化和自然遗产地、海洋特别保护区、饮用水水源保护区；

(2) 除(1)外的生态保护红线管控范围，永久基本农田、基本草原、自然公园(森林公园、地质公园、海洋公园等)、重要湿地、天然林，重点保护野生动物栖息地，重点保护野生植物生长繁殖地，重要水生生物的自然产卵场、索饵场、越冬场和洄游通道，天然渔场，水土流失重点预防区和重点治理区、沙化土地封禁保护区、封闭及半封闭海域；

(3) 以居住、医疗卫生、文化教育、科研、行政办公为主要功能的区域，以及文物保护单位。

针对具体的建设项目，环境保护目标主要是指评价范围内的居民点、学校、地表水体等。通常以表格及图的形式，以环境要素分类统计项目的主要环境保护目标，包括大气环境保护目标、地表水环境保护目标、地下水环境保护目标和声环境保护目标等。环境保护目标调查统计表如表 3-1 所示。

表 3-1　评价范围内主要环境保护目标一览表

<table>
<tr><th>序号</th><th>环境要素</th><th>行政区</th><th>敏感点名称</th><th>距厂界距离/m</th><th>相对厂址方位</th><th>户数</th><th>人数</th></tr>
<tr><td>1</td><td rowspan="4">大气环境、声环境</td><td rowspan="4">城镇 1</td><td>村庄 1</td><td></td><td></td><td></td><td></td></tr>
<tr><td>2</td><td>村庄 2</td><td></td><td></td><td></td><td></td></tr>
<tr><td>3</td><td>村庄 3</td><td></td><td></td><td></td><td></td></tr>
<tr><td>……</td><td>……</td><td></td><td></td><td></td><td></td></tr>
<tr><td>1</td><td rowspan="3">地表水环境</td><td rowspan="3">城镇 1</td><td>河流 1</td><td></td><td></td><td colspan="2">—</td></tr>
<tr><td>2</td><td>河流 2</td><td></td><td></td><td colspan="2">—</td></tr>
<tr><td>……</td><td>……</td><td></td><td></td><td colspan="2">—</td></tr>
<tr><td>1</td><td rowspan="3">地下水</td><td rowspan="3">城镇 1</td><td>水井 1</td><td></td><td></td><td colspan="2">—</td></tr>
<tr><td>2</td><td>水井 2</td><td></td><td></td><td colspan="2">—</td></tr>
<tr><td>……</td><td>……</td><td></td><td></td><td colspan="2">—</td></tr>
</table>

第三节　环境空气质量现状调查与评价

一、调查内容和目的

1. 一级评价项目

（1）调查项目所在区域环境质量达标情况，作为项目所在区域是否为达标区的判断依据。

（2）调查评价范围内有环境质量标准的评价因子的环境质量监测数据或进行补充监测，用于评价项目所在区域污染物环境质量现状，以及计算环境空气保护目标和网格点的环境质量现状浓度。

2. 二级评价项目

（1）调查项目所在区域环境质量达标情况。

（2）调查评价范围内有环境质量标准的评价因子的环境质量监测数据或进行补充监测，用于评价项目所在区域污染物环境质量现状。

3. 三级评价项目

只调查项目所在区域环境质量达标情况。

二、数据来源

1. 基本污染物环境质量现状数据

（1）项目所在区域达标判定，优先采用国家或地方生态环境主管部门公开发布的评价基准年环境质量公告或环境质量报告中的数据或结论。

（2）采用评价范围内国家或地方环境空气质量监测网中评价基准年连续 1 年的监测数据，或采用生态环境主管部门公开发布的环境空气质量现状数据。

（3）评价范围内没有环境空气质量监测网数据或公开发布的环境空气质量现状数据的，可选择符合《环境空气质量监测点位布设技术规范（试行）》（HJ 664—2013）规定，并且与评价范围地理位置邻近，地形、气候条件相近的环境空气质量城市点或区域点监测数据。

(4) 对于位于环境空气质量一类区的环境空气保护目标或网格点，各污染物环境质量现状浓度可取符合 HJ 664 规定，并且与评价范围地理位置邻近，地形、气候条件相近的环境空气质量区域点或背景点监测数据。

2. 其他污染物环境质量现状数据

(1) 优先采用评价范围内国家或地方环境空气质量监测网中评价基准年连续 1 年的监测数据。

(2) 评价范围内没有环境空气质量监测网数据或公开发布的环境空气质量现状数据的，可收集评价范围内近 3 年与项目排放的其他污染物有关的历史监测资料。

(3) 在没有以上相关监测数据或监测数据不能满足《环境空气质量评价技术规范(试行)》(HJ 663—2013)规定的评价要求时，应按要求进行补充监测。

三、补充监测

1. 监测时段

① 根据监测因子的污染特征，选择污染较重的季节进行现状监测。补充监测应至少取得 7d 有效数据。

② 对于部分无法进行连续监测的其他污染物，可监测其一次空气质量浓度，监测时次应满足所用评价标准的取值时间要求。

2. 监测布点

以近 20 年统计的当地主导风向为轴向，在厂址及主导风向下风向 5km 范围内设置 1～2 个监测点。如需在一类区进行补充监测，监测点应设置在不受人为活动影响的区域。

3. 监测方法

应选择符合监测因子对应环境质量标准或参考标准所推荐的监测方法，并在评价报告中注明。

4. 监测采样

环境空气监测中的采样点、采样环境、采样高度及采样频率，按 HJ 664 及相关评价标准规定的环境监测技术规范执行。

四、评价内容与方法

1. 项目所在区域达标判断

(1) 城市环境空气质量达标情况评价指标为 SO_2、NO_2、PM_{10}、$PM_{2.5}$、CO 和 O_3，六项污染物全部达标即为城市环境空气质量达标。

(2) 根据国家或地方生态环境主管部门公开发布的城市环境空气质量达标情况，判断项目所在区域是否属于达标区。如项目评价范围涉及多个行政区(县级或以上，下同)，需分别评价各行政区的达标情况，若存在不达标行政区，则判定项目所在评价区域为不达标区。

(3) 国家或地方生态环境主管部门未发布城市环境空气质量达标情况的，可按照 HJ 663 中各评价项目的年评价指标进行判定。年评价指标中的年均浓度和相应百分位数 24h 平均或 8h 平均质量浓度满足 GB 3095 中浓度限值要求的即为达标。

2. 各污染物的环境质量现状评价

(1) 长期监测数据的现状评价内容，按 HJ 663 中的统计方法对各污染物的年评价指标进行环境质量现状评价。对于超标的污染物，计算其超标倍数和超标率。

(2) 补充监测数据的现状评价内容，分别对各监测点位不同污染物的短期浓度进行环境质量现状评价。对于超标的污染物，计算其超标倍数和超标率。

3. 环境空气保护目标及网格点环境质量现状浓度

(1) 对采用多个长期监测点位数据进行现状评价的，取各污染物相同时刻各监测点位的浓度平均值，作为评价范围内环境空气保护目标及网格点环境质量现状浓度，计算方法见式(3-1)。

$$C_{现状(x,\ y,\ t)} = \frac{1}{n}\sum_{j=1}^{n} C_{现状(j,\ t)} \tag{3-1}$$

式中 $C_{现状(x,y,t)}$——环境空气保护目标及网格点(x, y)在 t 时刻环境质量现状浓度，$\mu g/m^3$；

$C_{现状(j,t)}$——第 j 个监测点位在 t 时刻环境质量现状浓度(包括短期浓度和长期浓度)，$\mu g/m^3$；

n——长期监测点位数。

(2) 对采用补充监测数据进行现状评价的，取各污染物不同评价时段监测浓度的最大值，作为评价范围内环境空气保护目标及网格点环境质量现状浓度。对于有多个监测点位数据的，先计算相同时刻各监测点位平均值，再取各监测时段平均值中的最大值。计算方法见式(3-2)。

$$C_{现状(x,\ y)} = \max\left[\frac{1}{n}\sum_{j=1}^{n} C_{监测(j,\ t)}\right] \tag{3-2}$$

式中 $C_{现状(x,y)}$——环境空气保护目标及网格点(x, y)在 t 时刻环境质量现状浓度，$\mu g/m^3$；

$C_{监测(j,t)}$——第 j 个监测点位在 t 时刻环境质量现状浓度(包括 1h 平均、8h 平均或日平均质量浓度)，$\mu g/m^3$；

n——现状补充监测点位数。

第四节 声环境现状调查与评价

声环境现状调查的目的是掌握评价范围内的声环境质量现状、声环境敏感目标以及人口分布情况，为声环境现状评价和预测评价提供基础资料，也为管理决策部门提供声环境质量现状情况，以便与项目建设后的声环境影响程度进行比较和判别。

声环境现状调查方法有：(1)资料收集法；(2)现场调查测量法；(3)现场测量法。评价时，应根据评价工作等级的要求确定需采用的具体方法。

一、声环境现状调查内容

声环境现状调查内容包括：影响声波传播的环境要素；声环境功能区划；评价范围内现状声源及敏感目标等。

1. 影响声波传播的环境要素

调查建设项目所在区域的主要气象特征：年平均风速和主导风向，年平均气温，年平均相对湿度等。收集评价范围内1：(2000~50000)地理地形图，说明评价范围内声源和敏感目标之间的地貌特征、地形高差及影响声波传播的环境要素。

2. 声环境功能区划

调查评价范围内不同区域的声环境功能区划情况，调查各声环境功能区的声环境质量现状。

3. 敏感目标

调查评价范围内的敏感目标的名称、规模、人口的分布等情况，并以图、表相结合的方式说明敏感目标与建设项目的关系(如方位、距离、高差等)。

4. 现状声源

建设项目所在区域的声环境功能区的声环境质量现状超过相应标准要求或噪声值相对较高时，需对区域内的主要声源的名称、数量、位置、影响的噪声级等相关情况进行调查。

有厂界(或场界、边界)噪声的改、扩建项目，应说明现有建设项目厂界(或场界、边界)噪声的超标、达标情况及超标原因。

二、噪声环境现状监测

1. 噪声环境现场监测执行标准

声环境质量标准	GB 3096—2008
机场周围飞机噪声测量方法	GB 9661—1988
工业企业厂界环境噪声排放标准	GB 12348—2008
社会生活环境噪声排放标准	GB 22337—2008
建筑施工场界噪声排放标准	GB 12524—2011
铁路边界噪声限值及其测量方法	GB 12525—1990
城市轨道交通车站站台声学要求和测量方法	GB 14227—2006

2. 声环境现状监测的布点原则

(1) 布点应覆盖整个评价范围，包括厂界(或场界、边界)和敏感目标。当敏感目标高于(含)三层建筑时，还应选取有代表性的不同楼层设置测点。

(2) 评价范围内没有明显的声源(如工业噪声、交通运输噪声、建设施工噪声、社会生活噪声等)，且声级较低时，可选择有代表性的区域布设测点。

(3) 评价范围内有明显的声源，并对敏感目标的声环境质量有影响，或建设项目为改、扩建工程，应根据声源种类采取不同的监测布点原则。

① 当声源为固定声源时，现状测点应重点布设在可能既受到现有声源影响，又受到建设项目声源影响的敏感目标处，以及有代表性的敏感目标处；为满足预测需要，也可在距离现有声源不同距离处设衰减测点。

② 当声源为流动声源，且呈现线声源特点时，现状测点位置选取应兼顾敏感目标的分布状况、工程特点及线声源噪声影响随距离衰减的特点，布设在具有代表性的敏感目标处。为满足预测需要，也可选取若干线声源的垂线，在垂线上距声源不同距离处布设监测点。其余敏感目标的现状声级可通过具有代表性的敏感目标实测噪声的验证并结合计算求得。

③ 对于改、扩建机场工程，测点一般布设在主要敏感目标处，测点数量可根据机场飞行量及周围敏感目标情况确定，现有单条跑道、二条跑道或三条跑道的机场可分别布设3~9个、9~14个或12~18个飞机噪声测点，跑道增多可进一步增加测点。其余敏感目标的现状飞机噪声声级可通过测点飞机噪声声级的验证和计算求得。

三、环境噪声现状评价

环境噪声现状评价包括声环境质量现状评价和噪声源现状评价，主要从以下四方面进行评价：

(1) 以图、表结合的方式给出评价范围内的声环境功能区及其划分情况，以及现有敏感目标的分布情况。

(2) 分析评价范围内现有主要声源种类、数量及相应的噪声级、噪声特性等，明确主要声源分布，评价厂界(或场界、边界)超、达标情况。

(3) 分别评价不同类别的声环境功能区内各敏感目标的超、达标情况，说明其受到现有主要声源的影响状况。

(4) 给出不同类别的声环境功能区噪声超标范围内的人口数及分布情况。

四、典型工程环境噪声现状水平调查方法

1. 工况企业环境噪声现状水平调查

(1) 车间：重点为85dB以上噪声源分布及声级分析。

(2) 厂区：一般采用网格法，每隔10~50m划正方形网格(大型厂区可取50~100m)，在交点(或中心点)布点测量，结果标在图上供数据处理使用。

(3) 厂界：测量点布置在厂界外1m处，间隔可为50~100m，大型项目可取100~300m，具体测量方法参照相应的标准规定。

(4) 生活区：参照《声环境质量标准》布置测点，调查敏感点处噪声现状水平。

2. 公路、铁路环境噪声现状水平调查

(1) 调查范围内城镇、学校、医院、居民集中区域或农村生活区在沿线的分布和建筑情况及相应执行的噪声标准。

(2) 调查环境噪声背景值，若敏感点较多，则分段调查背景值。

(3) 调查固定源和流动源的分布状况及对周围敏感目标影响的范围和程度。

(4) 一般测量等效连续A声级。必要时，还需调查昼、夜间背景值，噪声源影响的距离、超标范围和程度，以及24h等效声级，作为现状评价和预测的依据。

五、飞机场环境噪声现状水平调查

(1) 在机场周围进行环境调查时，需要调查评价范围内声环境功能区划、敏感目标和人口分布；噪声源种类、数量及相应的噪声级。

(2) 当评价范围内无明显噪声源时，监测布点可依据等级选择3~6个测点进行飞机噪声监测。

(3) 改、扩建工程，应根据飞行架次、飞行程序和机场周围敏感点分布，分别选择5~12个点进行飞机噪声监测；

(4) 每种机型测量的起降状态不得少于3次。

第五节　地表水环境现状调查与评价

一、地表水环境现状调查

1. 环境现状调查范围

地表水环境的现状调查范围应覆盖评价范围。

(1) 对于水污染影响型建设项目，除覆盖评价范围外，受纳水体为河流时，在不受回水影响的河流段，排放口上游调查范围宜不小于500m，受回水影响河段的上游调查范围原则上与下游调查的河段长度相等；受纳水体为湖库时，以排放口为圆心，调查半径在评价范围基础上外延20%~50%。

对于水污染影响型建设项目，建设项目排放污染物中包括氮、磷或有毒污染物且受纳水体为湖泊、水库时，一级评价的调查范围应包括整个湖泊、水库，二级、三级A评价时，调查范围应包括排放口所在水环境功能区、水功能区或湖(库)湾区。

(2) 对于水文要素影响型建设项目，受影响水体为河流、湖库时，除覆盖评价范围外，一级、二级评价时，还应包括库区及支流回水影响区、坝下至下一个梯级或河口、受水区、退水影响区。

2. 调查因子与调查时期

地表水环境现状调查因子根据评价范围水环境质量管理要求、建设项目水污染物排放特点与水环境影响预测评价要求等综合分析确定。调查因子应不少于评价因子。

调查时期和评价时期一致。

3. 调查要求

建设项目污染源调查应在工程分析基础上，确定水污染物的排放量及进入受纳水体的污染负荷量。

(1) 区域水污染源调查

应详细调查评价范围内与建设项目排放污染物同类的，或有关联关系的已建项目、在建项目、拟建项目(已批复环境影响评价文件，下同)等污染源。

① 一级评价，以收集利用已建项目的排污许可证登记数据、环评及环保验收数据及既有实测数据为主，并辅以现场调查及现场监测；

② 二级评价，主要收集利用已建项目的排污许可证登记数据、环评及环保验收数据及既有实测数据，必要时补充现场监测；

③ 水污染影响型三级A评价与水文要素影响型三级评价，主要收集利用与建设项目排放口的空间位置和所排污染物的性质关系密切的污染源资料，可不进行现场调查及现场监测；

④ 水污染影响型三级B评价，可不开展区域污染源调查，主要调查依托污水处理设施的日处理能力、处理工艺、设计进水水质、处理后的废水稳定达标排放情况，同时应调查依托污水处理设施执行的排放标准是否涵盖建设项目排放的有毒有害的特征水污染物。

(2) 水环境质量现状调查

① 应根据不同评价等级对应的评价时期要求开展水环境质量现状调查。

② 应优先采用国务院生态环境保护主管部门统一发布的水环境状况信息。

③ 当现有资料不能满足要求时，应按照不同等级对应的评价时期要求开展现状监测。

④ 水污染影响型建设项目一级、二级评价时，应调查受纳水体近 3 年的水环境质量数据，分析其变化趋势。

二、地表水环境现状评价

1. 评价内容

根据建设项目水环境影响特点与水环境质量管理要求，主要选择以下四部分内容开展评价：

（1）水环境功能区或水功能区、近岸海域环境功能区水质达标状况

评价建设项目评价范围内水环境功能区或水功能区、近岸海域环境功能区各评价时期的水质状况与变化特征，给出各功能区达标评价结论，明确水环境功能区或水功能区、近岸海域环境功能区水质超标因子、超标程度，分析超标原因。

（2）水环境控制单元或断面水质达标状况

评价建设项目所在控制单元或断面各评价时期的水质现状与时空变化特征，评价控制单元或断面的水质达标状况，明确控制单元或断面的水质超标因子、超标程度，分析超标原因。

（3）水环境保护目标质量状况

评价涉及水环境保护目标水域各评价时期的水质状况与变化特征，明确水质超标因子、超标程度，分析超标原因。

（4）对照断面、控制断面等代表性断面的水质状况

评价对照断面水质状况，分析对照断面水质水量变化特征，给出水环境影响预测的设计水文条件；评价控制断面水质现状、达标状况，分析控制断面来水水质水量状况，识别上游来水不利组合状况，分析不利条件下的水质达标问题。评价其他监测断面的水质状况，根据断面所在水域的水环境保护目标水质要求，评价水质达标状况与超标因子。

2. 评价方法

（1）水质指数法

单项评价建议采用水质指数法。水质参数的标准指数>1，表明该水质参数超过了规定的水质标准，已经不能满足使用要求。

一般性水质参数 i 在第 j 点的标准指数，计算公式如下：

$$S_{i,j}=C_{i,j}/C_{s,i} \tag{3-3}$$

式中 $S_{i,j}$——评价因子 i 的水质指数，大于 1 表明该水质因子超标；

$C_{i,j}$——评价因子 i 在 j 点的实测统计代表值，mg/L；

$C_{s,i}$——评价因子 i 的水质评价标准限值，mg/L。

（2）溶解氧(DO)水质指数

与一般的单项水质标准指数计算方法不同，DO、pH 标准指数计算公式如下：

DO 的标准指数为：

$$S_{DO,j}=\frac{|DO_f-DO_j|}{DO_f-DO_s},\quad DO_j\geqslant DO_s \tag{3-4}$$

$$S_{DO,j}=10-9\frac{DO_j}{DO_s},\quad DO_j<DO_s \tag{3-5}$$

$$DO_f=468/(31.6+T) \quad (3-6)$$

(3) pH 水质指数

pH 的标准指数为：

$$S_{pH,j}=\frac{7.0-pH_j}{7.0-pH_{sd}}, \quad pH_j\leq 7.0 \quad (3-7)$$

$$S_{pH,j}=\frac{pH_j-7.0}{pH_{su}-7.0}, \quad pH_j>7.0 \quad (3-8)$$

第六节 地下水环境现状调查与评价

一、调查与评价原则

(1) 地下水环境现状调查与评价工作应遵循资料搜集与现场调查相结合、项目所在场地调查(勘察)与类比考察相结合、现状监测与长期动态资料分析相结合的原则。

(2) 地下水环境现状调查与评价工作的深度应满足相应的工作级别要求。当现有资料不能满足要求时，应通过组织现场监测或环境水文地质勘察与试验等方法获取。

(3) 对于一、二级评价的改、扩建类建设项目，应开展现有工业场地的包气带污染现状调查。

(4) 对于长输油品、化学品管线等线性工程，调查评价工作应重点针对场站、服务站等可能对地下水产生污染的地区开展。

二、调查与评价范围

1. 基本要求

地下水环境现状调查评价范围应包括与建设项目相关的地下水环境保护目标，以能说明地下水环境的现状，反映调查评价区地下水基本流场特征，满足地下水环境影响预测和评价为基本原则。

2. 调查评价范围确定

(1) 非线性工程

建设项目(除线性工程外)地下水环境影响现状调查评价范围可采用公式计算法、查表法和自定义法确定。

当建设项目所在地水文地质条件相对简单，且所掌握的资料能够满足公式计算法的要求时，应采用公式计算法确定(参照 HJ/T 338)；当不满足公式计算法的要求时，可采用查表法确定。当计算或查表范围超出所处水文地质单元边界时，应以所处水文地质单元边界为宜。

① 公式计算法

$$L=\alpha\times K\times I\times T/n_e \quad (3-9)$$

式中 L——下游迁移距离，m；

α——变化系数，$\alpha\geq 1$，一般取 2；

K——渗透系数，m/d，常见渗透系数表见《环境影响评价技术导则 地下水环境》(HJ 610—2016)附录 B 表 B.1；

I——水力坡度，无量纲；

T——质点迁移天数，取值不小于5000d；

n_e——有效孔隙度，无量纲。

采用该方法时应包含重要的地下水环境保护目标，所得的调查评价范围如图3-1所示。

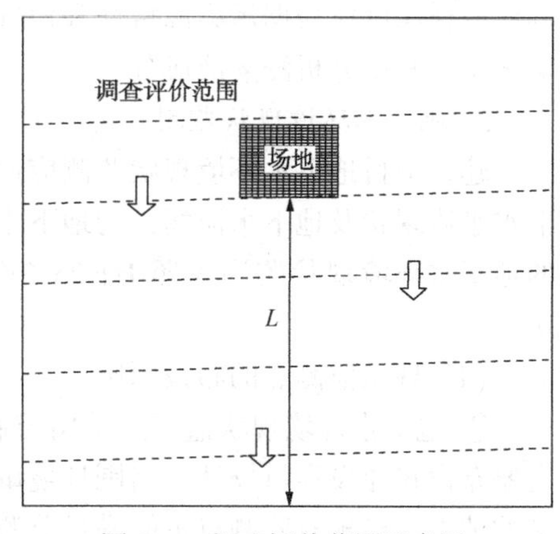

图3-1 调查评价范围示意图

注：虚线表示等水位线；空心箭头表示地下水流向；场地上游距离根据评价需求确定，场地两侧不小于$L/2$。

② 查表法

参照表3-2确定地下水调查范围。

表3-2 地下水环境现状调查评价范围参照表

评价等级	调查评价面积/km^2	备注
一级	≥20	应包括重要的地下水环境保护目标，必要时适当扩大范围
二级	6~20	
三级	≤6	

③ 自定义法

可根据建设项目所在地水文地质条件自行确定，需说明理由。

(2) 线性工程

线性工程应以工程边界两侧向外延伸200m作为调查评价范围；穿越饮用水源准保护区时，调查评价范围应至少包含水源保护区；线性工程站场的调查评价范围确定参照非线性工程建设项目确定方法。

三、调查内容与要求

1. 水文地质条件调查

在充分收集资料的基础上，根据建设项目特点和水文地质条件复杂程度，开展调查工作，主要内容包括：

(1) 气象、水文、土壤和植被状况；

(2) 地层岩性、地质构造、地貌特征与矿产资源；

(3) 包气带岩性、结构、厚度、分布及垂向渗透系数等；

(4) 含水层岩性、分布、结构、厚度、埋藏条件、渗透性、富水程度等；隔水层(弱透水层)的岩性、厚度、渗透性等；

(5) 地下水类型、地下水补径排(补径、径流与排泄)条件；

(6) 地下水水位、水质、水温、地下水化学类型；

(7) 泉的成因类型，出露位置、形成条件及泉水流量、水质、水温，开发利用情况；

(8) 集中供水水源地和水源井的分布情况(包括开采层的成井密度、水井结构、深度以及开采历史)；

(9) 地下水现状监测井的深度、结构以及成井历史、使用功能；

(10) 地下水环境现状值(或地下水污染对照值)。场地范围内应重点调查(3)。

2. 地下水污染源调查

(1) 调查评价区内具有与建设项目产生或排放同种特征因子的地下水污染源。

(2) 对于一、二级的改、扩建项目，应在可能造成地下水污染的主要装置或设施附近开展包气带污染现状调查，对包气带进行分层取样，一般在0~20cm埋深范围内取一个样品，其他取样深度应根据污染源特征和包气带岩性、结构特征等确定，并说明理由。样品进行浸溶试验，测试分析浸溶液成分。

3. 地下水环境现状监测

建设项目地下水环境现状监测应通过对地下水水质、水位的监测，掌握或了解评价区地下水水质现状及地下水流场，为地下水环境现状评价提供基础资料。污染场地修复工程项目的地下水环境现状监测参照 HJ 25.2《建设用地土壤污染风险管控和修复监测技术导则》执行。

（1）现状监测点的布设原则

① 地下水环境现状监测点采用控制性布点与功能性布点相结合的布设原则。监测点应主要布设在建设项目场地、周围环境敏感点、地下水污染源以及对于确定边界条件有控制意义的地点。当现有监测点不能满足监测位置和监测深度要求时，应布设新的地下水现状监测井，现状监测井的布设应兼顾地下水环境影响跟踪监测计划。

② 监测层位应包括潜水含水层、可能受建设项目影响且具有饮用水开发利用价值的含水层。

③ 一般情况下，地下水水位监测点数宜大于相应评价级别地下水水质监测点数的 2 倍。

④ 地下水水质监测点布设的具体要求：

a. 监测点布设应尽可能靠近建设项目场地或主体工程，监测点数应根据评价等级和水文地质条件确定。

b. 一级评价项目潜水含水层的水质监测点应不少于 7 个，可能受建设项目影响且具有饮用水开发利用价值的含水层 3~5 个。原则上建设项目场地上游和两侧的地下水水质监测点均不得少于 1 个，建设项目场地及其下游影响区的地下水水质监测点不得少于 3 个。

c. 二级评价项目潜水含水层的水质监测点应不少于 5 个，可能受建设项目影响且具有饮用水开发利用价值的含水层 2~4 个。原则上建设项目场地上游和两侧的地下水水质监测点均不得少于 1 个，建设项目场地及其下游影响区的地下水水质监测点不得少于 2 个。

d. 三级评价项目潜水含水层水质监测点应不少于 3 个，可能受建设项目影响且具有饮用水开发利用价值的含水层 1~2 个。原则上建设项目场地上游及下游影响区的地下水水质监测点各不得少于 1 个。

⑤ 管道型岩溶区等水文地质条件复杂的地区，地下水现状监测点应视情况确定，并说明布设理由。

⑥ 在包气带厚度超过 100m 的评价区或监测井较难布置的基岩山区，地下水质监测点数无法满足④要求时，可视情况调整数量，并说明调整理由。一般情况下，该类地区一、二级评价项目至少设置 3 个监测点，三级评价项目根据需要设置一定数量的监测点。

（2）地下水水质现状监测取样要求

① 地下水水质取样应根据特征因子在地下水中的迁移特性选取适当的取样方法。

② 一般情况下，只取一个水质样品，取样点深度宜在地下水位以下 1.0m 左右。

③ 建设项目为改、扩建项目，且特征因子为 DNAPLs（重质非水相液体）时，应至少在含水层底部取一个样品。

（3）地下水水质现状监测因子

① 检测分析地下水环境中 K^+、Na^+、Ca^{2+}、Mg^{2+}、CO_3^{2-}、HCO_3^-、Cl^-、SO_4^{2-}的浓度。

② 地下水水质现状监测因子原则上应包括两类：一类是基本水质因子，另一类为特征因子。

a. 基本水质因子以 pH、氨氮、硝酸盐、亚硝酸盐、挥发性酚类、氰化物、砷、汞、铬（六价）、总硬度、铅、氟、镉、铁、锰、溶解性总固体、高锰酸盐指数、硫酸盐、氯化物、总大肠菌群、细菌总数等及背景值超标的水质因子为基础，可根据区域地下水类型、污染源状况适当调整。

b. 特征因子根据项目污废水成分、液体物料成分、固废浸出液成分的识别结果确定，也可根据区域地下水化学类型、污染源状况适当调整。

（4）地下水环境现状监测频率要求

① 水位监测频率要求

a. 评价等级为一级的建设项目，若掌握近 3 年内至少一个连续水文年的枯、平、丰水期地下水位动态监测资料，评价期内至少开展一期地下水水位监测；若无上述资料，依据表 3-3开展水位监测。

b. 评价等级为二级的建设项目，若掌握近 3 年内至少一个连续水文年的枯、丰水期地下水位动态监测资料，评价期可不再开展现状地下水位监测；若无上述资料，依据表 3-3 开展水位监测。

c. 评价等级为三级的建设项目，若掌握近 3 年内至少一期的监测资料，评价期内可不再进行现状水位监测；若无上述资料，依据表 3-3 开展水位监测。

表 3-3　地下水环境现状监测频率参照表

分布区 频次 评价 等级	水位监测频率			水质监测频率		
	一级	二级	三级	一级	二级	三级
山前冲（洪）积	枯、平、丰	枯、丰	一期	枯、丰	枯	一期
滨海（含填海区）	二期[①]	一期	一期	一期	一期	一期
其他平原区	枯、丰	一期	一期	枯	一期	一期
黄土地区	枯、平、丰	一期	一期	二期	一期	一期
沙漠地区	枯、丰	一期	一期	一期	一期	一期
丘陵山区	枯、丰	一期	一期	一期	一期	一期
岩溶裂隙	枯、丰	一期	一期	枯、丰	一期	一期
岩溶管道	二期	一期	一期	二期	一期	一期

注：①“二期”的间隔有明显水位变化，其变化幅度接近年内变幅。

② 基本水质因子的水质监测频率应参照表 3-3，若掌握近 3 年至少一期水质监测数据，基本水质因子可在评价期补充开展一期现状监测；特征因子在评价期内需至少开展一期现状值监测。

③ 在包气带厚度超过 100m 的评价区或监测井较难布置的基岩山区，若掌握近 3 年内至少一期的监测资料，评价期内可不进行现状水位、水质监测；若无上述资料，至少开展一期现状水位、水质监测。

④ 地下水样品采集与现场测定

a. 地下水样品应采用自动式采样泵或人工活塞闭合式与敞口式定深采样器进行采集。

b. 样品采集前，应先测量井孔地下水水位(或地下水位埋深)并做好记录，然后采用潜水泵或离心泵对采样井(孔)进行全井孔清洗，抽汲的水量不得小于3倍的井筒水(量)体积。

c. 地下水水质样品的管理、分析化验和质量控制按照HJ/T 164《地下水环境监测技术规范》执行。pH、氧化还原电位Eh、DO、水温等不稳定项目应在现场测定。

4. 环境水文地质勘察与试验

(1) 环境水文地质勘察与试验是在充分收集已有资料和地下水环境现状调查的基础上，针对需要进一步查明的地下水含水层特征和为获取预测评价中必要的水文地质参数而进行的工作。

(2) 除一级评价应进行必要的环境水文地质勘察与试验外，对环境水文地质条件复杂且资料缺少的地区，二级、三级评价也应在区域水文地质调查的基础上对场地进行必要的水文地质勘察。

(3) 环境水文地质勘察可采用钻探、物探和水土化学分析以及室内外测试、试验等手段开展，具体参见相关标准与规范。

(4) 环境水文地质试验项目通常有抽水试验、注水试验、渗水试验、浸溶试验及土柱淋滤试验等，有关试验原则与方法参见《地下水环境监测技术规范》(HJ/T 164—2004)的附录C。在评价工作过程中可根据评价等级和资料掌握情况选用。

(5) 进行环境水文地质勘察时，除采用常规方法外，还可采用其他辅助方法配合勘察。

四、地下水环境现状评价

1. 地下水水质现状评价

(1) GB/T 14848和有关法规及当地的环保要求是地下水环境现状评价的基本依据。对属于GB/T 14848水质指标的评价因子，应按其规定的水质分类标准值进行评价；对于不属于GB/T 14848水质指标的评价因子，可参照国家(行业、地方)相关标准(如GB 3838、GB 5749、DZ/T 0290等)进行评价。现状监测结果应进行统计分析，给出最大值、最小值、均值、标准差、检出率和超标率等。

(2) 地下水水质现状评价应采用标准指数法。标准指数>1，表明该水质因子已超标，标准指数越大，超标越严重。标准指数计算公式参照地面水环境现状评价部分。

2. 包气带环境现状分析

对于污染场地修复工程项目和评价工作等级为一、二级的改、扩建项目，应开展包气带污染现状调查，分析包气带污染状况。

第七节　生态环境现状调查与评价

一、生态环境现状调查

(1) 生态环境现状调查要求

生态现状调查是生态现状评价、影响预测的基础和依据，调查的内容和指标应能反映评价工作范围内的生态背景特征和现存的主要生态问题。在有敏感生态保护目标(包括特殊生态敏感区和重要生态敏感区)或其他特别保护要求对象时，应做专题调查。生态现状调查应在收集资料基础上开展现场工作，生态现状调查的范围应不小于评价工作的范围。

一级评价应给出采样地样方实测、遥感等方法测定的生物量、物种多样性等数据，给出主要生物物种名录、受保护的野生动植物物种等调查资料；二级评价的生物量和物种多样性调查可依据已有资料推断，或实测一定数量的、具有代表性的样方予以验证；三级评价可充分借鉴已有资料进行说明。

(2) 调查内容

① 生态背景调查

根据生态影响的空间和时间尺度特点，调查影响区域内涉及的生态系统类型、结构、功能和过程，以及相关的非生物因子特征(如气候、土壤、地形地貌、水文及水文地质等)，重点调查受保护的珍稀濒危物种、关键种、土著种、建群种和特有种，天然的重要经济物种等。如涉及国家级和省级保护物种、珍稀濒危物种和地方特有物种时，应逐个或逐类说明其类型、分布、保护级别、保护状况等；如涉及特殊生态敏感区和重要生态敏感区时，应逐个说明其类型、等级、分布、保护对象、功能区划、保护要求等。

② 主要生态问题调查

调查影响区域内已经存在的制约本区域可持续发展的主要生态问题，如水土流失、沙漠化、石漠化、盐渍化、自然灾害、生物入侵和污染危害等，指出其类型、成因、空间分布、发生特点等。

(3) 现状调查方法

① 资料收集法

资料收集法是收集现有的能反映生态现状或生态背景的资料，从表现形式上分为文字资料和图形资料，从时间上分为历史资料和现状资料，从收集行业类别上可分为农、林、牧、渔和环境保护部门，从资料性质上可分为环境影响报告书、有关污染源调查、生态保护规划、规定、生态功能区划、生态敏感目标的基本情况以及其他生态调查资料等。使用资料收集法时，应保证资料的现时性，引用资料必须建立在现场校验的基础上。

② 现场勘查法

现场勘查应遵循整体与重点相结合的原则，在综合考虑主导生态因子结构与功能的完整性的同时，突出重点区域和关键时段的调查，并通过对影响区域的实际踏勘，核实收集资料的准确性，以获取实际资料和数据。

③ 遥感调查法

当涉及区域范围较大或主导生态因子的空间等级尺度较大，通过人力踏勘较为困难或难以完成评价时，可采用遥感调查法。遥感调查过程中必须辅助必要的现场勘查工作。

④ 专家和公众咨询法

专家和公众咨询法是对现场勘查的有益补充。通过咨询有关专家，收集评价工作范围内的公众、社会团体和相关管理部门对项目影响的意见，发现现场踏勘中遗漏的生态问题。专家和公众咨询应与资料收集和现场勘查同步开展。

⑤ 生态监测法

当资料收集、现场勘查、专家和公众咨询提供的数据无法满足评价的定量需求，或项目可能产生潜在的或长期累积效应时，应考虑选用生态监测法。生态监测应根据监测因子的生态学特点和干扰活动的特点确定监测位置和频次，有代表性地布点。生态监测方法与技术要求须符合国家现行的有关生态监测规范和检测标准分析方法；对于生态系统生产力的调查，必要时需现场采样、实验室测定。

二、生态环境现状评价

生态环境现状评价是在区域生态基本特征现状调查的基础上，对评价区的生态现状进行定量或定性的分析评价，评价应采用文字和图件相结合的表现形式。

1. 评价内容

（1）在阐明生态系统现状的基础上，分析影响区域内生态系统状况的主要原因。评价生态系统的结构与功能状况（如水源涵养、防风固沙、生物多样性保护等主导生态功能）、生态系统面临的压力和存在的问题、生态系统的总体变化趋势等。

（2）分析和评价受影响区域内动、植物等生态因子的现状组成、分布；当评价区域涉及受保护的敏感物种时，应重点分析该敏感物种的生态学特征；当评价区域涉及特殊生态敏感区或重要生态敏感区时，应分析其生态现状、保护现状和存在的问题等。

2. 现状评价方法

可采用导则推荐的列表清单法、图形叠置法、生态机理分析法、景观生态学法、指数法与综合指数法、系统分析法、生物多样性定量计算方法、生态质量评价法。

第八节　土壤环境现状调查与评价

一、基本原则与要求

（1）土壤环境现状调查与评价工作应遵循资料收集与现场调查相结合、资料分析与现状监测相结合的原则。调查与评价工作的深度应满足相应的工作级别要求，当现有资料不能满足要求时，应通过组织现场调查、监测等方法获取。

（2）建设项目同时涉及土壤环境生态影响型与污染影响型时，应分别按相应评价工作等级要求开展土壤环境现状调查，可根据建设项目特征适当调整、优化调查内容。

（3）工业园区内的建设项目，应重点在建设项目占地范围内开展现状调查工作，并兼顾其可能影响的园区外围土壤环境敏感目标。

二、现状调查评价范围

（1）调查评价范围应包括建设项目可能影响的范围，能满足土壤环境影响预测和评价要求；改、扩建类建设项目的现状调查评价范围还应兼顾现有工程可能影响的范围。

（2）建设项目（除线性工程外）土壤环境影响现状调查评价范围可根据建设项目影响类型、污染途径、气象条件、地形地貌、水文地质条件等确定并说明，或参考表 3-4 确定。

（3）建设项目同时涉及土壤环境生态影响与污染影响时，应各自确定调查评价范围。

（4）危险品、化学品或石油等输送管线应以工程边界两侧向外延伸 0.2km 作为调查评价范围。

表 3-4 现状调查范围

评价工作等级	影响类型	调查范围[a]	
		占地[b]范围内	占地范围外
一级	生态影响型	全部	5km 范围内
	污染影响型		1km 范围内
二级	生态影响型		2km 范围内
	污染影响型		0. 2km 范围内
三级	生态影响型		1km 范围内
	污染影响型		0. 05km 范围内

注：a 涉及大气沉降途径影响的，可根据主导风向下风向的最大落地浓度点适当调整。

b 矿山类项目指开采区与各场地的占地；改、扩建类的指现有工程与拟建工程的占地。

三、现状调查内容与要求

1. 资料收集

根据建设项目特点、可能产生的环境影响和当地环境特征，有针对性收集调查评价范围内的相关资料，主要包括以下内容：

（1）土地利用现状图、土地利用规划图、土壤类型分布图；

（2）气象资料、地形地貌特征资料、水文及水文地质资料等；

（3）土地利用历史情况；

（4）与建设项目土壤环境影响评价相关的其他资料。

2. 理化特性调查内容

（1）在充分收集资料的基础上，根据土壤环境影响类型、建设项目特征与评价需要，有针对性地选择土壤理化特性调查内容，主要包括土体构型、土壤结构、土壤质地、阳离子交换量、氧化还原电位、饱和导水率、土壤容重、孔隙度等；土壤环境生态影响型建设项目还应调查植被、地下水位埋深、地下水溶解性总固体等，可参照 HJ 964—2018 附录 C 的表 C. 1 填写。

（2）评价工作等级为一级的建设项目应参照 HJ 964—2018 附录 C 的表 C. 2 填写土壤剖面调查表。

3. 影响源调查

应调查与建设项目产生同种特征因子或造成相同土壤环境影响后果的影响源。改、扩建的污染影响型建设项目，其评价工作等级为一级、二级的，应对现有工程的土壤环境保护措施情况进行调查，并重点调查主要装置或设施附近的土壤污染现状。

4. 现状监测

建设项目土壤环境现状监测应根据建设项目的影响类型、影响途径，有针对性地开展监测工作，了解或掌握调查评价范围内土壤环境现状。

（1）布点原则

① 土壤环境现状监测点布设应根据建设项目土壤环境影响类型、评价工作等级、土地利用类型确定，采用均布性与代表性相结合的原则，充分反映建设项目调查评价范围内的土壤环境现状，可根据实际情况优化调整。

② 调查评价范围内的每种土壤类型应至少设置 1 个表层样监测点，应尽量设置在未受人为污染或相对未受污染的区域。

③ 生态影响型建设项目应根据建设项目所在地的地形特征、地面径流方向设置表层样监测点。

④ 涉及入渗途径影响的，主要产污装置区应设置柱状样监测点，采样深度需至装置底部与土壤接触面以下，根据可能影响的深度适当调整。

⑤ 涉及大气沉降影响的，应在占地范围外主导风向的上、下风向各设置 1 个表层样监测点，可在最大落地浓度点增设表层样监测点。

⑥ 涉及地面漫流途径影响的，应结合地形地貌，在占地范围外的上、下游各设置 1 个表层样监测点。

⑦ 线性工程应重点在站场位置(如输油站、泵站、阀室、加油站及维修场所等)设置监测点，涉及危险品、化学品或石油等输送管线的应根据评价范围内土壤环境敏感目标或厂区内的平面布局情况确定监测点布设位置。

⑧ 评价工作等级为一级、二级的改、扩建项目，应在现有工程厂界外可能产生影响的土壤环境敏感目标处设置监测点。

⑨ 涉及大气沉降影响的改、扩建项目，可在主导风向下风向适当增加监测点位，以反映降尘对土壤环境的影响。

⑩ 建设项目占地范围及其可能影响区域的土壤环境已存在污染风险的，应结合用地历史资料和现状调查情况，在可能受影响最重的区域布设监测点；取样深度根据其可能影响的情况确定。

⑪ 建设项目现状监测点设置应兼顾土壤环境影响跟踪监测计划。

（2）现状监测点数量要求

① 建设项目各评价工作等级的监测点数不少于表 3-5 要求。

② 生态影响型建设项目可优化调整占地范围内、外监测点数量，保持总数不变；占地范围超过 5000hm^2的，每增加 1000hm^2增加 1 个监测点。

③ 污染影响型建设项目占地范围超过 100hm^2的，每增加 20hm^2增加 1 个监测点。

表 3-5　现状监测布点类型与数量

评价工作等级		占地范围内	占地范围外
一级	生态影响型	5 个表层样点[a]	6 个表层样点
	污染影响型	5 个柱状样点[b]，2 个表层样点	4 个表层样点
二级	生态影响型	3 个表层样点	4 个表层样点
	污染影响型	3 个柱状样点，1 个表层样点	2 个表层样点
三级	生态影响型	1 个表层样点	2 个表层样点
	污染影响型	3 个表层样点	—

注：“—”表示无现状监测布点类型与数量的要求；

a 表层样应在 0~0.2m 取样；

b 柱状样通常在 0~0.5m、0.5~1.5m、1.5~3m 分别取样，3m 以下每 3m 取 1 个样，可根据基础埋深、土体构型适当调整。

（3）现状监测因子

土壤环境现状监测因子分为基本因子和建设项目的特征因子。

① 基本因子为《土壤环境质量 农用地土壤污染风险管控标准(试行)》(GB 15618—2018)、《建设用地土壤污染风险管控标准》(GB 36600—2018)中规定的基本项目，分别根据调查评价范围内的土地利用类型选取；

② 特征因子为建设项目产生的特有因子，根据《环境影响评价技术导则 土壤环境(试行)》(HJ 964—2018)的附录 B 确定；既是特征因子又是基本因子的，按特征因子对待；

③ 对现状监测点数量要求中第②条与布点原则中的第⑩条中规定的点位，必须监测基本因子与特征因子；其他监测点位可仅监测特征因子。

(4) 现状监测频次要求

① 基本因子：评价工作等级为一级的建设项目，应至少开展 1 次现状监测；评价工作等级为二级、三级的建设项目，若掌握近 3 年至少 1 次的监测数据，可不再进行现状监测；引用监测数据应满足监测数量和布点原则的相关要求，并说明数据有效性；

② 特征因子：应至少开展 1 次现状监测。

四、现状评价

1. 评价因子与评价标准

土壤环境现状评价因子与监测因子相同。根据调查评价范围内的土地利用类型，分别选取 GB 15618、GB 36600 等标准中的筛选值进行评价，土地利用类型无相应标准的可只给出现状监测值。若评价因子在 GB 15618、GB 36600 等标准中未规定的，可参照行业、地方或国外相关标准进行评价，无可参照标准的可只给出现状监测值。

2. 评价方法

(1) 土壤环境质量现状评价应采用标准指数法，并进行统计分析，给出样本数量、最大值、最小值、均值、标准差、检出率和超标率、最大超标倍数等。

(2) 土壤盐化、酸化、碱化等的分级标准参见《环境影响评价技术导则 土壤环境(试行)》(HJ 964—2018)附录 D。对照附录 D 给出各监测点位土壤盐化、酸化、碱化的级别，统计样本数量、最大值、最小值和均值，并评价均值对应的级别。

3. 评价结论

(1) 生态影响型建设项目应给出土壤盐化、酸化、碱化的现状。

(2) 污染影响型建设项目应给出评价因子是否满足相关标准要求的结论；当评价因子存在超标时，应分析超标原因。

习　　题

1. 对地表水(地下水)环境的自然环境调查内容。
2. 空气质量现状调查方法。
3. 现状监测因子的确定。
4. 在设置监测点数量的时候，应该考虑什么因素？
5. 典型工程环境噪声现状水平调查方法。

第四章　大气环境影响评价

第一节　概　　述

一、基本概念

1. 环境空气保护目标

指评价范围内[按《环境空气质量标准》(GB 3095)规定划分]一类区的自然保护区、风景名胜区和其他需要特殊保护的区域，二类区中的居住区、文化区和农村地区中人群较集中的区域。

2. 大气基本污染物

指 GB 3095 中所规定的基本项目污染物，包括二氧化硫(SO_2)、二氧化氮(NO_2)、可吸入颗粒物(PM_{10})、细颗粒物($PM_{2.5}$)、一氧化碳(CO)、臭氧(O_3)。

3. 其他污染物

指除基本污染物以外的其他项目污染物。

4. 大气污染源分类

按预测模式的模拟形式分为点源、线源、面源、体源四种类别。

点源：通过某种装置集中排放的固定点状源，如烟囱、集气筒等；

线源：污染物呈线状排放或者由移动源构成线状排放的源，如城市道路的机动车排放源等；

面源：在一定区域范围内，以低矮密集的方式自地面或近地面的高度排放污染物的源，如工艺过程中的无组织排放、储存堆、渣场等排放源；

体源：由源本身或附近建筑物的空气动力学作用使污染物呈一定体积向大气排放的源，如焦炉炉体、屋顶天窗等。

5. 大气污染物分类

大气污染源排放的污染物按存在形态分为颗粒态污染物和气态污染物。按生成机理分为一次污染物和二次污染物。其中，由人类或自然活动直接产生，由污染源直接排入环境的污染物称为一次污染物；排入环境中的一次污染物在物理、化学因素的作用下发生变化，或与环境中的其他物质发生反应所形成的新污染物称为二次污染物。

6. 空气质量模型

指采用数值方法模拟大气中污染物的物理扩散和化学反应的数学模型，包括高斯扩散模型和区域光化学网格模型。

高斯扩散模型：也叫高斯烟团或烟流模型，简称高斯模型。采用非网格、简化的输送扩散算法，没有复杂化学机理，一般用于模拟一次污染物的输送与扩散，或通过简单的化学反应机理模拟二次污染物。

区域光化学网格模型：简称网格模型。采用包含复杂大气物理(平流、扩散、边界层、云、降水、干沉降等)和大气化学(气、液、气溶胶、非均相)算法以及网格化的输送化学转化模型，一般用于模拟城市和区域尺度的大气污染物输送与化学转化。

7. 推荐模型

指生态环境主管部门按照一定的工作程序遴选，并以推荐名录形式公开发布的环境模型，列入推荐名录的环境模型简称推荐模型。当推荐模型适用性不能满足需要时，可采用替代模型。替代模型一般需经模型领域专家评审推荐，并经生态环境主管部门同意后方可使用。

8. 非正常排放

指生产过程中开停车(工、炉)、设备检修、工艺设备运转异常等非正常工况下的污染物排放，以及污染物排放控制措施达不到应有效率等情况下的排放。

9. 短期浓度

指某污染物的评价时段小于等于24h的平均质量浓度，包括1h平均质量浓度、8h平均质量浓度以及24h平均质量浓度(也称为日平均质量浓度)。

10. 长期浓度

指某污染物的评价时段大于等于1个月的平均质量浓度，包括月平均质量浓度、季平均质量浓度和年平均质量浓度。

11. 大气环境防护距离

为保护人群健康，减少正常排放条件下大气污染物对居住区的环境影响，在项目厂界以外设置的环境防护距离。

二、大气污染及其影响因素

大气污染主要由人的活动造成，大气污染物按其存在形态分为颗粒污染物和气态污染物，其中，粒径小于15μm的颗粒物污染物亦可划为气态污染物。

1. 大气污染物的排放形式与条件

大气中有害物质的浓度越高，污染就越重，危害也就越大。污染物在大气中的浓度，除了取决于排放的总量外，还同排放源高度、气象和地形等因素有关。

根据污染源排放的时间特征，可划分为连续排放或间断排放，其中，连续排放又可划分稳定排放与不稳定排放；根据污染源排放的高度特征，可划分为有组织排放与无组织排放。其中，无组织排放是大气污染物不经过排气筒或者排气筒高度小于15m的无规则排放。

按照排气筒附近的地形特征，可划分为简单地形和复杂地形。距污染源中心点5km内的地形高度(不含建筑物)低于排气筒高度时，定义为简单地形，见图4-1。在此范围内地形高度不超过排气筒基底高度时，可认为地形高度为0m。

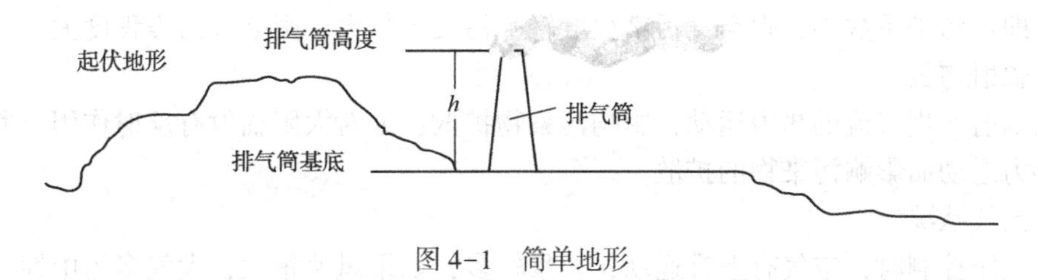

图4-1　简单地形

距污染源中心点5km内的地形高度(不含建筑物)等于或超过排气筒高度时，定义为复杂地形，复杂地形中各参数见图4-2。

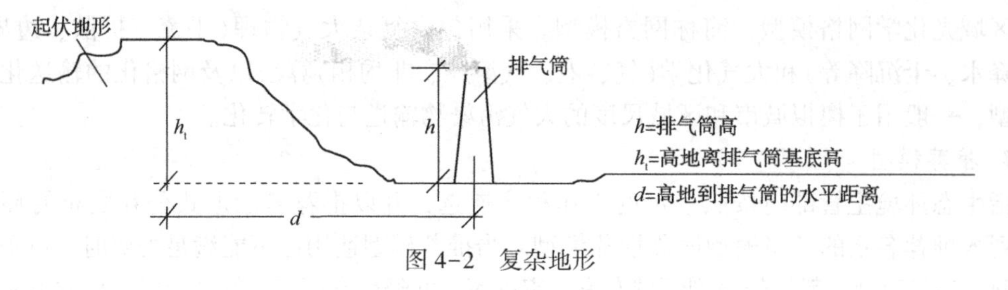

图 4-2　复杂地形

2. 影响大气污染的主要因素

影响大气污染的主要因素有污染物的排放情况、大气的自净过程、污染物在大气中的转化情况以及气象条件等。

(1) 污染源的排放情况

污染源的排放情况对大气污染状况产生直接影响，主要表现为以下几点：

① 在单位时间内排放的污染物越多，即排放强度越大，则对大气的污染越重。在同类生产中排放量决定于生产过程、管理制度、净化设备的有无及其净化效果等；在同一企业中，排放量又随生产量的变化而变化。

② 污染程度与污染源距离成反比，即与污染源距离越远，污染物扩散后的断面越大，稀释程度也越大，因而浓度越低。

③ 与排放高度有关，即污染物排放的高度越高，相应高度处的风速也越大，加速了污染物与大气的混合。当排出物扩散到地面时，其扩散开的面积也越大，污染物的浓度也越低。

(2) 大气的自净过程

污染物进入大气后，大气能通过稀释扩散、转化等多种方式使排入的污染物浓度逐渐降低，并逐步恢复到自然浓度状态，这个过程叫作大气的自净过程。大气自净作用有两种形式：一是稀释作用，即污染物与大气混合而使污染物浓度降低，其稀释能力与气象因素有关；二是沉降和转化作用，即污染物因自重或雨水洗涤等原因而从大气中沉降到地面而被除去。大气污染物在大气中的沉降过程往往进行得十分缓慢，大气的自净作用主要还是大气对污染物的扩散稀释作用。

(3) 污染物在大气中的转化

污染物在大气中的转化是十分复杂的，其机理目前还不十分清楚，例如二氧化硫可转变为硫酸烟雾，氮氧化物及有机物质在阳光照射下可变为臭氧、醛类、过乙酰硝酸酯等，转化后生成的二次污染物，有时甚至比原来的一次污染物危害更大。

(4) 风力和风向

风力大小和风向对污染物的扩散程度和扩散方位有决定性作用。把风向频率 P_w 与平均风速 U 之比叫作污染系数 R_p，即 $R_p=P_w/U$。可用污染系数反映不同风力和风向作用下的污染状况，即：污染系数小，则空气污染程度轻；污染系数大，则空气污染程度大。

(5) 辐射与云

太阳辐射产生气流的热力运动，影响污染物扩散；云对太阳辐射有反射作用，通过影响大气的热力运动而影响污染物的扩散。

(6) 天气状况

在低气压控制时，空气有上升运动，云量较多，如果风速稍大，大气多为中性或不稳定状态，有利于扩散；在高气压控制下，一般天气晴朗，风速很小，并往往伴有空气的下沉运动，形成下沉逆温，抑制湍流的发展，不利于扩散，甚至容易造成地面污染。降水可以对空气污染物进行洗涤，一些污染物可随雨水降落地面。雾可以凝集空气中的一些粒子污染物。但雾大多在近地面大气层非常稳定的条件下才会出现，故雾的出现可能会造成不利的地面空气污染状态。

（7）下垫面条件

下垫面是气流运动的下边界，对气流运动状态和气象条件都会产生热力和动力影响，从而影响空气污染物的扩散。山区地形、水陆界面和城市热岛效应是三个典型的下垫面对大气污染的影响。

三、大气湍流扩散的基本理论

1. 湍流的基本概念

通常将流体的极端无规则运动称为湍流，是自然界广泛存在的一种流体流动。大气的极端无规则运动称为大气湍流，可以把大气湍流看成是由无数多个大小不同的湍涡（涡旋）构成的。每一个湍涡都有自己的运动速度和方向，一个大湍涡包含许多较小的湍涡，较小湍涡又包含很多更小的湍涡。

按照湍流形成的原因可分两种湍流：由铅直方向气温分布的不均匀性产生的湍流，叫热力湍流，它的强度主要取决于大气稳定度；由铅直方向风速分布的不均匀性及地面粗糙度产生的湍流，叫机械湍流，它的强度主要取决于风速梯度和地面粗糙度。实际湍流是上述两种湍流的叠加。

湍流有极强的扩散能力，它比分子扩散快 $10^5 \sim 10^6$ 倍。大气中污染物能被扩散，主要是湍流的贡献。与烟团尺度相仿的湍流，对烟团扩散能力最强，比烟团尺度大好多倍的大湍涡，对烟团起搬运作用，使烟流摆动，扩散作用不大；比烟团尺度小好多倍的小湍涡，对烟团的扩散能力较小。

2. 湍流扩散理论

湍流扩散理论有三种：梯度输送理论、统计扩散理论和相似扩散理论。

（1）湍流梯度输送理论

该理论认为大气湍流扩散满足菲克定律：由湍流所引起的局地的某种属性的能量与这种属性的局地梯度成正比，通量的方向与梯度方向相反。用方程式表达为：

$$\frac{\mathrm{d}C}{\mathrm{d}t}=-K\frac{\partial^2 \overline{C}}{\partial x^2} \tag{4-1}$$

式中 C——污染物浓度，mg/L；

K——湍流交换系数。

（2）湍流统计理论

泰勒是湍流统计理论的创始人之一，他首先应用统计学的方法来研究湍流扩散问题，提出了著名的泰勒公式。它把描写湍流的扩散参数和另一统计特征量相关系数建立关系，只要能找到相关系数的具体函数，通过积分就可求出扩散参数，从而解决污染物在湍流中扩散的问题。萨顿首先找到了相关系数的具体表达式，应用泰勒公式，提出了解决污染物在大气中扩散的实用模式，成为这一领域的先驱者。高斯烟流模式是在大量实测资料分析的基础上，应用统计理论得到的。

（3）相似扩散理论

湍流扩散相似理论的基本观点是，湍流由许多大小不同的湍涡所构成，大湍涡失去稳定分裂成小湍涡，同时发生了能量转移，这一过程一直进行到最小的湍涡转化为热能为止。从这一基本观点出发，利用量纲分析的理论，建立起某种统计物理量的普适函数，再找出普适函数的具体表达式，从而解决湍流扩散问题。

第二节 评价工作任务、程序、分级、范围及污染源调查

一、工作任务

通过调查、预测等手段，对项目在建设阶段、生产运行和服务期满后(可根据项目情况选择)所排放的大气污染物对环境空气质量影响的程度、范围和频率进行分析、预测和评估，为项目的选址选线、排放方案、大气污染治理设施与预防措施制定、排放量核算，以及其他有关的工程设计、项目实施环境监测等提供科学依据或指导性意见。

二、工作程序

一般来说，大气环境影响评价工作分为三个阶段，大气环境影响评价工作程序见图 4-3。

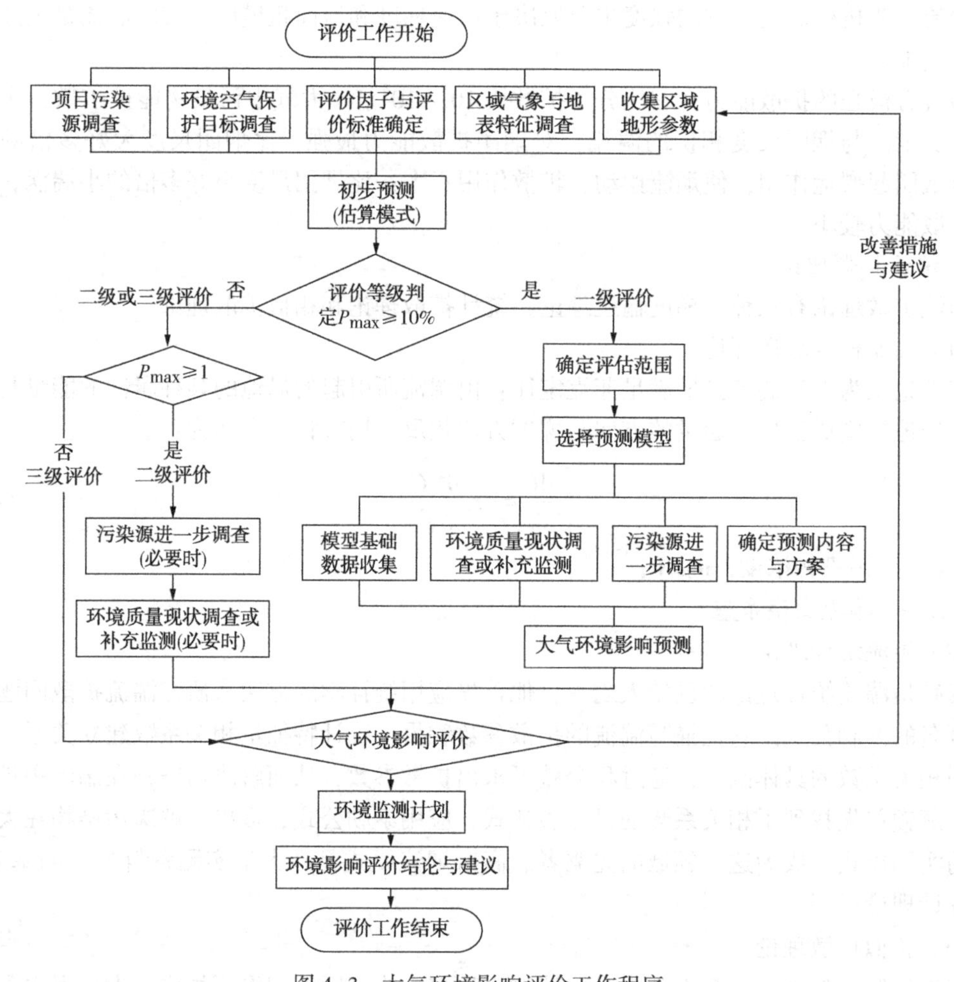

图 4-3 大气环境影响评价工作程序

第一阶段：主要工作包括研究有关文件，项目污染源调查，环境空气保护目标调查，评价因子筛选与评价标准确定，区域气象与地表特征调查，收集区域地形参数，确定评价等级和评价范围等。

第二阶段：主要工作依据评价等级要求开展，包括与项目评价相关污染源调查与核实，选择适合的预测模型，环境质量现状调查或补充监测，收集建立模型所需气象、地表参数等基础数据，确定预测内容与预测方案，开展大气环境影响预测与评价工作等。

第三阶段：主要工作包括制定环境监测计划，明确大气环境影响评价结论与建议，完成环境影响评价文件的编写等。

三、评价工作等级及评价范围确定

1. 环境影响识别与评价因子筛选

按《建设项目环境影响评价技术导则—总纲》(HJ 2.1)和《规划环境影响评价技术导则-总纲》(HJ 130)相应规范要求识别大气环境影响因素，筛选出大气环境影响评价因子，大气环境影响评价因子分为基本污染物及其他污染物。当建设项目排放的SO_2和NO_x年排放量大于或等于500t/a时，评价因子应增加二次$PM_{2.5}$；当规划项目排放的SO_2、NO_x及VOCs年排放量达到表4-1规定的量时，评价因子应相应增加二次$PM_{2.5}$及O_3。

表4-1 二次污染物评价因子筛选

类别	污染物排放量/(t/a)	二次污染物评价因子
建设项目	$SO_2+NO_x \geq 500$	$PM_{2.5}$
规划项目	$SO_2+NO_x \geq 500$	$PM_{2.5}$
	NO_x+VOCs≥2000	O_3

2. 评价标准确定

环境质量标准选用GB 3095中的环境空气质量浓度限值，如已有地方环境质量标准，应选用地方标准中的浓度限值；对于GB 3095及地方环境质量标准中未包含的污染物，可参照《环境影响评价技术导则—大气环境》(HJ 2.2—2018)附录D中的浓度限值；对上述标准中都未包含的污染物，可参照选用其他国家、国际组织发布的环境质量浓度限值或基准值，但应作出说明，经生态环境主管部门同意后执行。

3. 评价等级判定

选择项目污染源正常排放的主要污染物及排放参数，采用推荐模型中估算模型分别计算项目污染源的最大环境影响，然后按评价工作分级判据进行分级。根据项目污染源初步调查结果，分别计算项目排放主要污染物的最大地面空气质量浓度占标率P_i(第i个污染物，简称“最大浓度占标率”)，及第i个污染物的地面空气质量浓度达到标准值的10%时所对应的最远距离D的10%。

$$P_i = \frac{C_i}{C_{0i}} \cdot 100\% \tag{4-2}$$

式中 P_i——第i个污染物的最大地面质量浓度占标率,%；

C_i——采用估算模式计算出的第i个污染物的最大地面质量浓度，mg/m^3；

C_{0i}——第 i 个污染物的环境空气质量浓度标准，mg/m³。一般选用 GB 3095 中 1h 平均质量浓度的二级浓度限值，如项目位于一类环境空气功能区，应选择相应的一级浓度限值；对该标准中未包含的污染物，使用已确定的各评价因子 1h 平均质量浓度限值。对仅有 8h 平均质量浓度限值、日平均质量浓度限值或年平均质量浓度限值的，可分别按 2 倍、3 倍、6 倍折算为 1h 平均质量浓度限值。

编制环境影响报告书的项目在采用估算模型计算评价等级时，应输入地形参数。评价等级按表 4-2 的分级判据进行划分，如污染物数 i 大于 1，取 P 值中最大者 P_{max}。

表 4-2　评价工作等级

评价工作等级	评价工作分级判据	评价工作等级	评价工作分级判据
一级	$P_{max} \geq 10\%$	三级	$P_{max} < 1\%$
二级	$1\% \leq P_{max} < 10\%$		

评价工作等级的确定还应符合以下规定：

(1) 同一项目有多个污染源(两个及以上，下同)时，则按各污染源分别确定评价等级，并取评价等级最高者作为项目的评价等级；

(2) 对电力、钢铁、水泥、石化、化工、平板玻璃、有色金属等高耗能行业的多源项目或以使用高污染燃料为主的多源项目，编制环境影响报告书的项目评价等级提高一级；

(3) 对等级公路、铁路项目，分别按项目沿线主要集中式排放源(如服务区、车站大气污染源)排放的污染物计算其评价等级；

(4) 对新建包含 1km 及以上隧道工程的城市快速路、主干路等城市道路项目，按项目隧道主要通风竖井及隧道出口排放的污染物计算其评价等级；

(5) 对新建、迁建及飞行区扩建的枢纽及干线机场项目，应考虑机场飞机起降及相关辅助设施排放源对周边城市的环境影响，评价等级取一级；

(6) 确定评价等级同时应说明估算模型计算参数和判定依据。

4. 评价范围的确定

一级评价项目根据建设项目排放污染物的最远影响距离($D_{10\%}$)确定大气环境影响评价范围，即以项目厂址为中心区域，自厂界外延 $D_{10\%}$ 的矩形区域作为大气环境影响评价范围。当 $D_{10\%}$ 超过 25km 时，确定评价范围为边长 50km 的矩形区域；当 $D_{10\%}$ 小于 2.5km 时，评价范围边长取 5km。

二级评价项目大气环境影响评价范围边长取 5km。

三级评价项目不需设置大气环境影响评价范围。

对于新建、迁建及飞行区扩建的枢纽及干线机场项目，评价范围还应考虑受影响的周边城市，最大取边长 50km；规划的大气环境影响评价范围以规划区边界为起点，外延至规划项目排放污染物的最远影响距离($D_{10\%}$)的区域。

5. 评价基准年筛选

依据评价所需环境空气质量现状、气象资料等数据的可获得性、数据质量、代表性等因素，选择近 3 年中数据相对完整的 1 个日历年作为评价基准年。

6. 环境空气保护目标调查

在带有地理信息的底图中标注大气环境评价范围内主要环境空气保护目标，并列表给出环境空气保护目标内主要保护对象的名称、保护内容、所在大气环境功能区划以及与项目厂址的相对距离、方位、坐标等信息。环境空气保护目标调查表见表4-3。

表4-3　环境空气保护目标调查表

名称	坐标/m		保护对象	保护内容	环境功能区	相对厂址方位	相对厂界距离/m
	X	Y					

四、污染源调查

1. 调查内容

(1) 一级评价项目

① 调查本项目不同排放方案有组织及无组织排放源，对于改建、扩建项目还应调查本项目现有污染源。本项目污染源调查包括正常排放和非正常排放，其中非正常排放调查内容包括非正常工况、频次、持续时间和排放量。

② 调查本项目所有拟被替代的污染源(如有)，包括被替代污染源名称、位置、排放污染物及排放量、拟被替代时间等。

③ 调查评价范围内与评价项目排放污染物有关的其他在建项目、已批复环境影响评价文件的拟建项目等污染源。

④ 对于编制报告书的工业项目，分析调查受本项目物料及产品运输影响新增的交通运输移动源，包括运输方式、新增交通流量、排放污染物及排放量。

(2) 二级评价项目

参照(1)中①和②，调查本项目现有及新增污染源和拟被替代的污染源。

(3) 三级评价项目

只调查本项目新增污染源和拟被替代的污染源。

(4) 其他

对于城市快速路、主干路等城市道路的新建项目，需调查道路交通流量及污染物排放量；对于采用网格模型预测二次污染物的，需结合空气质量模型及评价要求，开展区域现状污染源排放清单调查。

2. 数据来源与要求

所调查的污染源数据需达到如下要求：

(1) 对于新建项目的污染源调查，依据HJ 2.1、HJ 130、《排污许可证申请与核发技术规范 总则》(HJ 942)、行业排污许可证申请与核发技术规范及各污染源源强核算技术指南，并结合工程分析从严确定污染物排放量。

(2) 评价范围内在建和拟建项目的污染源调查，可使用已批准的环境影响评价文件中的资料；改建、扩建项目现状工程的污染源和评价范围内拟被替代的污染源调查，可根据数据的可获得性，依次优先使用项目监督性监测数据、在线监测数据、年度排污许可执行报告、自主验收报告、排污许可证数据、环评数据或补充污染源监测数据等。污染源监测数据应采用满负荷工况下的监测数据或者换算至满负荷工况下的排放数据。

(3) 网格模型模拟所需的区域现状污染源排放清单调查按国家发布的清单编制相关技术

规范执行。污染源排放清单数据应采用近3年内国家或地方生态环境主管部门发布的包含人为源和天然源在内所有区域污染源清单数据。在国家或地方生态环境主管部门未发布污染源清单之前，可参照污染源清单编制指南自行建立区域污染源清单，并对污染源清单准确性进行验证分析。

第三节　大气环境影响预测

一、一般性要求与预测因子、范围、周期、模型

1. 一般性要求

一级评价项目应采用进一步预测模型开展大气环境影响预测与评价。

二级评价项目不进行进一步预测与评价，只对污染物排放量进行核算。

三级评价项目不进行进一步预测与评价。

2. 预测因子

预测因子根据评价因子而定，选取有环境质量标准的评价因子作为预测因子。

3. 预测范围

预测范围应覆盖评价范围，并覆盖各污染物短期浓度贡献值占标率大于10%的区域；对于经判定需预测二次污染物的项目，预测范围应覆盖$PM_{2.5}$年平均质量浓度贡献值占标率大于1%的区域；对于评价范围内包含环境空气功能区一类区的，预测范围应覆盖项目对一类区最大环境影响。

预测范围一般以项目厂址为中心，东西向为X坐标轴、南北向为Y坐标轴。

4. 预测周期

选取评价基准年作为预测周期，预测时段取连续1年；选用网格模型模拟二次污染物的环境影响时，预测时段应至少选取评价基准年1、4、7、10月。

5. 预测模型

（1）预测模型选择原则

一级评价项目应结合项目环境影响预测范围、预测因子及推荐模型的适用范围等选择空气质量模型。各推荐模型适用范围见表4-4。

当推荐模型适用性不能满足需要时，可选择适用的替代模型。

（2）预测模型选取的其他规定

当项目评价基准年内存在风速≤0.5m/s的持续时间超过72h或近20年统计的全年静风(风速≤0.2m/s)频率超过35%时，应采用CALPUFF模型进行进一步模拟。

当建设项目处于大型水体(海或湖)岸边3km范围内时，应首先采用估算模型判定是否会发生熏烟现象。如果存在岸边熏烟，并且估算的最大1h平均质量浓度超过环境质量标准，应采用CALPUFF模型进行进一步模拟。

（3）推荐模型使用要求

在使用推荐模型时，应按HJ 2.2—2018附录B要求提供污染源、气象、地形、地表参数等基础数据；环境影响预测模型所需气象、地形、地表参数等基础数据应优先使用国家发布的标准化数据；采用其他数据时，应说明数据来源、有效性及数据预处理方案。

表 4-4　推荐模型适用范围

模型名称	适用性	适用污染源	适用排放形式	推荐预测范围	适用污染物	输出结果	其他特性
AERSCREEN	用于评价等级及评价范围判定	点源（含火炬源）、面源（矩形或圆形）、体源	连续源	局地尺度（≤50km）	一次污染物、二次 $PM_{2.5}$（系数法）	短期浓度最大值及对应距离	可以模拟熏烟和建筑物下洗
AERMOD	用于进一步预测	点源（含火炬源）、面源、线源、体源	连续源、间断源			短期和长期平均质量浓度及分布	可以模拟建筑物下洗、干湿沉降
ADMS		点源、面源、线源、体源、网格源					可以模拟建筑物下洗、干湿沉降，包含街道窄谷模型
AUSTAL2000		烟塔合一源					可以模拟建筑物下洗
EDMS/AEDT		机场源					可以模拟建筑物下洗、干湿沉降
CALPUFF		点源、面源、线源、体源		城市尺度（50km 到几百 km）	一次污染物和二次 $PM_{2.5}$		可以用于特殊风场，包括长期静、小风和岸边熏烟
光化学网格模型（CMAQ 或类似模型）		网格源	连续源、间断源	区域尺度（几百 km）	一次污染物和二次 $PM_{2.5}$、O_3		网格化模型，可以模拟复杂化学反应及气象条件对污染物浓度的影响等

注：1. 生态环境部模型管理部门推荐的其他模型，按相应推荐模型适用情况进行选择。
2. 对光化学网格模型（CMAQ 或类似的模型），在应用前应根据应用案例提供必要的验证结果。

二、预测方法

采用推荐模型预测建设项目或规划项目对预测范围不同时段的大气环境影响。当建设项目或规划项目排放 SO_2、NO_x 及 VOCs 年排放量达到表 4-1 规定的量时，可按表 4-5 推荐的方法预测二次污染物。

表 4-5　二次污染物预测方法

污染物排放量/（t/a）		预测因子	二次污染物预测方法
建设项目	$SO_2+NO_x \geq 500$	$PM_{2.5}$	AERMOD/ADMS（系数法）或 CALPUFF（模型模拟法）
规划项目	$500 \leq SO_2+NO_x < 2000$	$PM_{2.5}$	AERMOD/ADMS（系数法）或 CALPUFF（模型模拟法）
	$SO_2+NO_x \geq 2000$	$PM_{2.5}$	网格模型（模型模拟法）
	NO_x+VOCs≥2000	O_3	网格模型（模型模拟法）

采用 AERMOD、ADMS 等模型模拟 $PM_{2.5}$ 时，需将模型模拟的 $PM_{2.5}$ 一次污染物的质量浓度，同步叠加按 SO_2、NO_2 等前体物转化比率估算的二次 $PM_{2.5}$ 质量浓度，得到 $PM_{2.5}$ 的贡献浓度。前体物转化比率可引用科研成果或有关文献，并注意地域的适用性。对于无法取得

SO_2、NO_2等前体物转化比率的，可取 φ_{SO_2}为 0.58、φ_{NO_2}为 0.44，按公式(4-3)计算二次 $PM_{2.5}$贡献浓度。

$$C_{二次PM_{2.5}} = \varphi_{SO_2} \times C_{SO_2} + \varphi_{NO_2} \times C_{NO_2} \tag{4-3}$$

式中 $C_{二次PM_{2.5}}$——二次 $PM_{2.5}$质量浓度，μg/m^3；

φ_{SO_2}、φ_{NO_2}——SO_2、NO_2浓度换算为 $PM_{2.5}$浓度的系数；

C_{SO_2}、C_{NO_2}——SO_2、NO_2的预测质量浓度，μg/m^3。

采用 CALPUFF 或网格模型预测 $PM_{2.5}$时，模拟输出的贡献浓度应包括一次 $PM_{2.5}$和二次 $PM_{2.5}$质量浓度的叠加结果。

对已采纳规划环评要求的规划所包含的建设项目，当工程建设内容及污染物排放总量均未发生重大变更时，建设项目环境影响预测可引用规划环评的模拟结果。

第四节 大气环境影响评价

一、评价内容

1. 达标区的评价项目

（1）项目正常排放条件下，预测环境空气保护目标和网格点主要污染物的短期浓度和长期浓度贡献值，评价其最大浓度占标率。

（2）项目正常排放条件下，预测评价叠加环境空气质量现状浓度后，环境空气保护目标和网格点主要污染物的保证率日平均质量浓度和年平均质量浓度的达标情况；对于项目排放的主要污染物仅有短期浓度限值的，评价其短期浓度叠加后的达标情况。如果是改建、扩建项目，还应同步减去“以新带老”污染源的环境影响。如果有区域削减项目，应同步减去削减源的环境影响。如果评价范围内还有其他排放同类污染物的在建、拟建项目，还应叠加在建、拟建项目的环境影响。

（3）项目非正常排放条件下，预测评价环境空气保护目标和网格点主要污染物的 1h 最大浓度贡献值及占标率。

2. 不达标区的评价项目

（1）项目正常排放条件下，预测环境空气保护目标和网格点主要污染物的短期浓度和长期浓度贡献值，评价其最大浓度占标率。

（2）项目正常排放条件下，预测评价叠加大气环境质量限期达标规划(简称“达标规划”)的目标浓度后，环境空气保护目标和网格点主要污染物保证率日平均质量浓度和年平均质量浓度的达标情况；对于项目排放的主要污染物仅有短期浓度限值的，评价其短期浓度叠加后的达标情况。如果是改建、扩建项目，还应同步减去“以新带老”污染源的环境影响。如果有区域达标规划之外的削减项目，应同步减去削减源的环境影响。如果评价范围内还有其他排放同类污染物的在建、拟建项目，还应叠加在建、拟建项目的环境影响。

（3）对于无法获得达标规划目标浓度场或区域污染源清单的评价项目，需评价区域环境质量的整体变化情况。

（4）项目非正常排放条件下，预测环境空气保护目标和网格点主要污染物的 1h 最大浓度贡献值，评价其最大浓度占标率。

3. 区域规划

(1) 预测评价区域规划方案中不同规划年叠加现状浓度后，环境空气保护目标和网格点主要污染物保证率日平均质量浓度和年平均质量浓度的达标情况；对于规划排放的其他污染物仅有短期浓度限值的，评价其叠加现状浓度后短期浓度的达标情况。

(2) 预测评价区域规划实施后的环境质量变化情况，分析区域规划方案的可行性。

4. 污染控制措施

对于达标区的建设项目，需按“前文中 1.(2)”要求预测评价不同方案主要污染物对环境空气保护目标和网格点的环境影响及达标情况，比较分析不同污染治理设施、预防措施或排放方案的有效性。

对于不达标区的建设项目，按“前文中 2.(2)”要求预测不同方案主要污染物对环境空气保护目标和网格点的环境影响，评价达标情况或评价区域环境质量的整体变化情况，比较分析不同污染治理设施、预防措施或排放方案的有效性。

5. 大气环境防护距离

对于项目厂界浓度满足大气污染物厂界浓度限值，但厂界外大气污染物短期贡献浓度超过环境质量浓度限值的，可以自厂界向外设置一定范围的大气环境防护区域，以确保大气环境防护区域外的污染物贡献浓度满足环境质量标准。

对于项目厂界浓度超过大气污染物厂界浓度限值的，应要求削减排放源强或调整工程布局，待满足厂界浓度限值后，再核算大气环境防护距离。大气环境防护距离内不应有长期居住的人群。

6. 不同评价对象或排放方案对应预测内容和评价具体要求

具体见表 4-6。

表 4-6 预测内容和评价要求

评价对象	污染源	污染源排放形式	预测内容	评价内容
达标区评价项目	新增污染源	正常排放	短期浓度 长期浓度	最大浓度占标率
	新增污染源 − “以新带老”污染源(如有) − 区域削减污染源(如有) + 其他在建、拟建污染源(如有)	正常排放	短期浓度 长期浓度	叠加环境质量现状浓度后的保证率日平均质量浓度和年平均质量浓度的占标率，或短期浓度的达标情况
	新增污染源	非正常排放	1h 平均质量浓度	最大浓度占标率
不达标区评价项目	新增污染源	非正常排放	短期浓度 长期浓度	最大浓度占标率
	新增污染源 − “以新带老”污染源(如有) − 区域削减污染源(如有) + 其他在建、拟建污染源(如有)	正常排放	短期浓度 长期浓度	叠加达标规划目标浓度后的保证率日平均质量浓度和年平均质量浓度的占标率，或短期浓度的达标情况；评价年平均质量浓度变化率
	新增污染源	非正常排放	1h 平均质量浓度	最大浓度占标率

续表

评价对象	污染源	污染源排放形式	预测内容	评价内容
区域规划	不同规划期/规划方案污染源	正常排放	短期浓度 长期浓度	保证率日平均质量浓度和年平均质量浓度的占标率，年平均质量浓度变化率
大气环境防护距离	新增污染源 − “以新带老”污染源(如有) + 项目全厂现有污染源	正常排放	短期浓度	大气环境防护距离

7. 评价方法

(1) 环境影响叠加

① 达标区环境影响叠加

预测评价项目建成后各污染物对预测范围的环境影响，应用本项目的贡献浓度，叠加(减去)区域削减污染源以及其他在建、拟建项目污染源环境影响，并叠加环境质量现状浓度。计算方法见式(4-4)。

$$C_{叠加(x,y,t)} = C_{本项目(x,y,t)} - C_{区域削减(x,y,t)} + C_{拟在建(x,y,t)} + C_{现状(x,y,t)} \quad (4-4)$$

式中 $C_{叠加(x,y,t)}$——在 t 时刻，预测点(x，y)叠加各污染源及现状浓度后的环境质量浓度，$\mu g/m^3$；

$C_{本项目(x,y,t)}$——在 t 时刻，本项目对预测点(x，y)的贡献浓度，$\mu g/m^3$；

$C_{区域削减(x,y,t)}$——在 t 时刻，区域削减污染源对预测点(x，y)的贡献浓度，$\mu g/m^3$；

$C_{现状(x,y,t)}$——在 t 时刻，预测点(x，y)的环境质量现状浓度，$\mu g/m^3$，按环境空气保护目标及网格点环境质量现状浓度计算方法计算；

$C_{拟在建(x,y,t)}$——在 t 时刻，其他在建、拟建项目污染源对预测点(x，y)的贡献浓度，$\mu g/m^3$。

其中本项目预测的贡献浓度除新增污染源环境影响外，还应减去“以新带老”污染源的环境影响，计算方法见式(4-5)。

$$C_{本项目(x,y,t)} = C_{新增(x,y,t)} - C_{以新带老(x,y,t)} \quad (4-5)$$

式中 $C_{新增(x,y,t)}$——在 t 时刻，本项目新增污染源对预测点(x，y)的贡献浓度，$\mu g/m^3$；

$C_{以新带老(x,y,t)}$——在 t 时刻，“以新带老”污染源对预测点(x，y)的贡献浓度，$\mu g/m^3$。

② 不达标区环境影响叠加

对于不达标区的环境影响评价，应在各预测点上叠加达标规划中达标年的目标浓度，分析达标规划年的保证率日平均质量浓度和年平均质量浓度的达标情况。叠加方法可以用达标规划方案中的污染源清单参与影响预测，也可直接用达标规划模拟的浓度场进行叠加计算。计算方法见式(4-6)。

$$C_{叠加(x,y,t)} = C_{本项目(x,y,t)} - C_{区域削减(x,y,t)} + C_{拟在建(x,y,t)} + C_{规划(x,y,t)} \quad (4-6)$$

式中 $C_{规划(x,y,t)}$——在 t 时刻，预测点(x，y)的达标规划年目标浓度，$\mu g/m^3$。

(2) 保证率日平均质量浓度

对于保证率日平均质量浓度，首先按(1)中①或②的方法计算叠加后预测点上的日平均质量浓度，然后对该预测点所有日平均质量浓度从小到大进行排序，根据各污染物日平均质量浓度的保证率(p)，计算排在 p 百分位数的第 m 个序数，序数 m 对应的日平均质量浓度即为保证率日平均浓度 C_m。

其中序数 m 计算方法见式(4-7)。

$$m=1+(n-1)\times p \tag{4-7}$$

式中 p——该污染物日平均质量浓度的保证率，按 HJ 663 规定的对应污染物年评价中 24h 平均百分位数取值,%；

n——1 个日历年内单个预测点上的日平均质量浓度的所有数据个数，个；

m——百分位数 p 对应的序数(第 m 个)，向上取整数。

(3) 浓度超标范围

以评价基准年为计算周期，统计各网格点的短期浓度或长期浓度的最大值，所有最大浓度超过环境质量标准的网格，即为该污染物浓度超标范围。超标网格的面积之和即为该污染物的浓度超标面积。

(4) 区域环境质量变化评价

当无法获得不达标区规划达标年的区域污染源清单或预测浓度场时，也可评价区域环境质量的整体变化情况。按公式(4-8)计算实施区域削减方案后预测范围的年平均质量浓度变化率 k。当 $k\leqslant-20\%$时，可判定项目建设后区域环境质量得到整体改善。

$$k=[\overline{C}_{本项目(a)}-\overline{C}_{区域削减(a)}]/\overline{C}_{区域削减(a)}\times100\% \tag{4-8}$$

式中 k——预测范围年平均质量浓度变化率,%；

$\overline{C}_{本项目(a)}$——本项目对所有网格点的年平均质量浓度贡献值的算术平均值，$\mu g/m^3$；

$\overline{C}_{区域削减(a)}$——区域削减污染源对所有网格点的年平均质量浓度贡献值的算术平均值，$\mu g/m^3$。

(5) 大气环境防护距离确定

在确定大气环境防护距离时，需采用进一步预测模型模拟评价(基准年内)项目所有污染源(改建、扩建项目应包括全厂现有污染源)对厂界外(厂界外预测网格分辨率不应超过50m)主要污染物的短期贡献浓度分布，在底图上标注从厂界起所有超过环境质量短期浓度标准值的网格区域，以自厂界起至超标区域的最远垂直距离作为大气环境防护距离。

(6) 污染控制措施有效性分析与方案比选

达标区建设项目选择大气污染治理设施、预防措施或多方案比选时，应综合考虑成本和治理效果，选择最佳可行技术方案，保证大气污染物能够达标排放，并使环境影响可以接受。

不达标区建设项目选择大气污染治理设施、预防措施或多方案比选时，应优先考虑治理效果，结合达标规划和替代源削减方案的实施情况，在只考虑环境因素的前提下选择最优技术方案，保证大气污染物达到最低排放强度和排放浓度，并使环境影响可以接受。

(7) 污染物排放量核算

污染物排放量核算包括本项目的新增污染源及改建、扩建污染源(如有)。

根据最终确定的污染治理设施、预防措施及排污方案，确定本项目所有新增及改建、扩建污染源大气排污节点、排放污染物、污染治理设施与预防措施以及大气排放口基本情况。

项目各排放口排放大气污染物的核算排放浓度、排放速率及污染物年排放量，应为通过环境影响评价，并且环境影响评价结论为可接受时对应的各项排放参数。

项目大气污染物年排放量包括项目各有组织排放源和无组织排放源在正常排放条件下的预测排放量之和。污染物年排放量按公式(4-9)计算。

$$E_{年排放} = \sum_{i=1}^{n}(M_{i有组织} \times H_{i有组织})/1000 + \sum_{j=1}^{m}(M_{j无组织} \times H_{j无组织})/1000 \quad (4-9)$$

式中 $E_{年排放}$——项目年排放量，t/a；

$M_{i有组织}$——第 i 个有组织排放源排放速率，kg/h；

$H_{i有组织}$——第 i 个有组织排放源年有效排放小时数，h/a；

$M_{j无组织}$——第 j 个无组织排放源排放速率，kg/h；

$H_{j无组织}$——第 j 个无组织排放源全年有效排放小时数，h/a。

本项目各排放口非正常排放量核算，应结合非正常排放预测结果(环境空气保护目标和网格点主要污染物的1h最大浓度贡献值及最大浓度占标率)，优先提出相应的污染控制与减缓措施。当出现1h平均质量浓度贡献值超过环境质量标准时，应提出减少污染排放直至停止生产的相应措施，列出发生非正常排放的污染源、非正常排放原因、排放污染物、非正常排放浓度与排放速率、单次持续时间、年发生频次及应对措施等。

二、评价结果表达

(1) 基本信息底图：项目所在区域相关地理信息的底图，至少应包括评价范围内的环境功能区划、环境空气保护目标、项目位置、监测点位，以及图例、比例尺、基准年风频玫瑰图等要素。

(2) 项目基本信息图：在基本信息底图上标示项目边界、总平面布置、大气排放口位置等信息。

(3) 达标评价结果表：列表给出各环境空气保护目标及网格最大浓度点主要污染物现状浓度、贡献浓度、叠加现状浓度后保证率日平均质量浓度和年平均质量浓度、占标率、是否达标等评价结果。

(4) 网格浓度分布图：包括叠加现状浓度后主要污染物保证率日平均质量浓度分布图和年平均质量浓度分布图；网格浓度分布图的图例间距一般按相应标准值的5%~100%进行设置，如果某种污染物环境空气质量超标，还需在评价报告及浓度分布图上标示超标范围与超标面积，以及与环境空气保护目标的相对位置关系等。

(5) 大气环境防护区域图：在项目基本信息图上沿出现超标的厂界外延，按大气环境防护距离所包括的范围，作为本项目的大气环境防护区域，大气环境防护区域应包含自厂界起连续的超标范围。

(6) 污染治理设施、预防措施及方案比选结果表：列表对比不同污染控制措施及排放方案对环境的影响，评价不同方案的优劣。

(7) 污染物排放量核算表：包括有组织及无组织排放量、大气污染物年排放量、非正常排放量等。

一级评价应包括(1)~(7)的内容，二级评价一般应包括(1)、(2)及(7)的内容。

三、环境监测计划

1. 一般性要求

根据项目大气环境影响评价结论，评价工作需要对项目运营后的日常监测提出要求，参照《排污单位自行监测技术指南—总则》(HJ 819—2017)要求并按照不同评价等级项目，提出如下一般性要求：

一级评价项目提出项目在生产运行阶段的污染源监测计划和环境质量监测计划；二级评价项目提出项目在生产运行阶段的污染源监测计划；三级评价项目适当简化环境监测计划。

2. 污染源监测计划

按照 HJ 819、HJ 942，以及各行业排污单位自行监测技术指南及排污许可证申请与核发技术规范执行；污染源监测计划应明确监测点位、监测指标、监测频次、执行排放标准。自行监测计划见表 4-7~表 4-9。

表 4-7 有组织废气监测方案

监测点位	监测指标	监测频次	执行排放标准

表 4-8 无组织废气监测计划表

监测点位	监测指标	监测频次	执行排放标准

表 4-9 环境质量监测计划表

监测点位	监测指标	监测频次	执行环境质量标准

3. 环境质量监测计划

筛选项目排放污染物 $P_i \geq 1\%$ 的其他污染物作为环境质量监测因子，环境质量监测点位一般在项目厂界或大气环境防护距离(如有)外侧设置 1~2 个监测点。

各监测因子的环境质量每年至少监测一次，监测时段选择污染较重的季节进行现状监测，补充监测应至少取得 7d 有效数据；对于部分无法进行连续监测的其他污染物，可监测其一次空气质量浓度，监测时次应满足所用评价标准的取值时间要求。

新建 10km 及以上的城市快速路、主干路等城市道路项目，应在道路沿线设置至少 1 个路边交通自动连续监测点，监测项目包括道路交通源排放的基本污染物。

四、大气环境影响评价结论与建议

1. 大气环境影响评价结论

(1) 达标区域的建设项目环境影响评价，当同时满足以下条件时，则认为环境影响可以接受。

① 新增污染源正常排放下污染物短期浓度贡献值的最大浓度占标率≤100%；

② 新增污染源正常排放下污染物年均浓度贡献值的最大浓度占标率≤30%(其中一类区≤10%)；

③ 项目环境影响符合环境功能区划。叠加现状浓度、区域削减污染源以及在建、拟建项目的环境影响后，主要污染物的保证率日平均质量浓度和年平均质量浓度均符合环境质量

标准；对于项目排放的主要污染物仅有短期浓度限值的，叠加后的短期浓度符合环境质量标准。

（2）不达标区域的建设项目环境影响评价，当同时满足以下条件时，则认为环境影响可以接受。

① 达标规划未包含的新增污染源建设项目，需另有替代源的削减方案；

② 新增污染源正常排放下污染物短期浓度贡献值的最大浓度占标率≤100%；

③ 新增污染源正常排放下污染物年均浓度贡献值的最大浓度占标率≤30%（其中一类区≤10%）；

④ 项目环境影响符合环境功能区划或满足区域环境质量改善目标。现状浓度超标的污染物评价，叠加达标年目标浓度、区域削减污染源以及在建、拟建项目的环境影响后，污染物的保证率日平均质量浓度和年平均质量浓度均符合环境质量标准或满足达标规划确定的区域环境质量改善目标，或按本节“一、7.（4）”计算的预测范围内年平均质量浓度变化率 $k \leqslant -20\%$；对于现状达标的污染物评价，叠加后污染物浓度符合环境质量标准；对于项目排放的主要污染物仅有短期浓度限值的，叠加后的短期浓度符合环境质量标准。

（3）区域规划的环境影响评价，当主要污染物的保证率日平均质量浓度和年平均质量浓度均符合环境质量标准，对于主要污染物仅有短期浓度限值的，叠加后的短期浓度符合环境质量标准时，则认为区域规划环境影响可以接受。

2. 污染控制措施可行性及方案比选结果

（1）大气污染治理设施与预防措施必须保证污染源排放以及控制措施均符合排放标准的有关规定，满足经济、技术可行性。

（2）从项目选址选线、污染源的排放强度与排放方式、污染控制措施技术与经济可行性等方面，结合区域环境质量现状及区域削减方案、项目正常排放及非正常排放下大气环境影响预测结果，综合评价治理设施、预防措施及排放方案的优劣，并对存在的问题（如果有）提出解决方案。经对解决方案进行进一步预测和评价比选后，给出大气污染控制措施可行性建议及最终的推荐方案。

3. 大气环境防护距离

（1）根据大气环境防护距离计算结果，并结合厂区平面布置图，确定项目大气环境防护区域。若大气环境防护区域内存在长期居住的人群，应给出相应优化调整项目选址、布局或搬迁的建议。

（2）项目大气环境防护区域之外，大气环境影响评价结论应符合 1 中规定的相关要求。

4. 污染物排放量核算结果

（1）环境影响评价结论是环境影响可接受的，根据环境影响评价审批内容和排污许可证申请与核发所需表格要求，明确给出污染物排放量核算结果表。

（2）评价项目完成后污染物排放总量控制指标能否满足环境管理要求，并明确总量控制指标的来源和替代源的削减方案。

5. 大气环境影响评价自查表

大气环境影响评价完成后，应对大气环境影响评价主要内容与结论进行自查。建设项目大气环境影响评价自查表见表 4-10。

表 4-10　建设项目大气环境影响评价自查表

工作内容		自查项目						
	评价等级	一级 □	二级 □	三级 □				
	评价范围	边长=50km □	边长 5~50km □	边长=5km □				
	SO_2+NO_x排放量	≥2000t/a □	500~2000t/a □	<500t/a □				
	评价因子	基本污染物(　　　) 其他污染物(　　　)	包括二次 $PM_{2.5}$□ 不包括二次 $PM_{2.5}$□					
评价标准	评价标准	国家标准 □	地方标准 □	附录 D □	其他标准 □			
现状评价	环境功能区	一类区 □	二类区 □	一类区和二类区 □				
现状评价	评价基准年	(　　)年						
现状评价	环境空气质量现状调查数据来源	长期例行监测数据 □	主管部门发布的数据 □	现状补充监测 □				
现状评价	现状评价	达标区 □	不达标区 □					
污染源调查	调查内容	本项目正常排放源 □ 本项目非正常排放源 □ 现有污染源 □	拟替代的污染源□	其他在建、拟建项目污染源 □	区域污染源 □			
大气环境影响预测与评价	预测模型	AERMOD □	ADMS □	AUSTAL2000 □	EDMS/AEDT □	CALPUFF □	网格模型 □	其他 □
大气环境影响预测与评价	预测范围	边长≥50km □	边长 5~50km □	边长=5km □				
大气环境影响预测与评价	预测因子	预测因子(　　　)	包括二次 $PM_{2.5}$□ 不包括二次 $PM_{2.5}$□					
大气环境影响预测与评价	正常排放短期浓度贡献值	$C_{本项目}$最大占标率≤100% □	$C_{本项目}$最大占标率>100% □					
大气环境影响预测与评价	正常排放年均浓度贡献值	一类区	$C_{本项目}$最大占标率≤10% □	C 本项目最大占标率>10% □				
大气环境影响预测与评价		二类区	$C_{本项目}$最大占标率≤30% □	C 本项目最大占标率>30% □				
大气环境影响预测与评价	非正常排放 1h 浓度贡献值	非正常持续时长(　)h	$C_{非正常}$最大占标率≤100% □	$C_{非正常}$最大占标率>100% □				
大气环境影响预测与评价	保证率日平均浓度和年平均浓度叠加值	$C_{叠加}$达标 □	$C_{叠加}$不达标 □					
大气环境影响预测与评价	区域环境质量的整体变化情况	k≤-20% □	k>-20% □					
环境监测计划	污染源监测	监测因子：(　　)	有组织废气监测 □ 无组织废气监测 □	无监测 □				
环境监测计划	环境质量监测	监测因子：(　　)	监测点位数(　　)	无监测 □				
	环境影响	可以接受 □　不可以接受 □						
	大气环境防护距离	距(　　)厂界最远(　　)m						
	污染源年排放量	SO_2：(　)t/a	NO_x：(　)t/a	颗粒物：(　)t/a	VOCs：(　)t/a			

注："□"为勾选项，填"√"；"( )"为内容填写项

第五节　案例分析

一、项目概况

（1）项目名称：某市新建生活垃圾焚烧发电项目

（2）建设规模及内容：本项目垃圾处理总规模为750t/d，分两期建设，其中一期处理规模500t/d，配置1台500t/d机械炉排焚烧炉和1台12MW纯凝式汽轮发电机组，二期处理规模250t/d，配置1台250t/d机械炉排焚烧炉和1台6MW纯凝式汽轮发电机组；同时配套烟气净化系统、污水处理系统和飞灰稳定物填埋区等环保设施。焚烧主厂区土建、公辅设施以及飞灰稳定物填埋区按750t/d处理规模一次性建成，预留二期一条250t/d焚烧线、汽轮发电机组以及烟气净化系统安装位置。厂区总平面如图4-4所示，工艺流程如图4-5所示。

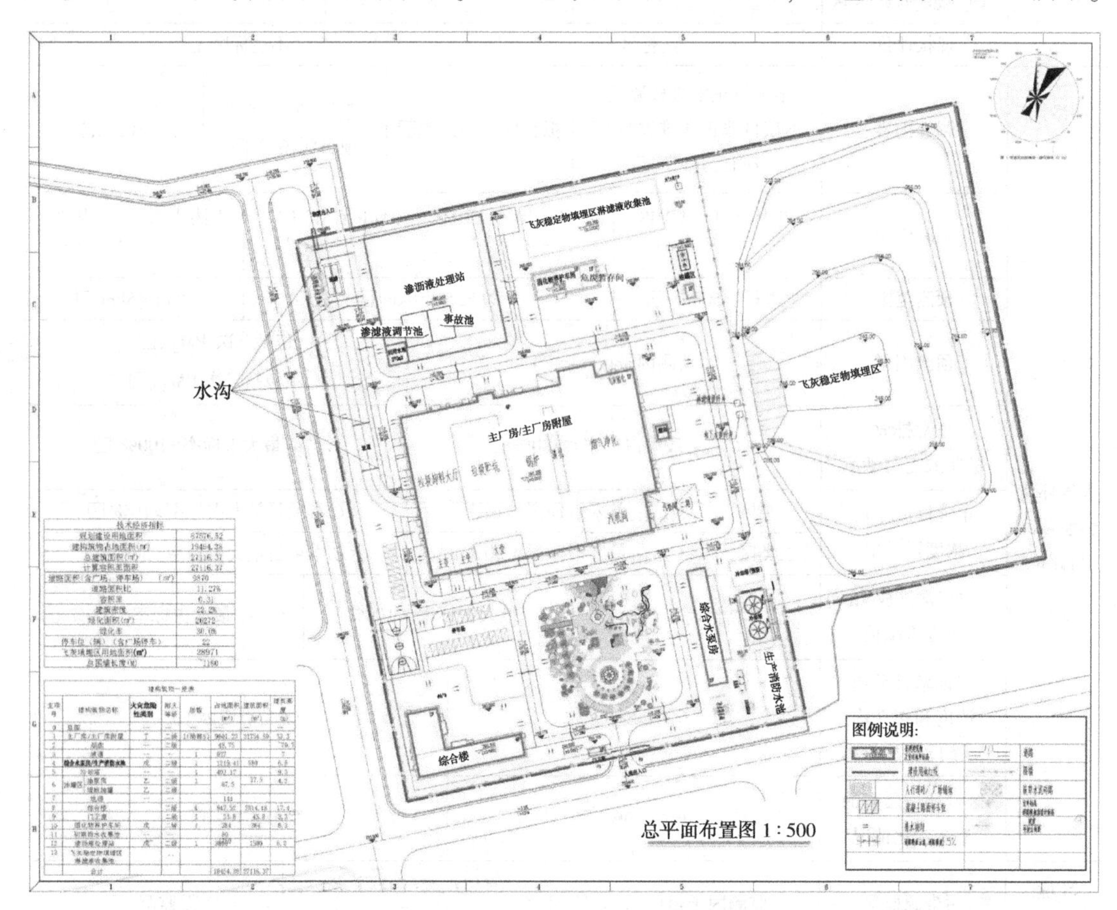

图4-4　厂区总平面布置图

二、工程分析（大气污染物源强核算）

1．正常工况下烟气污染物排放源强

本项目一期配置1台500t/d焚烧炉，二期增设1台250t/d焚烧炉。焚烧炉一期规模满负荷运行时的设计排放烟气量为115200Nm³/h，二期烟气量为57540Nm³/h，总规模烟气量172740Nm³/h。年排放量按8000h运行时间核算。

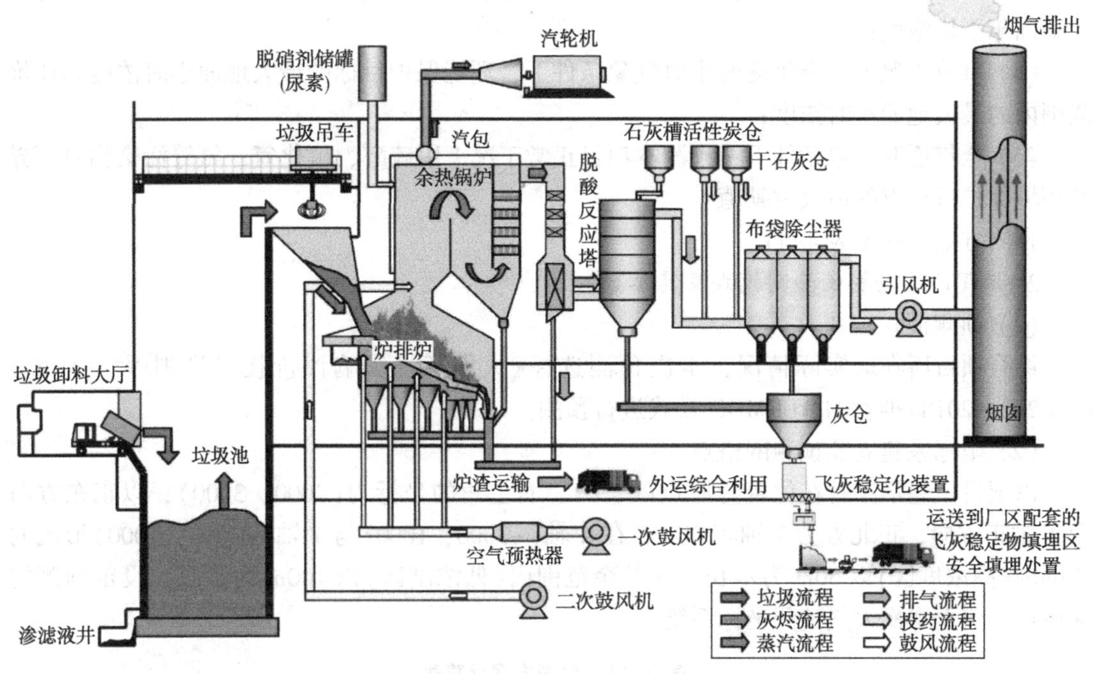

图 4-5　工艺流程示意图

2. 无组织污染物源强核算

略。

3. 非正常工况大气污染源分析

根据《生活垃圾焚烧污染控制标准》(GB 18485—2014)对焚烧炉提出的运行要求，结合项目实际情况，非正常工况主要包括以下 4 个方面：①焚烧炉启动(升温)过程，即从冷状态到烟气处理系统正常运行的升温过程，大约需要耗时 3 个小时；②焚烧炉关闭(熄火)过程，历时数小时；③焚烧炉低负荷(低于 70%)运行；④焚烧炉 110%负荷运行工况。

具体分析过程略。

4. 事故工况大气污染源分析

略。

三、环境空气影响预测与评价

1. 烟气污染预测影响评价

根据前面的工程分析可知，该项目烟气污染物主要来自于垃圾焚烧的烟气，主要大气污染因子有 SO_2、NO_2、HCl、PM_{10}、重金属(Hg、Cd、Pb)和二噁英等，根据各因子的等标排放量及受关注程度，从保守角度出发，本评价选取 SO_2、NO_2、HCl、PM_{10}、重金属(Hg、Cd、Pb)和二噁英作为预测计算因子。预测内容包括：

(1) 正常工况、非正常工况(焚烧炉 110%负荷)全年逐时小时气象条件下，环境保护目标、网格点处的地面浓度和评价范围内的最大地面小时浓度；

(2) 正常工况、非正常工况(焚烧炉 110%负荷)全年逐日气象条件下，环境保护目标、网格点处的地面浓度和评价范围内的最大地面日平均浓度；

(3) 正常工况长期气象条件下，环境保护目标、网格点处的地面浓度和评价范围内的最大地面年平均浓度；

(4) 事故工况下，全年逐时小时气象条件下，环境保护目标的最大地面小时浓度和评价范围内的最大地面小时浓度；

(5) 全年逐时气象条件下，预测本项目正常工况下甲硫醇、硫化氢、氨等污染物对厂界及环境保护目标点的最大贡献值。

预测方案具体见表 4-11。

2. 烟气污染物影响预测模式及其参数

(1) 预测模式

结合项目所在地实际情况，本次预测选择《大气环境影响评价技术导则 大气环境》(HJ 2.2—2018)推荐的 AERMOD 模式进行预测。

(2) 坐标系建立及预测网格点

以项目拟建烟囱所在位置为原点(0，0)，右上角的坐标为(3000，3000)，以正东方向为 X 轴正方向，正北方为 Y 轴正方向，在 X 轴(-3000，1000)与 Y 轴(-3000，1000)形成的范围内(高浓度区)以 50m 为步长，在其余范围内(低浓度区)以 100m 为步长，设定预测的网格点，建立本次大气预测坐标系统。

表 4-11 预测方案计算表

序号	评价因子	预测区域	气象参数	输出浓度	计算点
1	SO_2	以烟囱为中心点(原点)，边长 6km 的矩形范围	2016 年逐日逐时气象资料	1h 平均浓度、24h 平均浓度、年平均浓度	各环境保护目标点及网格点，X 轴(-3000，1000)与 Y 轴(-3000，1000)形成的范围内(高浓度区)以 50m 为步长，其余范围内(低浓度区)以 100m 为步长。
	NO_2				
2	HCl			1h 平均浓度、24h 平均浓度	
3	PM_{10}			24h 平均浓度、年平均浓度	
	Pb				
	Hg				
	Cd				
	二噁英类				
4	甲硫醇			一次最大浓度	厂界及环境保护目标点
	硫化氢				
	氨				

(3) 排放源参数

根据工程分析结果，本项目预测排放源强见表 4-12。

表 4-12 烟囱参数及烟气污染物源强

项目		符号	单位	参数	
烟囱参数	烟囱高度	H_s	m	80	
	烟囱口径(等效)	D	m	2.5	
	烟气出口温度	T_s	℃	150	
	环境平均温度	T_a	℃	23	
烟气量	预测因子	符合	单位	h 均值	24h 均值

续表

项目		符号	单位	参数	
正常工况 烟气量 172740Nm³/h	二氧化硫	SO_2	kg/h	17.27	13.82
	氮氧化物	NO_x	kg/h	43.19	34.55
	氯化氢	HCl	kg/h	10.36	8.64
	烟尘	PM_{10}	kg/h	5.18	3.45
	铅	Pb	kg/h	—	0.17
	镉	Cd	kg/h	—	0.0086
	汞	Hg	kg/h	—	0.0086
	二噁英类	PCDD	mgTEQ/h	—	0.017
非正常工况 烟气量 190014Nm³/h	二氧化硫	SO_2	kg/h	19	15.2
	氮氧化物	NO_x	kg/h	47.5	38
	氯化氢	HCl	kg/h	11.4	9.5
	烟尘	PM_{10}	kg/h	5.7	3.8
	铅	Pb	kg/h	—	0.19
非正常工况 烟气量 190014Nm³/h	镉	Cd	kg/h	—	0.01
	汞	Hg	kg/h	—	0.01
	二噁英类	PCDD	mgTEQ/h	—	0.019
事故工况 烟气量 172740Nm³/h	二氧化硫	SO_2	kg/h	28.79	—
	氮氧化物	NO_x	kg/h	60.47	—
	氯化氢	HCl	kg/h	26.49	—
	烟尘	PM_{10}	kg/h	8.64	—
	铅	Pb	kg/h	0.29	—
	镉	Cd	kg/h	0.014	—
	汞	Hg	kg/h	0.014	—
	二噁英类	PCDD	mgTEQ/h	0.029	—
垃圾卸料大厅 （66m×24m×10.65m）	硫化氢	H_2S	kg/h	0.00064	
	氨	NH_3	kg/h	0.00982	
	甲硫醇	CH_4S	kg/h	0.000016	
渗滤液调节池 （16.2m×10.15m×7m）	氨	NH_3	kg/h	0.00353	

注：从保守角度考虑，Pb 和 Cd 的排放源强分别按排放组合源强中的 100%考虑，预测分析 Pb 和 Cd 排放可能存在的最大不利影响。

3. 正常工况下烟气污染物影响预测结果分析与评价

在正常工况下，项目产生的烟气污染物的扩散浓度预测包括了 1h 平均浓度、24h 平均浓度和年平均浓度。

（1）1h 平均浓度

预测区域网格点的最大 1h 平均浓度预测贡献值的前十名预测结果见表 4-13，区域网格预测点最大 1h 平均浓度预测贡献值分布见图 4-6~图 4-8。

表 4-13　正常工况烟气污染物最大 1 小时平均浓度预测分析

污染物	序号	坐标（x，y）		出现时间/yymmddhh	贡献值/（μg/m³）	贡献值占标率/%	本底值/（μg/m³）	叠加值/（μg/m³）	叠加值占标率/%
SO_2	1	-2250	-2800	16091722	36.89	7.38	10	46.89	9.38
	2	-2250	-2800	16111906	36.48	7.30	10	46.48	9.30
	3	-2250	-2800	16111305	36.41	7.28	10	46.41	9.28
	4	-2250	-2800	16071602	36.39	7.28	10	46.39	9.28
	5	-2200	-2800	16122120	36.13	7.23	10	46.13	9.23
	6	-2300	-2800	16100319	36.06	7.21	10	46.06	9.21
	7	-2250	-2800	16091621	36.03	7.21	10	46.03	9.21
	8	-2200	-2800	16091621	35.94	7.19	10	45.94	9.19
	9	-2200	-2800	16112201	35.89	7.18	10	45.89	9.18
	10	-2300	-2850	16091722	35.89	7.18	10	45.89	9.18
NO_2	1	-1700	-750	16012009	17.35	8.68	14	31.35	15.68
	2	-1650	-800	16012009	17.19	8.60	14	31.19	15.60
	3	-1700	-800	16012009	17.16	8.58	14	31.16	15.58
	4	-1650	-750	16012009	17.15	8.58	14	31.15	15.58
	5	-1800	-550	16012009	17.09	8.55	14	31.09	15.55
	6	-1800	-500	16012009	16.97	8.49	14	30.97	15.49
	7	-1800	-600	16012009	16.95	8.48	14	30.95	15.48
	8	-1750	-750	16012009	16.94	8.47	14	30.94	15.47
	9	-1750	-700	16012009	16.92	8.46	14	30.92	15.46
	10	-1758	-626	16012009	16.9	8.45	14	30.9	15.45
HCl	1	-2200	-2800	16122120	24.98	49.96	15	39.98	79.96
	2	-2250	-2850	16122120	24.51	49.02	15	39.51	79.02
	3	-2200	-2800	16121822	24.38	48.76	15	39.38	78.76
	4	-2250	-2800	16091722	24.35	48.70	15	39.35	78.70
	5	-2250	-2800	16091621	24.27	48.54	15	39.27	78.54
	6	-2200	-2800	16091621	24.19	48.38	15	39.19	78.38
	7	-2200	-2800	16112201	24.16	48.32	15	39.16	78.32
	8	-2250	-2850	16091621	24.13	48.26	15	39.13	78.26
	9	-2250	-2800	16111906	24.08	48.16	15	39.08	78.16
	10	-2250	-2850	16112201	24.07	48.14	15	39.07	78.14

由表4-13可知，采用气象站2016年连续一年的逐时、逐次的常规气象观测资料，以及环境工程评估中心重点实验室对项目所在区域的模拟数据作为高空气象资料，对正常工况下排放的主要烟气污染物在评价区域的最大1h平均浓度预测结果分析如下：

① SO_2最大1h平均浓度预测贡献值为36.89μg/m³，占标率为7.38%，叠加本底值后最大1h平均浓度叠加值为46.89μg/m³，占标率为9.38%。

② NO_2最大1h平均浓度预测贡献值为17.35μg/m³，占标率为8.68%，叠加本底值后最大1h平均浓度叠加值为31.35μg/m³，占标率为15.68%。

③ HCl最大1h平均浓度预测贡献值为24.98μg/m³，占标率为49.96%，叠加本底值后最大1h平均浓度叠加值为39.98μg/m³，占标率为79.96%。

由上分析可以看出，正常工况下排放的主要烟气污染物的最大1h平均浓度贡献值占标率均较低，在叠加区域本底值后，预测区域各污染物的预测结果均满足其对应执行的标准限值要求，没有出现超标现象。

（2）24h平均浓度预测分析

略。

（3）年平均浓度预测分析

略。

4. 非正常工况

略。

5. 事故工况

略。

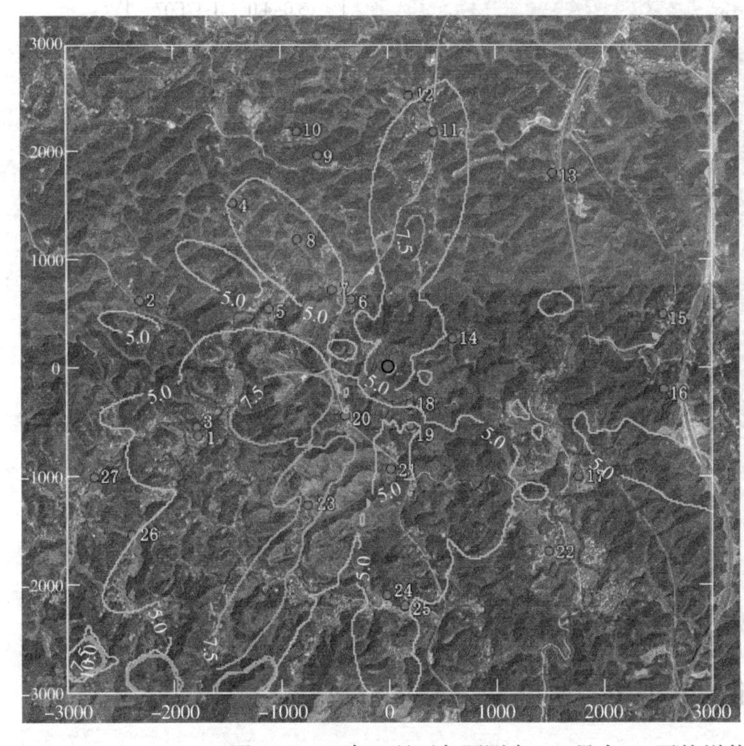

序号	名称	序号	名称
1	三南村	15	大垌
2	长塘	16	亚耕田
3	朱砂镇三南小学	17	贺垌村
4	石印村	18	大庆田
5	石龙片区	19	亚栭
6	瓦屋	20	上龙耕
7	石南	21	下龙耕
8	对面埇	22	池洞贺垌小学
9	长尾埇	23	小龙耕
10	亚婆塘	24	新垌村
11	龙埠村	25	池洞新垌小学
12	朱砂镇龙埠小学	26	水湾田
13	里五村	27	大山坳
14	大坪坳		

图4-6 正常工况下各预测点SO_2最大1h平均增值浓度分布图

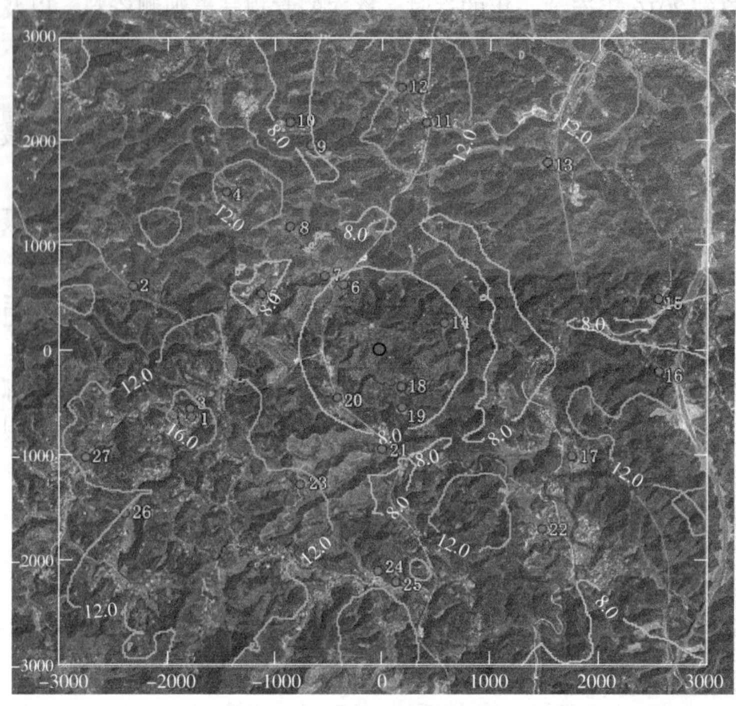

浓度μg/m³　面积m²

8.0~12.0　2.29E07

12.0~16.0　8.45E06

>16.0　1.64E05

最大值:1.7400E+01

● 敏感点

● 烟囱

序号	名称	序号	名称
1	三南村	15	大垌
2	长塘	16	亚耕田
3	朱砂镇三南小学	17	贺垌村
4	石印村	18	大庆田
5	石龙片区	19	亚柄
6	瓦屋	20	上龙耕
7	石南	21	下龙耕
8	对面埇	22	池洞贺垌小学
9	长尾埇	23	小龙耕
10	亚婆塘	24	新垌村
11	龙埠村	25	池洞新垌小学
12	朱砂镇龙埠小学	26	水湾田
13	里五村	27	大山坳
14	大坪坳		

图 4-7　正常工况下各预测点 NO_2最大 1h 平均增值浓度分布图

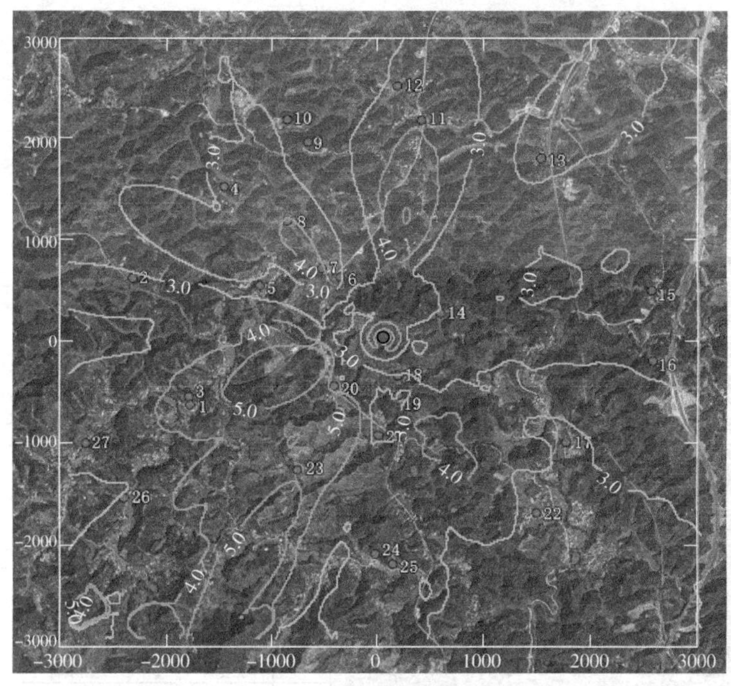

浓度μg/m³　面积m²

3.0~4.0　1.47E07

4.0~5.0　3.44E06

>5.0　1.57E06

最大值:2.5000E+01

● 敏感点

● 烟囱

序号	名称	序号	名称
1	三南村	15	大垌
2	长塘	16	亚耕田
3	朱砂镇三南小学	17	贺垌村
4	石印村	18	大庆田
5	石龙片区	19	亚柄
6	瓦屋	20	上龙耕
7	石南	21	下龙耕
8	对面埇	22	池洞贺垌小学
9	长尾埇	23	小龙耕
10	亚婆塘	24	新垌村
11	龙埠村	25	池洞新垌小学
12	朱砂镇龙埠小学	26	水湾田
13	里五村	27	大山坳
14	大坪坳		

图 4-8　正常工况下各预测点 HCl 最大 1h 平均增值浓度分布图

四、环境保护目标影响预测评价

1. 正常工况影响分析

正常工况下烟气污染物排放对各环境保护目标的最大增值浓度预测结果具体见表 4-14。

表 4-14　正常工况下各环境保护目标的最大 1h 平均浓度预测分析表

指标	序号	敏感点	贡献值/（μg/m³）	贡献值占标率/%	本底值/（μg/m³）	叠加值/（μg/m³）	叠加值占标率/%	出现时刻/yymmddhh
SO_2	1	三南村	6. 54	1. 31	18	24. 54	4. 91	16012009
	2	长塘	4. 68	0. 94	18	22. 68	4. 54	16120309
	3	三南小学	6. 62	1. 32	18	24. 62	4. 92	16012009
	4	石印村	5. 08	1. 02	16	21. 08	4. 22	16012811
	5	石龙片区	4. 27	0. 85	16	20. 27	4. 05	16071807
	6	瓦屋	4. 28	0. 86	16	20. 28	4. 06	16081913
	7	石南	6. 06	1. 21	16	22. 06	4. 41	16012811
	8	对面埇	6. 12	1. 22	16	22. 12	4. 42	16012811
	9	长尾埇	3. 11	0. 62	18	21. 11	4. 22	16030409
	10	亚婆塘	3. 57	0. 71	18	21. 57	4. 31	16022108
	11	龙埠村	5. 63	1. 13	18	23. 63	4. 73	16122509
	12	龙埠小学	4. 81	0. 96	18	22. 81	4. 56	16122509
	13	里五村	4. 32	0. 86	18	22. 32	4. 46	16021808
	14	大坪坳	4. 47	0. 89	21	25. 47	5. 09	16030810
	15	大垌	3. 52	0. 70	17	20. 52	4. 10	16012609
	16	亚耕田	3. 52	0. 70	17	20. 52	4. 10	16052707
	17	贺垌村	4. 01	0. 80	17	21. 01	4. 20	16022209
	18	大庆田	4. 91	0. 98	21	25. 91	5. 18	16020713
	19	亚楠	4. 82	0. 96	21	25. 82	5. 16	16020714
	20	上龙耕	4. 97	0. 99	21	25. 97	5. 19	16031309
	21	下龙耕	3. 96	0. 79	21	24. 96	4. 99	16012210
	22	贺垌小学	3. 86	0. 77	17	20. 86	4. 17	16121209
	23	小龙耕	7. 74	1. 55	21	28. 74	5. 75	16012209
	24	新垌村	5. 5	1. 10	18	23. 5	4. 70	16011609
	25	新垌小学	5. 18	1. 04	18	23. 18	4. 64	16011609
	26	水湾田	4. 92	0. 98	18	22. 92	4. 58	16020308
	27	大山坳	4. 35	0. 87	18	22. 35	4. 47	16012009
NO_2	1	三南村	16. 90	8. 45	26	42. 90	21. 45	16012009
	2	长塘	10. 94	5. 47	26	36. 94	18. 47	16070107
	3	三南小学	16. 88	8. 44	26	42. 88	21. 44	16012009
	4	石印村	12. 58	6. 29	23	35. 58	17. 79	16012811
	5	石龙片区	7. 62	3. 81	23	30. 62	15. 31	16031708
	6	瓦屋	6. 84	3. 42	23	29. 84	14. 92	16111608
	7	石南	8. 92	4. 46	23	31. 92	15. 96	16111608
	8	对面埇	10. 35	5. 18	23	33. 35	16. 68	16012811
	9	长尾埇	7. 88	3. 94	22	29. 88	14. 94	16030409

续表

指标	序号	敏感点	贡献值/（μg/m³）	贡献值占标率/%	本底值/（μg/m³）	叠加值/（μg/m³）	叠加值占标率/%	出现时刻/yymmddhh
NO_2	10	亚婆塘	6. 81	3. 41	22	28. 81	14. 41	16012811
	11	龙埠村	14. 40	7. 20	22	36. 40	18. 20	16122509
	12	龙埠小学	12. 51	6. 26	22	34. 51	17. 26	16122509
	13	里五村	8. 34	4. 17	22	30. 34	15. 17	16021808
	14	大坪坳	6. 39	3. 20	26	32. 39	16. 20	16111608
	15	大垌	9. 01	4. 51	27	36. 01	18. 01	16012609
	16	亚耕田	9. 16	4. 58	27	36. 16	18. 08	16052707
	17	贺垌村	10. 21	5. 11	27	37. 21	18. 61	16022209
	18	大庆田	4. 21	2. 11	26	30. 21	15. 11	16060710
	19	亚楠	5. 48	2. 74	26	31. 48	15. 74	16111608
	20	上龙耕	5. 57	2. 79	26	31. 57	15. 79	16111608
	21	下龙耕	8. 74	4. 37	26	34. 74	17. 37	16111608
	22	贺垌小学	9. 29	4. 65	26	35. 29	17. 65	16122408
	23	小龙耕	13. 07	6. 54	26	39. 07	19. 54	16031309
	24	新垌村	10. 88	5. 44	25	35. 88	17. 94	16012810
	25	新垌小学	11. 20	5. 60	25	36. 20	18. 10	16010910
	26	水湾田	12. 33	6. 17	26	38. 33	19. 17	16020308
	27	大山坳	12. 42	6. 21	26	38. 42	19. 21	16012009
HCl	1	三南村	4. 57	9. 14	30	34. 57	69. 14	16012009
	2	长塘	3. 04	6. 08	30	33. 04	66. 08	16120309
	3	三南小学	4. 62	9. 24	30	34. 62	69. 24	16012009
	4	石印村	3. 35	6. 70	29	32. 35	64. 70	16012811
	5	石龙片区	2. 75	5. 50	29	31. 75	63. 50	16071807
	6	瓦屋	2. 79	5. 58	29	31. 79	63. 58	16111608
	7	石南	3. 79	7. 58	29	32. 79	65. 58	16012811
	8	对面埇	3. 92	7. 84	29	32. 92	65. 84	16012811
	9	长尾埇	2. 1	4. 20	29	31. 1	62. 20	16030409
	10	亚婆塘	2. 34	4. 68	29	31. 34	62. 68	16022108
	11	龙埠村	3. 84	7. 68	29	32. 84	65. 68	16122509
	12	龙埠小学	3. 33	6. 66	29	32. 33	64. 66	16122509
	13	里五村	3. 22	6. 44	29	32. 22	64. 44	16021808
	14	大坪坳	2. 8	5. 60	25	27. 8	55. 60	16111608
	15	大垌	2. 4	4. 80	25	27. 4	54. 80	16012609
	16	亚耕田	2. 44	4. 88	25	27. 44	54. 88	16052707
	17	贺垌村	2. 76	5. 52	25	27. 76	55. 52	16010909
	18	大庆田	2. 96	5. 92	29	31. 96	63. 92	16020713

续表

指标	序号	敏感点	贡献值/（μg/m³）	贡献值占标率/%	本底值/（μg/m³）	叠加值/（μg/m³）	叠加值占标率/%	出现时刻/yymmddhh
HCl	19	亚楠	2.93	5.86	29	31.93	63.86	16111608
	20	上龙耕	3.1	6.20	29	32.1	64.20	16031309
	21	下龙耕	2.45	4.90	29	31.45	62.90	16012210
	22	贺垌小学	2.53	5.06	28	30.53	61.06	16121209
	23	小龙耕	4.91	9.82	29	33.91	67.82	16012209
	24	新垌村	3.63	7.26	29	32.63	65.26	16011609
	25	新垌小学	3.43	6.86	29	32.43	64.86	16011609
	26	水湾田	3.29	6.58	30	33.29	66.58	16020308
	27	大山坳	3.31	6.62	30	33.31	66.62	16012009

根据表4-14预测结果，对本项目实施后正常工况下主要烟气污染物对评价区内各环境保护目标的最大1h浓度影响分析如下：

① SO_2：最大1h平均浓度贡献值出现在小龙耕，为7.74μg/m³，占标率为1.55%；叠加现状浓度后最大预测值出现在小龙耕，为28.74μg/m³，占标率为5.75%。

② NO_2：最大1h平均浓度贡献值出现在三南村，为16.90μg/m³，占标率为8.45%；叠加现状浓度后最大预测值出现在三南村，为42.9μg/m³，占标率为21.45%。

③ HCl：最大1h平均浓度贡献值出现在小龙耕，为4.91μg/m³，占标率为9.82%；叠加现状浓度后最大预测值也出现在三南小学，为34.62μg/m³，占标率为69.24%。

2. 非正常工况影响分析

略。

3. 事故工况影响分析

略。

4. 恶臭类污染影响预测评价

（1）恶臭污染源强

略。

（2）对厂界影响分析

根据恶臭排放面源的分布情况，本评价采用导则推荐的大气预测模式预测分析恶臭扩散对厂界的影响情况，本次预测共在厂界设置了19个预测点，具体预测分析过程略。

（3）对敏感点的影响分析

略。

五、环境防护距离

1. 大气防护距离

根据《制定地方大气污染物排放标准的技术方法》（GB 3840—1991）规定，凡不通过排气筒或通过15m高度以下排气筒的有害气体排放，均属无组织排放。对于无组织排放的大气污染物，采用《环境影响评价技术导则—大气环境》（HJ 2.2—2018）推荐模式中的大气环境防护距离模式计算得到以无组织排放源中心为起点控制距离，并结合厂区平面布置图，确定控制距离的范围，超出厂界以外的范围为项目的大气环境防护距离。

2. 行业环境防护距离要求

根据《关于进一步加强生物质发电项目环境影响评价管理工作的通知》(环发〔2008〕82号)、《生活垃圾焚烧发电建设项目环境准入条件(试行)》(环办环评〔2018〕20号)，新改扩建的生活垃圾焚烧发电类项目，其环境防护距离不小于300m。

根据《国家危险废物名录》(2016版)附录“危险废物豁免管理清单”：“生活垃圾焚烧飞灰满足《生活垃圾填埋场污染控制标准》(GB 16889—2008)中6.3条要求，进入生活垃圾填埋场填埋，填埋过程可不按危险废物管理。”本项目飞灰稳定物填埋区按照生活垃圾填埋场的要求进行建设，《城市环境卫生设施规划规范》(GB 50337—2003)中明确“生活垃圾卫生填埋场距离居民点应大于0.5km”；《生活垃圾卫生填埋处理技术规范》(GB 50869—2013)中也提出“填埋场不应设在：填埋库区与敞开式渗滤液处理区边界距居民居住区或人畜供水点的卫生防护距离在500m以内的地区”。

综上，本项目以厂界外扩300m、飞灰稳定物填埋区边界外扩500m共同形成的范围作为本项目的环境防护距离，环境防护距离包络线示意图见图4-9。根据调查，目前该环境防护距离内涉及38户居民，政府正在组织落实环保搬迁，应确保在本项目投料前完成敏感点环保搬迁工作。

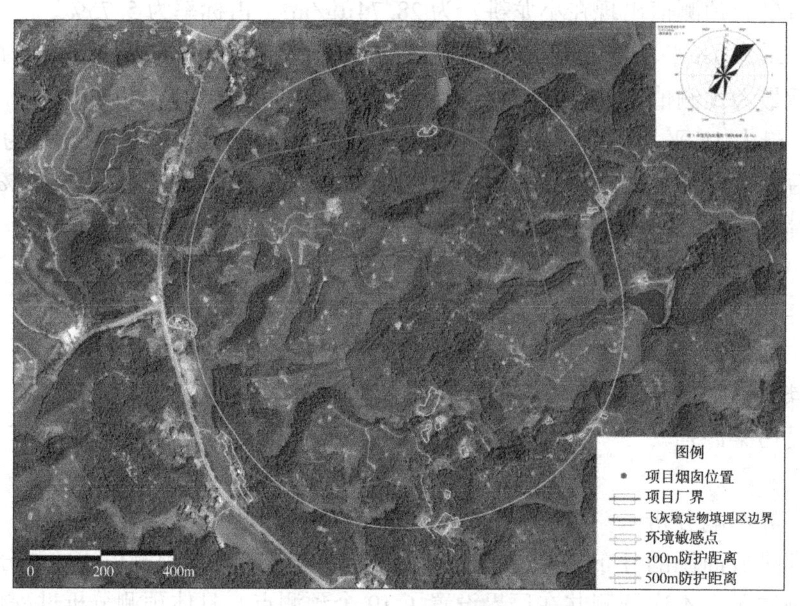

图4-9　项目环境防护距离示意图(未合并)

六、大气影响评价结论

1. 烟气污染物排放影响

本项目正常工况和非正常工况排放的主要烟气污染物对区域的预测贡献浓度均较小，各指标的1h平均浓度、24h平均浓度和年均浓度预测值均未出现超标现象。

2. 厂区无组织恶臭排放影响

本项目投入运营后，臭气污染物的排放对厂界的贡献浓度可满足《恶臭污染物排放标准》(GB 14554—1993)新建项目二级标准限值要求，对周边环境保护目标的预测浓度可满足参照执行的环境空气质量标准限值要求，不会对周边公众的正常生活造成明显的干扰影响。

3. 厂区环境防护距离

本项目以厂界外扩 300m、飞灰稳定物填埋区边界外扩 500m 共同形成的范围作为项目的环境防护距离。

习　　题

1. 名词解释

环境空气保护目标；大气基本污染物；点源；线源；面源；体源；一次污染物；二次污染物；非正常排放；短期浓度；长期浓度；大气环境防护距离；高斯扩散模型；大气的自净过程；湍流。

2. 大气环境影响评价可划分为哪三个阶段？

3. 大气环境影响评价工作分级依据是什么？

4. 大气环境影响评价的范围如何确定？对于以线源为主的城市道路项目，其评价范围如何确定？

5. 影响大气污染的主要因素有哪些？

6. 大气湍流扩散理论包括哪几种？

7. 如何确定大气环境影响评价的工作等级？

8. 用于大气环境影响预测的各种推荐模型适用范围分别是什么？

9. 大气环境影响预测评价结果如何表达？

10. 基于大气环境影响评价结论，为规范项目运营，如何制定污染源及环境质量监测计划？

11. 大气环境影响评价的工作程序。

12. 一级评价项目的调查内容是什么？

13. 大气环境影响评价的预测方法。

14. 大气环境影响评价的污染源监测计划有哪些？

15. 针对不同条件，大气环境影响评价是如何作结论的？

第五章　地表水环境影响评价

第一节　概　　述

水环境是指自然界中水的形成、分布和转化所处空间的环境，是指围绕人群空间及可直接或间接影响人类生活和发展的水体，也指相对稳定的、以陆地为边界的天然水所处空间的环境。在地球表面，水体面积约占地球表面积的71%，水的总量约为$1.4\times10^9km^3$，其中海水约占97.28%，陆地水约占2.72%，而与人类关系密切又较易开发利用的淡水储量约为$4.0\times10^6km^3$，仅占地球总水量的0.3%。自然界中的水处于不断循环运动中。天然水的基本化学成分和含量，反映了它在不同自然环境循环过程中的原始物理化学性质，是研究水环境中元素存在、迁移、转化和环境质量(或污染程度)与水质评价的基本依据。水环境主要由地表水环境和地下水环境两部分组成。地面水环境包括河流、湖泊、水库、海洋、池塘、沼泽、冰川等，地下水环境包括泉水、浅层地下水、深层地下水等。水环境是构成环境的基本要素之一，是人类社会赖以生存和发展的重要场所，也是受人类干扰和破坏最严重的领域。水环境的污染和破坏已成为当今世界主要的环境问题之一。

水体污染是指排入水体的污染物在数量上超过该物质在水体中的本底含量和水体的自净能力，从而导致水体的物理、化学及卫生性质发生变化，使水体的生态系统和水体功能受到破坏。造成水体污染的因素是多方面的，向水体排放未达标的城市污水和工业废水，含有化肥和农药的农业排水，含有地面污染物的暴雨初期径流、随大气扩散的有毒有害物质通过重力沉降或降水过程进入水体等，都会造成水体污染。

水体污染的类别从排放形式上可分为点源污染和非点源污染两类。点源污染是指有固定排放点的污染源由排放口集中汇入江河湖泊等水体，如工业废水及城市生活污水。非点源污染是相对点源污染而言，指溶解的或固体的污染物从非特定的地点，在降水(或融雪)冲刷作用下，通过径流过程而汇入受纳水体(包括河流、湖泊、水库和海湾等)并引起的污染，如农业生产施用的化肥，经雨水冲刷流入水体而造成农业非点源污染。与点源污染相比，非点源污染起源分散、多样，地理边界和发生的位置难以识别和确定，随机性强、成因复杂，且潜伏周期长，因而防治十分困难。

切实防治水污染、保护水资源已成为当今人类的迫切任务。国际和国内的经验表明为防止水体污染对我们的生存环境产生危害，对有关的建设项目进行水环境影响评价是十分必要的。水环境影响评价包括地面水环境影响评价和地下水环境影响评价，是建设项目环境影响评价的主要内容之一。

一、地表水环境影响评价

建设项目的地表水环境影响主要包括水污染影响与水文要素影响。根据其主要影响，建设项目的地表水环境影响评价划分为水污染影响型、水文要素影响型以及两者兼有的复合影响型。建设项目排放水污染物应符合国家或地方水污染物排放标准要求，同时应满足受纳水体环境质量管理要求，并与排污许可管理制度相关要求衔接。水文要素影响型建设项目，还应满足生态流量的相关要求。

地表水环境影响评价的目的是根据水环境影响预测与评价的结果，分析和论证建设项目在拟采取的水环境保护措施下，污水达标排放和满足环境功能区划质量要求的可行性，提出避免、消除和减少水体影响的防治措施，并根据国家和地方的总量控制要求、区域总量控制的实际情况及建设项目主要污染物排放指标的分析情况，提出污染物排放总量控制指标和满足指标要求的环境保护措施。

二、基本概念

1. 地表水

存在于陆地表面的河流(江河、运河及渠道)、湖泊、水库等地表水体以及入海河口和近岸海域。

2. 水环境保护目标

饮用水水源保护区、饮用水取水口，涉水的自然保护区、风景名胜区，重要湿地、重点保护与珍稀水生生物的栖息地、重要水生生物的自然产卵场及索饵场、越冬场和洄游通道，天然渔场等渔业水体，以及水产种质资源保护区等。

3. 水污染当量

根据污染物或者污染排放活动对地表水环境的有害程度以及处理的技术经济性，衡量不同污染物对地表水环境污染的综合性指标或者计量单位。

4. 控制单元

综合考虑水体、汇水范围和控制断面三要素而划定的水环境空间管控单元。

5. 生态流量

满足河流、湖库生态保护要求、维持生态系统结构和功能所需要的流量(水位)与过程。

6. 安全余量

考虑污染负荷和受纳水体水环境质量之间关系的不确定因素，为保障受纳水体水环境质量改善目标安全而预留的负荷量。

第二节　评价工作程序、等级、范围和时期

一、地表水环境影响评价工作程序

根据《环境影响评价技术导则 地表水环境》(HJ 2.3—2018)，地表水环境影响评价的工作程序一般分为三个阶段。第一阶段，研究有关文件，进行工程方案和环境影响的初步分析，开展区域环境状况的初步调查，明确水环境功能区或水功能区管理要求，识别主要环境影响，确定评价类别。根据不同评价类别进一步筛选评价因子、确定评价等级、评价范围，明确评价标准、评价重点和水环境保护目标。第二阶段，根据评价类别、评价等级及评价范围等，开展与地表水环境影响评价相关的污染源、水环境质量现状、水文水资源与水环境保护目标调查与评价，必要时开展补充监测；选择适合的预测模型，开展地表水环境影响预测

评价，分析与评价建设项目对地表水环境质量、水文要素及水环境保护目标的影响范围与程度，在此基础上核算建设项目的污染源排放量、生态流量等。第三阶段，根据建设项目地表水环境影响预测与评价的结果，制定地表水环境保护措施，开展地表水环境保护措施的有效性评价，编制地表水环境监测计划，给出建设项目污染物排放清单和地表水环境影响评价的结论，完成环境影响评价文件的编写。地表水环境影响评价的工作程序如图 5-1 所示。

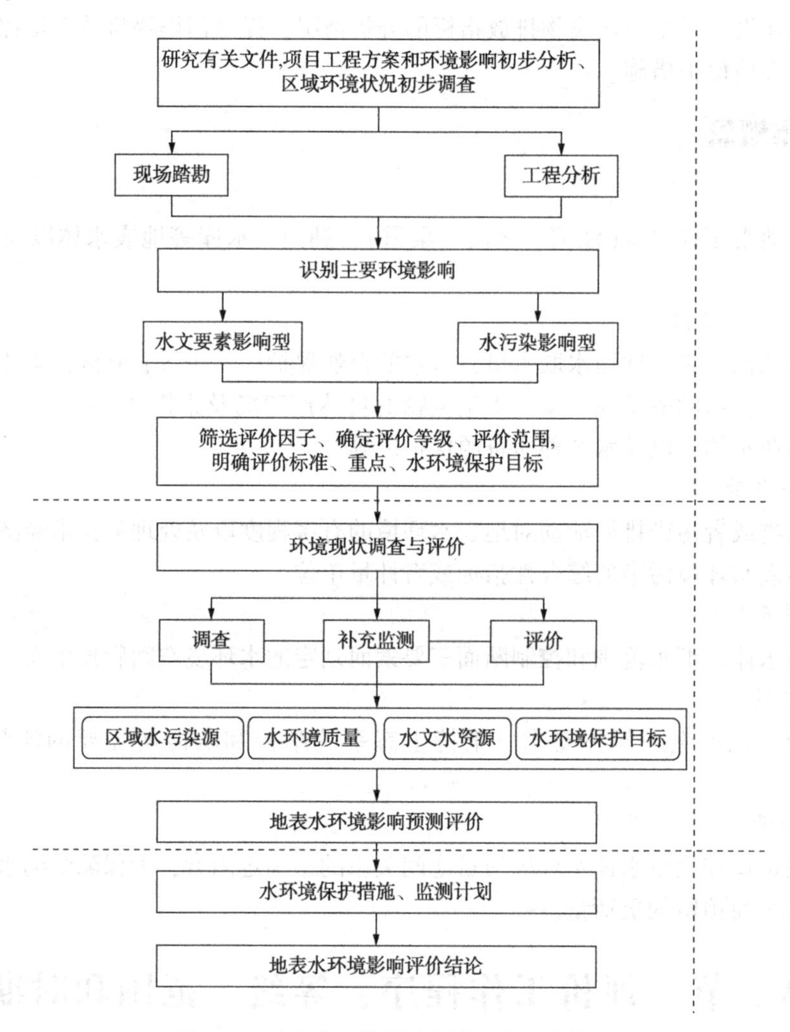

图 5-1　地表水环境影响评价工作程序框图

二、地表水环境影响评价工作等级划分

按照 HJ 2. 3—2018 的要求，将建设项目分为水污染影响型建设项目和水文要素影响型建设项目两类。水污染影响型建设项目根据排放方式和废水排放量划分评价等级，见表 5-1。直接排放建设项目评价等级分为一级、二级和三级 A，根据废水排放量、水污染物污染当量数确定。间接排放建设项目评价等级为三级 B。

水文要素影响型建设项目评价等级划分主要根据水温、径流与受影响地表水域等三类水文要素的影响程度进行判定，见表 5-2。

表 5-1　地面水环境影响评价分级判据

评价等级	判定依据	
	排放方式	废水排放量 Q/(m^3/d)；水污染物当量数 W/(无量纲)
一级	直接排放	$Q \geq 20000$ 或 $W \geq 600000$
二级	直接排放	其他
三级 A	直接排放	$Q \leq 200$ 且 $W<6000$
三级 B	间接排放	—

注：1. 水污染物当量数等于该污染物的年排放量除以该污染物的污染当量值，计算排放污染物的污染物当量数，应区分第一类水污染物和其他类水污染物，统计第一类污染物当量数总和，然后与其他类污染物按照污染物当量数从大到小排序，取最大当量数作为建设项目评价等级确定的依据。

2. 废水排放量按行业排放标准中规定的废水种类统计，没有相关行业排放标准要求的通过工程分析合理确定，应统计含热量大的冷却水的排放量，可不统计间接冷却水、循环水及其他含污染物极少的清净下水的排放量。

3. 厂区存在堆积物(露天堆放的原料、燃料、废渣等以及垃圾堆放场)、降尘污染的，应将初期雨污水纳入废水排放量，相应的主要污染物纳入水污染当量计算。

4. 建设项目直接排放第一类污染物的，其评价等级为一级；建设项目直接排放的污染物为受纳水体超标因子的，评价等级不低于二级。

5. 直接排放受纳水体影响范围涉及饮用水水源保护区、饮用水取水口、重点保护与珍稀水生生物的栖息地、重要水生生物的自然产卵场等保护目标时，评价等级不低于二级。

6. 建设项目向河流、湖库排放水温引起受纳水体水温变化超过水环境质量标准要求，且评价范围有水温敏感目标时，评价等级为一级。

7. 建设项目利用海水作为调节温度介质，排水量 $\geq 500 \times 10^4 m^3/d$，评价等级为一级；排水量 $<500 \times 10^4 m^3/d$，评价等级为二级。

8. 仅涉及清净下水排放的，如其排放水质满足受纳水体水环境质量标准要求的，评价等级为三级 A。

9. 依托现有排放口，且对外环境未新增排放污染物的直接排放建设项目，评价等级参照间接排放，定为三级 B。

10. 建设项目生产工艺中有废水产生，但作为回水利用，不排放到外环境的，按三级 B 评价。

表 5-2　水文要素影响型建设项目评价等级判定

评价等级	水温	径流		受影响地表水域		
	年径流量与总库容之比 α	兴利库容与年径流量百分比 β/%	取水量占多年平均径流量百分比 γ/%	工程垂直投影面积及外扩范围 A_1/km^2；工程扰动水底面积 A_2/km^2；过水断面宽度占用比例或占用水域面积比例 R/%		工程垂直投影面积及外扩范围 A_1/km^2；工程扰动水底面积 A_2/km^2
				河流	湖库	入海河口、近岸海域
一级	$\alpha \leq 10$；或稳定分层	$\beta \geq 20$；或完全年调节与多年调节	$\gamma \geq 30$	$A_1 \geq 0.3$；或 $A_2 \geq 1.5$；或 $R \geq 10$	$A_1 \geq 0.3$；或 $A_2 \geq 1.5$；或 $R \geq 20$	$A_1 \geq 0.5$；或 $A_2 \geq 3$
二级	$20>\alpha>10$；或不稳定分层	$20>\beta>2$；或季调节与不完全年调节	$30>\gamma>10$	$0.3>A_1>0.05$；或 $1.5>A_2>0.2$；或 $10>R>5$	$0.3>A_1>0.05$；或 $1.5>A_2>0.2$；或 $20>R>5$	$0.5>A_1>0.15$；或 $3>A_2>0.5$
三级	$\alpha \geq 20$；或混合型	$\beta \leq 2$；或无调节	$\gamma \leq 10$	$A_1 \leq 0.05$；或 $A_2 \leq 0.2$；或 $R \leq 5$	$A_1 \leq 0.05$；或 $A_2 \leq 0.2$；或 $R \leq 5$	$A_1 \leq 0.15$；或 $A_2 \leq 0.5$

注：1. 影响范围涉及饮用水水源保护区、重点保护与珍稀水生生物的栖息地、重要水生生物的自然产卵场、自然保护区等保护目标，评价等级应不低于二级。

2. 跨流域调水、引水式电站、可能受到大型河流感潮河段咸潮影响的建设项目，评价等级不低于二级。

3. 造成入海河口(湾口)宽度束窄(束窄尺度达到原宽度的 5%以上)，评价等级应不低于二级。

4. 对不透水的单方向建筑尺度较长的水工建筑物(如防波堤、导流堤等)，其与潮流或水流主流向切线垂直方向投影长度大于 2km 时，评价等级应不低于二级。

5. 允许在一类海域建设的项目，评价等级为一级。

6. 同时存在多个水文要素影响的建设项目，分别判定各水文要素影响评价等级，并取其中最高等级作为水文要素影响型建设项目评价等级。

7. “兴利库容”指正常蓄水位至死水位之间的水库容积，又称为调节库容。兴利库容用于调节径流，提供水库的供水量。

三、地表水环境影响评价范围确定

水污染影响型建设项目评价范围，根据评价等级、工程特点、影响方式及程度、地表水环境质量管理要求等确定。水污染影响型建设项目其评价范围应符合以下要求：

（1）应根据主要污染物迁移转化状况，至少需覆盖建设项目污染影响所及水域；

（2）受纳水体为河流时，应满足覆盖对照断面、控制断面与消减断面等关心断面的要求；

（3）受纳水体为湖泊、水库时，一级评价，评价范围宜不小于以入湖(库)排放口为中心、半径为5km的扇形区域；二级评价，评价范围宜不小于以入湖(库)排放口为中心、半径为3km的扇形区域；三级A评价，评价范围宜不小于以入湖(库)排放口为中心、半径为1km的扇形区域；

（4）受纳水体为入海河口和近岸海域时，评价范围按照《海洋工程环境影响评价技术导则》(GB/T 19485—2014)执行；

（5）影响范围涉及水环境保护目标的，评价范围至少应扩大到水环境保护目标内受到影响的水域；

（6）同一建设项目有两个及两个以上废水排放口，或排入不同地表水体时，按各排放口及所排入地表水体分别确定评价范围；有叠加影响的，叠加影响水域应作为重点评价范围。

水污染影响型建设项目三级B评价，其评价范围应符合以下要求：

（1）应满足其依托污水处理设施环境可行性分析的要求；

（2）涉及地表水环境风险的，应覆盖环境风险影响范围所及的水环境保护目标水域。

对于水文要素影响型建设项目的评价范围，根据评价等级、水文要素影响类别、影响及恢复程度确定，评价范围应符合以下要求：

（1）水温要素影响评价范围为建设项目形成水温分层水域，以及下游未恢复到天然(或建设项目建设前)水温的水域；

（2）径流要素影响评价范围为水体天然性状发生变化的水域，以及下游增减水影响水域；

（3）地表水域影响评价范围为相对建设项目建设前日均或潮均流速及水深、或高(累积频率5%)低(累积频率90%)水位(潮位)变化幅度超过±5%的水域；

（4）建设项目影响范围涉及水环境保护目标的，评价范围至少应扩大到水环境保护目标内受影响的水域；

（5）存在多类水文要素影响的建设项目，应分别确定各水文要素影响评价范围，取各水文要素评价范围的外包线作为水文要素的评价范围。

四、地表水环境影响评价时期确定

建设项目地表水环境影响评价时期根据受影响地表水体类型、评价等级等确定，见表5-3。三级B评价，可不考虑评价时期。

表 5-3　评价时期确定表

受影响地表水体类型	评价等级		
	一级	二级	水污染影响型(三级 A)/水文要素影响型(三级)
河流、湖库	丰水期、平水期、枯水期；至少丰水期和枯水期	丰水期和枯水期；至少枯水期	至少枯水期
入海河口(感潮河段)	河段：丰水期、平水期和枯水期；河口：春季、夏季和秋季至少丰水和枯水期，春季和秋季	河流：丰水期和枯水期；河口：春、秋 2 个季节；至少枯水期或 1 个季节	至少枯水期或 1 个季节
近岸海域	春季、夏季和秋季；至少春、秋 2 个季节	春季或秋季；至少 1 个季节	至少 1 次调查

注：1. 感潮河段、入海河口、近岸海域在丰、枯水期(或春夏秋冬四季)均应选择大潮期或小潮期中一个潮期开展评价(无特殊要求时，可不考虑一个潮期内高潮期、低潮期的差别)。选择原则为：依据调查监测海域的环境特征，以影响范围较大或影响程度较重为目标，定性判别和选择大潮期或小潮期作为调查潮期。

2. 冰封期较长且作为生活饮用水与食品加工用水的水源或有渔业用水需求的水域，应将冰封期纳入评价时期。

3. 具有季节性排水特点的建设项目，根据建设项目排水期对应的水期或季节确定评价时期。

4. 水文要素影响型建设项目对评价范围内的水生生物生长、繁殖与洄游有明显影响的时期，需将对应的时期作为评价时期。

5. 复合影响型建设项目分别确定评价时期，按照覆盖所有评价时期的原则综合确定。

第三节　地表水环境影响预测

一、预测原则、预测因子、预测范围和预测时期

一级、二级、水污染影响型三级 A 与水文要素影响型三级评价应定量预测建设项目水环境影响，水污染影响型三级 B 评价可不进行水环境影响预测。影响预测应考虑评价范围内已建、在建和拟建项目中，与建设项目排放同类(种)污染物、对相同水文要素产生的叠加影响。

预测因子应根据评价因子确定，重点选择与建设项目水环境影响关系密切的因子。预测范围应覆盖前述评价范围，并根据受影响地表水体水文要素与水质特点合理拓展。

水污染影响型建设项目，水体自净能力最不利以及水质状况相对较差的不利时期、水环境现状补充监测时期应作为重点预测时期；水文要素影响型建设项目，以水质状况相对较差或对评价范围内水生生物影响最大的不利时期为重点预测时期。

二、预测内容

根据建设项目特点分别选择建设期、生产运行期和服务期满后三个阶段进行预测。生产运行期应预测正常排放、非正常排放两种工况对水环境的影响，如建设项目具有充足的调节容量，可只预测正常排放对水环境的影响。应对建设项目污染控制和减缓措施方案进行水环境影响模拟预测。另外，对受纳水体环境质量不达标区域，应考虑区(流)域环境质量改善

目标要求情景下的模拟预测。

1. 水污染影响型建设项目的预测内容

(1) 各关心断面(控制断面、取水口、污染源排放核算断面等)水质预测因子的浓度及变化;

(2) 到达水环境保护目标处的污染物浓度;

(3) 各污染物最大影响范围;

(4) 湖泊、水库及半封闭海湾等，还需关注富营养化状况与水华、赤潮等;

(5) 排放口混合区范围。

2. 水文要素影响型建设项目的预测内容

(1) 河流、湖泊及水库的水文情势预测分析主要包括水域形态、径流条件、水力条件以及冲淤变化等内容，具体包括水面面积、水量、水温、径流过程、水位、水深、流速、水面宽、冲淤变化等，湖泊和水库需要重点关注湖库水域面积或蓄水量及水力停留时间等因子;

(2) 感潮河段、入海河口及近岸海域水动力条件预测分析主要包括流量、流向、潮区界、潮流界、纳潮量、水位、流速、水面宽、水深、冲淤变化等因子。

三、预测模型

地表水环境影响预测模型包括数学模型、物理模型。地表水环境影响预测宜选用数学模型。评价等级为一级且有特殊要求时选用物理模型，物理模型应遵循水工模型实验技术规程等要求。数学模型包括：面源污染负荷估算模型、水动力模型、水质(包括水温及富营养化)模型等，可根据地表水环境影响预测的需要选择。

河流、湖库、感潮河段、入海河口和近岸海域常用数学模型推荐见 HJ 2.3—2018 的附录 E 和 F。其中河流数学型适用条件见表 5-4，湖库数学型适用条件见表 5-5。

表 5-4　河流数学模型适用条件

模型条件	模型空间分类						模型时间分类	
	零维模型	纵向一维模型	河网模型	平面二维	立面二维	三维模型	稳态	非稳态
适用条件	水域基本均匀混合	沿程横断面均匀混合	多条河道相互连通，使得水流运动和污染物交换相互影响的河网地区	垂向均匀混合	垂向分层特征明显	垂向及平面分布差异明显	水流恒定、排污稳定	水流不恒定，或排污不稳定

表 5-5　湖库数学模型适用条件

模型条件	模型空间分类						模型时间分类	
	零维模型	纵向一维模型	平面二维	垂向一维	立面二维	三维模型	稳态	非稳态
适用条件	水流交换作用较充分、污染物质分布基本均匀	污染物在断面上均匀混合的河道型水库	浅水湖库，垂向分层不明显	深水湖库，水平分布差异不明显，存在垂向分布	深水湖库，横向分布差异不明显，存在垂向分层	垂向及平面分布差异明显	流场恒定、源强稳定	流场不恒定或源强不稳定

第四节　地表水环境影响评价

一、地表水环境影响评价内容

一级、二级、水污染影响型三级 A 及水文要素影响型三级评价。主要评价内容包括：

(1) 水污染控制和水环境影响减缓措施有效性评价；

(2) 水环境影响评价。

水污染影响型三级 B 评价。主要评价内容包括：

(1) 水污染控制和水环境影响减缓措施有效性评价；

(2) 依托污水处理设施的环境可行性评价。

二、地表水环境影响评价要求

1. 水污染控制和水环境影响减缓措施有效性评价的要求

(1) 污染控制措施及各类排放口排放浓度限值等应满足国家和地方相关排放标准及符合有关标准规定的排水协议关于水污染物排放的条款要求；

(2) 水动力影响、生态流量、水温影响减缓措施应满足水环境保护目标的要求；

(3) 涉及面源污染的，应满足国家和地方有关面源污染控制治理要求；

(4) 受纳水体环境质量达标区的建设项目选择废水处理措施或多方案比选时，应满足行业污染防治可行技术指南要求，确保废水稳定达标排放且环境影响可以接受；

(5) 受纳水体环境质量不达标区的建设项目选择废水处理措施或多方案比选时，应满足区(流)域水环境质量限期达标规划和替代源的削减方案要求、区(流)域环境质量改善目标要求及行业污染防治可行技术指南中最佳可行技术要求，确保废水污染物达到最低排放强度和排放浓度，且环境影响可以接受。

2. 水环境影响评价应满足的要求

(1) 排放口所在水域形成的混合区，应限制在达标控制(考核)断面以外水域，且不得与已有排放口形成的混合区叠加，混合区外水域应满足水环境功能区或水功能区的水质目标要求；

(2) 水环境功能区或水功能区、近岸海域环境功能区水质达标。说明建设项目对评价范围内的水环境功能区或水功能区、近岸海域环境功能区的水质影响特征，分析水环境功能区或水功能区、近岸海域环境功能区水质变化状况，在考虑叠加影响的情况下，评价建设项目建成以后各预测时期水环境功能区或水功能区、近岸海域环境功能区达标状况。涉及富营养化问题的，还应评价水温、水文要素、营养盐等变化特征与趋势，分析判断富营养化演变趋势；

(3) 满足水环境保护目标水域水环境质量要求。评价水环境保护目标水域各预测时期的水质(包括水温)变化特征、影响程度与达标状况；

(4) 水环境控制单元或断面水质达标。说明建设项目污染排放或水文要素变化对所在控制单元各预测时期的水质影响特征，在考虑叠加影响的情况下，分析水环境控制单元或断面的水质变化状况，评价建设项目建成以后水环境控制单元或断面在各预测时期下的水质达标状况；

(5) 满足重点水污染物排放总量控制指标要求，重点行业建设项目，主要污染物排放满足等量或减量替代要求；

(6) 满足区(流)域水环境质量改善目标要求；

(7) 水文要素影响型建设项目同时应包括水文情势变化评价、主要水文特征值影响评价、生态流量符合性评价；

(8) 对于新设或调整入河(湖库、近岸海域)排放口的建设项目，应包括排放口设置的环境合理性评价；

(9) 满足“三线一单”的要求，即满足生态保护红线、水环境质量底线、资源利用上线和环境准入清单管理要求。

3. 依托污水处理设施的环境可行性评价的要求

依托污水处理设施的环境可行性评价，主要从污水处理设施的日处理能力、处理工艺、设计进水水质、处理后的废水稳定达标排放情况及排放标准是否涵盖建设项目排放的有毒有害的特征水污染物等方面开展评价，满足依托的环境可行性要求。

三、污染源排放量核算

污染源排放量是新(改、扩)建项目申请污染物排放许可的依据。污染源排放量核算的一般要求如下：

(1) 对改建、扩建项目，除应核算新增源的污染物排放量外，还应核算项目建成后全厂的污染物排放量，污染源排放量为污染物的年排放量。

(2) 建设项目在批复的区域或水环境控制单元达标方案的许可排放量分配方案中有规定的，按规定执行。

(3) 间接排放建设项目污染源排放量核算根据依托污水处理设施的控制要求核算确定。

(4) 直接排放建设项目污染源排放量核算，根据建设项目达标排放的地表水环境影响、污染源源强核算技术指南及排污许可申请与核发技术规范进行核算，并从严要求。详见HJ 2.3—2018。

四、生态流量确定

全球至少有200多种生态流量的确定方法，每种方法都有其适用条件。因此应根据河流、湖库生态环境保护目标要求，选择合适方法确定河流的生态流量以及湖库的生态水位。HJ 2.3—2018中对河流、湖库的生态流量的确定做了如下规定：

(1) 河流应根据水生生态需水、水环境需水、湿地需水、景观需水、河口压咸需水和其他需水等计算成果，考虑各项需水的外包关系和叠加关系，综合分析需水目标要求，确定生态流量。湖库应根据湖库生态环境需水确定最低生态水位及不同时段内的水位。

(2) 应根据国家或地方政府批复的综合规划、水资源规划、水环境保护规划等成果中相关的生态流量控制等要求，综合分析生态流量成果的合理性。

第五节　案例分析

一、项目概况

由工程分析知，某项目产生的工业废水经处理后回用，不外排；其生活污水经化粪池处理后进入自建MBR一体化处理设备处理达标并且综合回用率60%以上，其余通过无名小渠外排入沙河。外排生活废水执行广东省地方标准《水污染物排放限值》(DB 44/26—2001)中第二时段一级标准及《城镇污水处理厂污染物排放标准》(GB 18918—2002)中一级A标准的较严值。外排生活污水量为$Q=0.864m^3/d$($285.12m^3/a$)，水污染物中COD_{Cr}当量数最大值

为 W=23.328。

根据《环境影响评价技术导则 地表水环境》(HJ 2.3—2018)，本项目为水污染影响型建设项目，部分生活污水直接排放，排放量 $Q<200$，且 $W<6000$，评价等级为三级 A。

二、地表水环境现状评价

1. 监测项目及监测点位

为了解项目区域地表水环境质量现状，本项目委托一公司进行了水质监测。根据项目实际情况，设置 5 个监测点位，分别是 $W_1 \sim W_5$。共监测 19 项指标，包括水温、pH 值、溶解氧、SS、COD、BOD_5、氨氮、阴离子表面活性剂、粪大肠菌群等。

监测时段为 2017 年 3 月 8~10 日，每个监测点位每天采样一次。监测结果如表 5-6、表 5-7 所示。

表 5-6 地表水现状监测结果 mg/L

采样日期	采样点	水温/℃	pH 值	溶解氧	SS	COD	BOD_5	氨氮	总磷	铜	锌
2017 年 3 月 8 日	W_1	14.3	7.01	4.4	15	34	7.5	3.65	0.74	0.05	0.048
	W_2	21.2	7.15	4.1	17	43	9.4	7.5	1.78	0.116	0.039
	W_3	16	7.24	2.8	18	56	10.7	9.05	1.91	0.187	0.046
	W_4	13.8	7.28	5.2	12	21	6.2	1.65	0.37	0.024	0.016
	W_5	14.6	7.16	4.5	16	43	8.3	3.32	0.4	0.024	0.018
2017 年 3 月 9 日	W_1	15.7	6.96	4.6	17	38	8.2	3.53	0.78	0.034	0.046
	W_2	23.3	7.11	4.3	16	45	9.8	7.62	1.77	0.133	0.05
	W_3	14.8	7.2	3	15	52	10.4	9.03	1.85	0.201	0.066
	W_4	16.3	7.25	5	10	25	6.6	1.7	0.35	0.024	0.014
	W_5	16.8	7.13	4.3	18	41	8.2	3.1	0.39	0.025	0.022
2017 年 3 月 10 日	W_1	17.2	7.03	4.4	15	42	9.3	3.6	0.82	0.027	0.042
	W_2	22.2	7.13	4.2	16	42	9.6	7.45	1.78	0.104	0.043
	W_3	19.8	7.26	2.5	19	54	10.6	9.28	1.93	0.168	0.065
	W_4	18.3	7.3	5.1	13	22	6	1.61	0.38	0.021	0.014
	W_5	18.6	7.14	4.4	14	38	8	3.28	0.41	0.022	0.017

表 5-7 地表水现状监测结果 mg/L

采样日期	采样点	砷	汞	镉	六价铬	铅	挥发酚	石油类	阴离子表面活性剂	粪大肠菌群/(个/L)
2017 年 3 月 8 日	W_1	0.0003L	0.00004L	0.0001L	0.004L	0.001L	0.0003L	0.01	0.37	1.7×10^5
	W_2	0.0003L	0.00004L	0.0001L	0.004L	0.001L	0.0003L	0.01	1.13	2.6×10^5
	W_3	0.0003L	0.00004L	0.0001L	0.004L	0.001L	0.0003L	0.02	1.25	3.3×10^5
	W_4	0.0003L	0.00004L	0.0001L	0.004L	0.001L	0.0003L	0.01L	0.27	1.7×10^4
	W_5	0.0003L	0.00004L	0.0001L	0.004L	0.001L	0.0003L	0.01L	0.38	3.3×10^4

续表

采样日期	采样点	砷	汞	镉	六价铬	铅	挥发酚	石油类	阴离子表面活性剂	粪大肠菌群/(个/L)
2017年3月9日	W_1	0.0003L	0.00004L	0.0001L	0.004L	0.001L	0.0003L	0.01	0.34	2.2×10^5
	W_2	0.0003L	0.00004L	0.0001L	0.004L	0.001L	0.0003L	0.02	1.11	3.3×10^5
	W_3	0.0003L	0.00004L	0.0001L	0.004L	0.001L	0.0003L	0.02	1.23	4.3×10^5
	W_4	0.0003L	0.00004L	0.0001L	0.004L	0.001L	0.0003L	0.01L	0.25	2.1×10^4
	W_5	0.0003L	0.00004L	0.0001L	0.004L	0.001L	0.0003L	0.01L	0.36	2.6×10^4
2017年3月10日	W_1	0.0003L	0.00004L	0.0001L	0.004L	0.001L	0.0003L	0.01	0.39	1.7×10^5
	W_2	0.0003L	0.00004L	0.0001L	0.004L	0.001L	0.0003L	0.02	1.15	2.2×10^5
	W_3	0.0003L	0.00004L	0.0001L	0.004L	0.001L	0.0003L	0.03	1.27	3.4×10^5
	W_4	0.0003L	0.00004L	0.0001L	0.004L	0.001L	0.0003L	0.01L	0.29	2.2×10^4
	W_5	0.0003L	0.00004L	0.0001L	0.004L	0.001L	0.0003L	0.01L	0.39	3.4×10^4

注："L"表示检测浓度低于检出限，以检出限加L报出结果。

2. 现状评价方法

本地表水水质评价方法主要采用单项水质参数评价法。单项水质参数评价是将每个污染因子单独进行评价，利用统计得出各自的达标率或超标率、超标倍数、统计代表值等结果。单项水质参数评价能客观地反映水体的污染程度，可清晰地判断出主要污染因子、主要污染时段和水体的主要污染区域，能较完整地提供监测水域的时空污染变化。

单项水质参数评价建议采用标准指数法，评价结果如表5-8、表5-9所示。

3. 评价结果

由表5-8和表5-9可以得出以下结论：

本项目纳污水体现状水质较差，各监测断面中部分监测因子均出现超标现象。主要超标指标为溶解氧、COD_{Cr}、BOD_5、氨氮、总磷、阴离子表面活化剂、粪大肠菌群，其中粪大肠菌群指标超标最为明显，最大超标倍数为17.5。各监测断面中重金属指标均达标，说明项目周边水体未受到重金属明显污染。

综上所述，项目区域纳污水体环境受到有机类污染，总体水质较差。

表5-8 地表水环境质量评价分析一览表 mg/L

断面及指标	水温	pH值	溶解氧	SS	COD	BOD_5	氨氮	总磷	铜	锌
W_1 均值	15.73	7	4.47	15.67	38	8.3	3.59	0.78	0.04	0.05
占标率/%	—	0	77.28	—	126.67	138.89	239.56	260	3.7	2.27
W_2 均值	22.23	7.13	4.2	16.33	43.33	9.6	7.52	1.78	0.12	0.04
占标率/%	—	6.5	81.45	—	144.44	160	501.56	592.22	11.77	2.2
W_3 均值	16.87	7.23	2.77	17.33	54	10.6	9.12	1.9	1.19	0.06
占标率/%	—	11.5	169	—	180	176.11	608	632.22	18.53	2.95
W_4 均值	16.13	7.28	5.1	11.67	22.67	6.3	1.65	0.37	0.02	0.01
占标率/%	—	14	97.96	—	113.33	156.67	165.33	183.33	2.3	1.47
W_5 均值	16.67	7.14	4.4	16	40.67	8.2	3.23	0.4	0.02	0.03
占标率/%	—	7	208	—	203.33	204.17	323.33	200	2.37	3.23

注："L"表示检测浓度低于检出限，以检出限加L报出结果。

续表 5-9 地表水环境质量评价分析一览表 mg/L

断面及指标	砷	汞	镉	六价铬	铅	挥发酚	石油类	阴离子表面活性剂	粪大肠菌群/(个/L)
W_1 均值	0.0003L	0.00004L	0.0001L	0.004L	0.001L	0.0003L	0.001	0.37	1.9×10^5
占标率/%	—	—	—	—	—	—	2	122.22	933.33
W_2 均值	0.0003L	0.00004L	0.0001L	0.004L	0.001L	0.0003L	0.02	1.13	2.7×10^5
占标率/%	—	—	—	—	—	—	3.33	376.67	1350
W_3 均值	0.0003L	0.00004L	0.0001L	0.004L	0.001L	0.0003L	0.02	1.25	3.7×10^5
占标率/%	—	—	—	—	—	—	4.67	416.67	1833.33
W_4 均值	0.0003L	0.00004L	0.0001L	0.004L	0.001L	0.0003L	0.01L	0.27	2×10^4
占标率/%	—	—	—	—	—	—	—	135	200
W_5 均值	0.0003L	0.00004L	0.0001L	0.004L	0.001L	0.0003L	0.01L	0.38	3.1×10^4
占标率/%	—	—	—	—	—	—	—	188.33	188.33

注："L"表示检测浓度低于检出限，以检出限加 L 报出结果。

三、地表水环境预测与评价

1. 预测因子、预测范围与预测时期

本项目预测因子为 COD_{Cr}，预测范围为无名小渠，预测时期为枯水期。

2. 预测情景及预测内容

生活污水排入无名小渠后进入沙河，对地表水产生一定量的影响。本评价预测情景为正常排放和事故排放下，项目对无名小渠和沙河等地表水水质的影响，分析对象为 COD_{Cr}。本项目生活污水经污水处理工艺处理后，出水水质达到广东省地方标准《水污染物排放限值》(DB44/26—2001)中第二时段一级标准及《城镇污水处理厂污染物排放标准》(GB 18918—2002)中一级 A 标准的较严值。

项目废水正常排放和事故排放情况如表 5-10 所示。

表 5-10 项目废水正常排放和事故排放情况一览表

废水类别	污染负荷		
	排放状态	排放量/(m^3/d)	污染物浓度 COD_{Cr}/(mg/L)
生活污水	正常排放	0.864	50
	事故排放	2.16	280

3. 预测模型

废水中主要污染物为 COD_{Cr}属非持久性污染物，因此完全混合段选用导则推荐的一维稳态模式进行预测，对混合过程段则采用二维模式对污染带内的浓度分布进行预测。

根据纳污河流沙河多年的水质监测资料，以及当地各排污口对沙河排污量统计，经过综合分析确定 COD_{Cr}的耗氧系数 K_1 为 $0.05d^{-1}$。沙河流量 $16m^3/s$，流速 1.5m/s，河宽 50m，水深 0.23m。

4. 预测结果与分析

(1) 完全混合距离计算结果

经计算，项目污水排入沙河后的完全混合距离为 450m。

(2) 混合过程段的预测结果

① 正常达标排放

项目生活污水达标排放时，在450m混合过程段内COD_{Cr}的浓度增值分布见表5-11。

表5-11　沙河混合过程段COD_{Cr}浓度增值分布　　mg/L

X\c/Y	5	10	15	20	25	30	35	40	45	50
20	0.0001	0.0001	0	0	0	0	0	0	0	0
40	0.0001	0.0001	0	0	0	0	0	0	0	0
60	0.0001	0.0001	0	0	0	0	0	0	0	0
80	0.0001	0.0001	0	0	0	0	0	0	0	0
100	0.0001	0	0	0	0	0	0	0	0	0
120	0	0	0	0	0	0	0	0	0	0
140	0	0	0	0	0	0	0	0	0	0
160	0	0	0	0	0	0	0	0	0	0
180	0	0	0	0	0	0	0	0	0	0
200	0	0	0	0	0	0	0	0	0	0
220	0	0	0	0	0	0	0	0	0	0
240	0	0	0	0	0	0	0	0	0	0
260	0	0	0	0	0	0	0	0	0	0
280	0	0	0	0	0	0	0	0	0	0
300	0	0	0	0	0	0	0	0	0	0
320	0	0	0	0	0	0	0	0	0	0
340	0	0	0	0	0	0	0	0	0	0
360	0	0	0	0	0	0	0	0	0	0
380	0	0	0	0	0	0	0	0	0	0
400	0	0	0	0	0	0	0	0	0	0
420	0	0	0	0	0	0	0	0	0	0
440	0	0	0	0	0	0	0	0	0	0
450	0	0	0	0	0	0	0	0	0	0

根据预测结果，项目自建的污水处理设施能正常运行时，项目生活污水在沙河长度为450m的混合河段范围内，对排污口附近河段产生影响较小，随着距离的增加，污染物浓度逐渐下降，最终在下游约120m处达到混合均匀。其中COD_{Cr}浓度在下游120m内有一定的污染贡献值，占标准的比例不大。说明项目生活污水排放对沙河影响甚微。

② 非正常排放

项目自建污水设施故障事故导致项目生活污水非正常排放时，对沙河450m混合距离范围内COD_{Cr}的浓度增值分布见表5-12。

表5-12　沙河混合过程段COD_{Cr}浓度增值分布　　mg/L

X\c/Y	5	10	15	20	25	30	35	40	45	50
20	0.0015	0.001	0.0005	0.0002	0.0001	0	0	0	0	0
40	0.0011	0.0009	0.0006	0.0004	0.0002	0.0001	0	0	0	0

续表

X\c/Y	5	10	15	20	25	30	35	40	45	50
60	0.0009	0.0008	0.0007	0.0005	0.0003	0.0002	0.0001	0.0001	0	0
80	0.0008	0.0007	0.0006	0.0005	0.0004	0.0002	0.0002	0.0001	0.0001	0.0001
100	0.0007	0.0007	0.0006	0.0005	0.0004	0.0003	0.0002	0.0001	0.0001	0.0001
120	0.0007	0.0006	0.0006	0.0005	0.0004	0.0003	0.0002	0.0002	0.0001	0.0001
140	0.0006	0.0006	0.0005	0.0005	0.0004	0.0003	0.0003	0.0002	0.0002	0.0002
160	0.0006	0.0006	0.0005	0.0005	0.0004	0.0003	0.0003	0.0002	0.0002	0.0002
180	0.0006	0.0005	0.0005	0.0005	0.0004	0.0004	0.0003	0.0003	0.0002	0.0002
200	0.0005	0.0005	0.0005	0.0004	0.0004	0.0004	0.0003	0.0003	0.0003	0.0003
220	0.0005	0.0005	0.0005	0.0004	0.0004	0.0004	0.0003	0.0003	0.0003	0.0003
240	0.0005	0.0005	0.0005	0.0004	0.0004	0.0004	0.0003	0.0003	0.0003	0.0003
260	0.0005	0.0005	0.0005	0.0004	0.0004	0.0004	0.0004	0.0003	0.0003	0.0003
280	0.0005	0.0005	0.0004	0.0004	0.0004	0.0004	0.0004	0.0003	0.0003	0.0003
300	0.0005	0.0004	0.0004	0.0004	0.0004	0.0004	0.0004	0.0004	0.0003	0.0003
320	0.0004	0.0004	0.0004	0.0004	0.0004	0.0004	0.0004	0.0004	0.0004	0.0004
340	0.0004	0.0004	0.0004	0.0004	0.0004	0.0004	0.0004	0.0004	0.0004	0.0004
360	0.0004	0.0004	0.0004	0.0004	0.0004	0.0004	0.0004	0.0004	0.0004	0.0004
380	0.0004	0.0004	0.0004	0.0004	0.0004	0.0004	0.0004	0.0004	0.0004	0.0004
400	0.0004	0.0004	0.0004	0.0004	0.0004	0.0004	0.0004	0.0004	0.0004	0.0004
420	0.0004	0.0004	0.0004	0.0004	0.0004	0.0004	0.0004	0.0004	0.0004	0.0004
440	0.0004	0.0004	0.0004	0.0004	0.0004	0.0004	0.0004	0.0004	0.0004	0.0004
450	0.0004	0.0004	0.0004	0.0004	0.0004	0.0004	0.0004	0.0004	0.0004	0.0004

根据预测结果，项目自建污水设施故障事故导致项目生活污水非正常排放时，在沙河在长度为450m的混合河段范围内，对靠近排污口附近河段产生十分明显的影响，随着距离的增加，污染物浓度逐渐下降，最终在下游约320m处基本达到混合均匀。在排污口附近COD_{Cr}增值未出现超标现象，说明此时项目非工况排放的生活污水对沙河产生的污染贡献比例不大，环境影响在可控范围内，但也必须避免项目自建污水设施发生非正常排放情况。

（3）完全混合断面的预测结果

经预测，项目生活污水达标排放和非正常排放两种情况下，主要污染物COD_{Cr}对沙河完全混合断面水质影响的预测结果见表5-13。

表5-13　沙河完全混合断面COD_{Cr}浓度预测结果　　mg/L

项目	COD_{Cr}浓度预测值	
	贡献值	占标率(%)
正常排放	0.0001	0.0005
非正常排放	0.0004	0.002
执行标准	20	

由表 5-13 可见，项目生活污水正常达标排放时，对沙河枯水期评价河流段 COD_{Cr} 有一定污染贡献，但占《地表水环境质量标准》(GB 3838—2002)中的Ⅲ类标准比例较低，说明项目生活污水达标排放对沙河水质产生的污染贡献较小。

非正常排放情况下，则对沙河水质的污染贡献明显较达标排放时增大，占《地表水环境质量标准》(GB 3838—2002)中的Ⅲ类标准比例也明显提高，但占标率较低，说明项目生活污水非工况排放对沙河水质产生的污染贡献较小。

相对而言，事故排放废水对水体环境质量影响稍大，为了减轻纳污水体沙河的污染负荷，应避免出现事故排放，防治项目自建废水处理设施出现故障，要求建设单位对废水处理设施加强日常的运行管理，加强对操作人员的岗位培训，确保废水稳定达标排放，建立健全应急预案体系、环保管理机制和各项环保规章制度，落实岗位环保责任制，加强环境风险防范工作，防止事故排放导致环境问题。

5. 小结

综上分析，项目生活污水经自建 MBR 一体化处理设备处理，正常达标排放情况下，项目生活污水仅对沙河混合过程段产生轻微的污染贡献，也说明沙河现状水质较差的原因并不在于项目生活污水的排放污染，主要还是区域内排放的大量生活污水、其他工业废水、养殖业废水及面源污染物贡献较大；非正常排放情况下，对沙河混合过程段产生的污染贡献较正常工况排放时的明显，但占标率较小，项目生活污水非工况排放对沙河水质产生的污染贡献较小。为了减轻纳污水体沙河的污染负荷，建设单位必须重视污水设施的运行管理，杜绝废水非正常排放。

习　题

1. 名词解释

水环境；水体污染；点源污染；水环境影响评价。

2. 简答题

(1) 如何筛选水环境影响评价因子？

(2) 地面水环境影响评价的工作程序。

(3) 地面水环境影响评价工作等级的划分依据是什么？

(4) 各类水域在不同评价等级时水质的调查时期。

(5) 水环境影响预测数学模型有哪些？各自的适用条件是什么？

第六章　地下水环境影响评价

第一节　概　　述

地下水是指地面以下饱和含水层中的水。地下水是水资源的重要组成部分，由于水量稳定，水质好，是农业灌溉、工矿和城市的重要水源之一。地下水污染是指人为原因直接导致地下水化学、物理、生物性质改变，使地下水水质恶化的现象。保护地下水对于改善我国水资源短缺的现状意义重大。

地下水环境影响评价应对建设项目在建设期、运营期和服务期满后，对地下水水质可能造成的直接影响进行分析、预测和评估，提出预防、保护或者减轻不良影响的对策和措施，制定地下水环境影响跟踪监测计划，为建设项目地下水环境保护提供科学依据。

基本概念如下：

1. 水文地质条件

地下水埋藏和分布、含水介质和含水构造等条件的总称。

2. 包气带

地面与地下水面之间与大气相通的，含有气体的地带。

3. 饱水带

地下水面以下，岩层的空隙全部被水充满的地带。

4. 潜水

地面以下，第一个稳定隔水层以上具有自由水面的地下水。

5. 承压水

充满于上下两个相对隔水层间的具有承压性质的地下水。

6. 地下水补给区

含水层出露或接近地表接受大气降水和地表水等入渗补给的地区。

7. 地下水排泄区

含水层的地下水向外部排泄的范围。

8. 地下水径流区

含水层的地下水从补给区至排泄区的流经范围。

9. 集中式饮用水水源

进入输水管网送到用户的且具有一定供水规模(供水人口一般不小于1000人)的现用、备用和规划的地下水饮用水水源。

10. 分散式饮用水水源地

供水小于一定规模(供水人口一般小于1000人)的地下水饮用水水源地。

11. 地下水环境现状值

建设项目实施前的地下水环境质量监测值。

12. 地下水污染对照值

调查评价区内有历史记录的地下水水质指标统计值，或评价区内受人类活动影响程度较小的地下水水质指标统计值。

13. 地下水环境保护目标

潜水含水层和可能受建设项目影响且具有饮用水开发利用价值的含水层，集中式饮用水水源和分散式饮用水水源地，以及《建设项目环境影响评价分类管理名录》中所界定的涉及地下水的环境敏感区。

第二节　评价工作程序、等级和技术要求

地下水环境影响评价的基本任务包括：识别地下水环境影响，确定地下水环境影响评价工作等级；开展地下水环境现状调查，完成地下水环境现状监测与评价；预测和评价建设项目对地下水水质可能造成的直接影响，提出有针对性的地下水污染防控措施与对策，制定地下水环境影响跟踪监测计划和应急预案。

一、评价工作程序

地下水环境影响评价工作可划分为准备阶段、现状调查与评价阶段、影响预测与评价阶段和结论阶段。地下水环境影响评价工作程序见图 6-1。各阶段的主要工作内容如下：

1. 准备阶段

搜集和分析有关国家和地方地下水环境保护的法律、法规、政策、标准及相关规划等资料；了解建设项目工程概况，进行初步工程分析，识别建设项目对地下水环境可能产生的直接影响；开展现场踏勘工作，识别地下水环境敏感程度；确定评价工作等级、评价范围、评价重点。

2. 现状调查与评价阶段

开展现场调查、勘探、地下水监测、取样、分析、室内外试验和室内资料分析等工作，进行现状评价。

3. 影响预测与评价阶段

进行地下水环境影响预测，依据国家、地方有关地下水环境的法规及标准，评价建设项目对地下水环境的直接影响。

4. 结论阶段

综合分析各阶段成果，提出地下水环境保护措施与防控措施，制定地下水环境影响跟踪监测计划，完成地下水环境影响评价。

二、地下水环境影响评价工作分级

1. 划分依据

地下水环境影响评价工作等级的划分应依据建设项目行业分类和地下水环境敏感程度分级进行判定，可划分为一、二、三级。如图 6-1 所示。

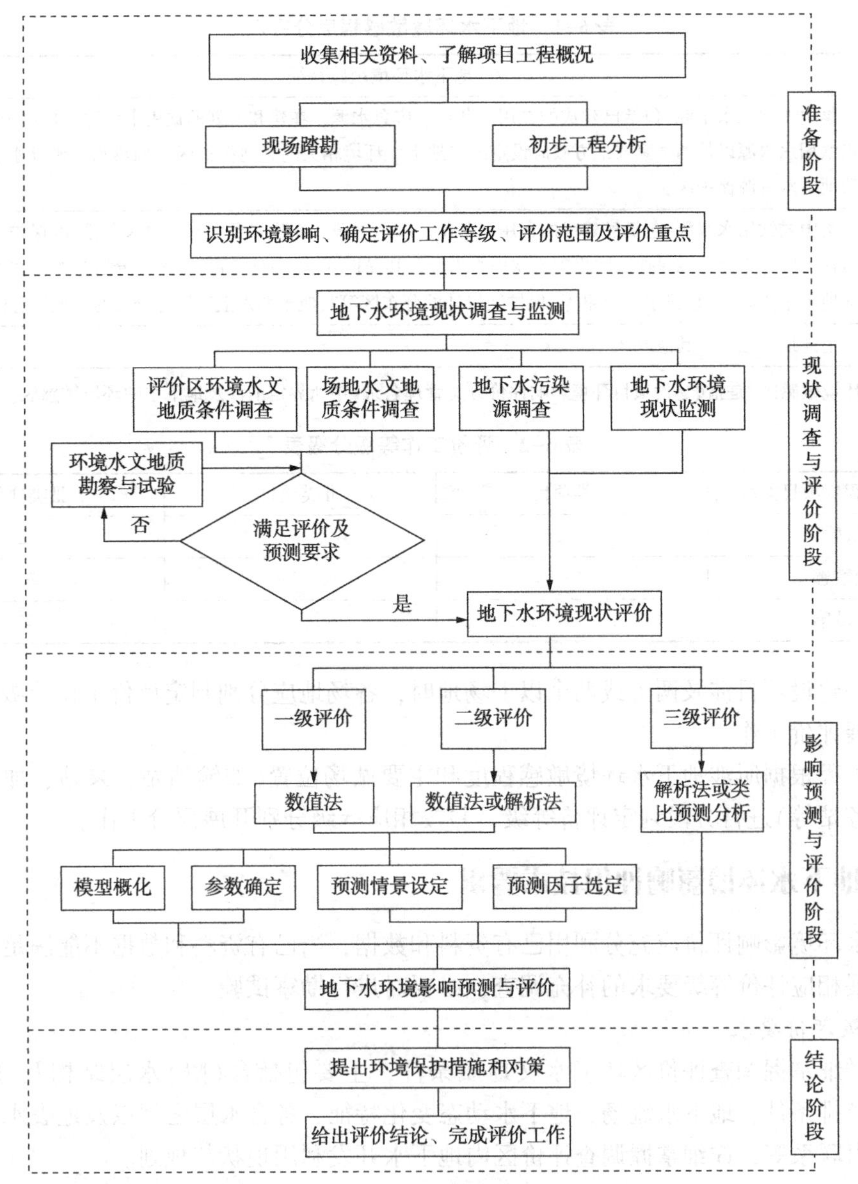

图 6-1 地下水环境影响评价工作程序图

（1）根据附录 A 确定建设项目所属的地下水环境影响评价项目类别。根据建设项目对地下水环境影响的程度，结合《建设项目环境影响评价分类管理名录》，将建设项目分为Ⅰ类、Ⅱ类、Ⅲ类和Ⅳ类详见《环境影响评价技术导则 地下水环境》（HJ 610—2016）附录 A。其中，Ⅳ类建设项目不开展地下水环境影响评价。

（2）建设项目的地下水环境敏感程度可分为敏感、较敏感、不敏感三级，分级原则见表 6-1。

2. 建设项目评价工作等级

建设项目地下水环境影响评价工作等级划分见表 6-2。

对于利用废弃盐岩矿井洞穴或人工专制盐岩洞穴、废弃矿井巷道加水幕系统、人工硬岩洞库加水幕系统、地质条件较好的含水层储油、枯竭的油气层储油等形式的地下储油库，危险废物填埋场应进行一级评价，不按表 6-2 划分评价工作等级。

表 6-1　地下水环境敏感程度分级表

敏感程度	地下水环境敏感特征
敏感	集中式饮用水水源（包括已建成的在用、备用、应急水源，在建和规划的饮用水水源）准保护区；除集中式饮用水水源以外的国家或地方政府设定的与地下水环境相关的其他保护区，如热水、矿泉水、温泉等特殊地下水资源保护区
较敏感	集中式饮用水水源（包括已建成的在用、备用、应急水源，在建和规划的饮用水水源）准保护区以外的补给径流区；未划定准保护区的集中式饮用水水源，其保护区以外的补给径流区；分散式饮用水水源地；特殊地下水资源（如矿泉水、温泉等）保护区以外的分布区等其他未列入上述敏感分级的环境敏感区①
不敏感	上述地区之外的其他地区

注：①“环境敏感区”是指《建设项目环境影响评价分类管理名录》中所界定的涉及地下水的环境敏感区。

表 6-2　评价工作等级分级表

环境敏感程度项目类别	Ⅰ类项目	Ⅱ类项目	Ⅲ类项目
敏感	一	一	二
较敏感	一	二	三
不敏感	二	三	三

当同一建设项目涉及两个或两个以上场地时，各场地应分别判定评价工作等级，并按相应等级开展评价工作。

线性工程根据所涉地下水环境敏感程度和主要站场位置（如输油站、泵站、加油站、机务段、服务站等）进行分段判定评价等级，并按相应等级分别开展评价工作。

三、地下水环境影响评价技术要求

地下水环境影响评价应充分利用已有资料和数据，当已有资料和数据不能满足评价要求时，应开展相应评价等级要求的补充调查，必要时进行勘察试验。

1. 一级评价要求

（1）详细掌握调查评价区环境水文地质条件，主要包括含（隔）水层结构及分布特征、地下水补径排条件、地下水流场、地下水动态变化特征、各含水层之间以及地表水与地下水之间的水力联系等，详细掌握调查评价区内地下水开发利用现状与规划。

（2）开展地下水环境现状监测，详细掌握调查评价区地下水环境质量现状和地下水动态监测信息，进行地下水环境现状评价。

（3）基本查清场地环境水文地质条件，有针对性地开展现场勘察试验，确定场地包气带特征及其防污性能。

（4）采用数值法进行地下水环境影响预测，对于不宜概化为等效多孔介质的地区，可根据自身特点选择适宜的预测方法。

（5）预测评价应结合相应环保措施，针对可能的污染情景，预测污染物运移趋势，评价建设项目对地下水环境保护目标的影响。

（6）根据预测评价结果和场地包气带特征及其防污性能，提出切实可行的地下水环境保护措施与地下水环境影响跟踪监测计划，制定应急预案。

2. 二级评价要求

（1）基本掌握调查评价区的环境水文地质条件，主要包括含（隔）水层结构及其分布特征、地下水补径排条件、地下水流场等。了解调查评价区地下水开发利用现状与规划。

（2）开展地下水环境现状监测，基本掌握调查评价区地下水环境质量现状，进行地下水环境现状评价。

（3）根据场地环境水文地质条件的掌握情况，有针对性地补充必要的现场勘察试验。

（4）根据建设项目特征、水文地质条件及资料掌握情况，选择采用数值法或解析法进行影响预测，预测污染物运移趋势和对地下水环境保护目标的影响。

（5）提出切实可行的环境保护措施与地下水环境影响跟踪监测计划。

3. 三级评价要求

（1）了解调查评价区和场地环境水文地质条件。

（2）基本掌握调查评价区的地下水补径排条件和地下水环境质量现状。

（3）采用解析法或类比分析法进行地下水影响分析与评价。

（4）提出切实可行的环境保护措施与地下水环境影响跟踪监测计划。

4. 其他技术要求

（1）一级评价要求场地环境水文地质资料的调查精度应不低于 1：10000 比例尺，评价区的环境水文地质资料的调查精度应不低于 1：50000 比例尺。

（2）二级评价环境水文地质资料的调查精度要求能够清晰反映建设项目与环境敏感区、地下水环境保护目标的位置关系，并根据建设项目特点和水文地质条件复杂程度确定调查精度，建议一般以不低于 1：50000 比例尺为宜。

第三节 地下水环境影响预测

一、预测范围

地下水环境影响预测范围一般与调查评价范围一致。预测层位应以潜水含水层或污染物直接进入的含水层为主，兼顾与其水力联系密切且具有饮用水开发利用价值的含水层。当建设项目场地天然包气带垂向渗透系数小于 1×10^{-6}cm/s 或厚度超过 100m 时，预测范围应扩展至包气带。

二、预测时段

地下水环境影响预测时段应选取可能产生地下水污染的关键时段，至少包括污染发生后 100d、1000d，服务年限或能反映特征因子迁移规律的其他重要的时间节点。

三、预测情景设置

一般情况下，建设项目须对正常状况和非正常状况的情景分别进行预测。已依据《生活垃圾填埋场污染控制标准》（GB 16889）、《危险废物贮存污染控制标准》（GB 18597）、《危险废物填埋污染控制标准》（GB 18598）、《一般工业固物废物贮存、处置场污染控制标准》（GB 18599）、《石油化工工程防渗技术规范》（GB/T 50934）设计地下水污染防渗措施的建设项目，可不进行正常状况情景下的预测。

四、预测因子

对建设项目预测因子的筛选，一般应包括以下四方面：

(1) 识别出的特征因子，按照重金属、持久性有机污染物和其他类别进行分类，并对每一类别中的各项因子采用标准指数法进行排序，分别取标准指数最大的因子作为预测因子；

(2) 现有工程已经产生的且改、扩建后将继续产生的特征因子，改、扩建后新增加的特征因子；

(3) 污染场地已查明的主要污染物；

(4) 国家或地方要求控制的污染物。

五、预测源强

地下水环境影响预测源强的确定应充分结合工程分析。正常状况下，预测源强应结合建设项目工程分析和相关设计规范确定，如《给水排水构筑物工程施工及验收规范》(GB 50141)、《给水排水管道工程施工及验收规范》(GB 50268)等。非正常状况下，预测源强可根据工艺设备或地下水环境保护措施因系统老化或腐蚀程度等设定。

六、预测方法

(1) 建设项目地下水环境影响预测方法包括数学模型法和类比分析法。其中，数学模型法包括数值法、解析法等方法。常用的地下水预测数学模型参见《环境影响评价技术导则 地下水环境》(HJ 610—2016)附录 D。

(2) 预测方法的选取应根据建设项目工程特征、水文地质条件及资料掌握程度来确定，当数值方法不适用时，可用解析法或其他方法预测。一般情况下，一级评价应采用数值法，不宜概化为等效多孔介质的地区除外；二级评价中水文地质条件复杂且适宜采用数值法时，建议优先采用数值法；三级评价可采用解析法或类比分析法。

(3) 采用数值法预测前，应先进行参数识别和模型验证。

(4) 采用解析模型预测污染物在含水层中的扩散时，一般应满足以下条件：

① 污染物的排放对地下水流场没有明显的影响。

② 评价区内含水层的基本参数(如渗透系数、有效孔隙度等)不变或变化很小。

(5) 采用类比分析法时，应给出类比条件。类比分析对象与拟预测对象之间应满足以下要求：

① 二者的环境水文地质条件、水动力场条件相似。

② 二者的工程类型、规模及特征因子对地下水环境的影响具有相似性。

(6) 地下水环境影响预测过程中，对于采用非本导则推荐模式进行预测评价时，须明确所采用模式适用条件，给出模型中的各参数物理意义及参数取值，并尽可能地采用本导则中的相关模式进行验证。

七、预测模型概化

(1) 水文地质条件概化

根据调查评价区和场地环境水文地质条件，对边界性质、介质特征、水流特征和补径排等条件进行概化。

(2) 污染源概化

污染源概化包括排放形式与排放规律的概化。根据污染源的具体情况，排放形式可以概化为点源、线源、面源；排放规律可以简化为连续恒定排放或非连续恒定排放以及瞬时排放。

（3）水文地质参数初始值的确定

预测所需的包气带垂向渗透系数、含水层渗透系数、给水度等参数初始值的获取应以收集评价范围内已有水文地质资料为主，不满足预测要求时需通过现场试验获取。

八、预测内容

（1）给出特征因子不同时段的影响范围、程度，最大迁移距离。

（2）给出预测期内场地边界或地下水环境保护目标处特征因子随时间的变化规律。

（3）当建设项目场地天然包气带垂向渗透系数小于 1×10^{-6}cm/s 或厚度超过 100m 时，须考虑包气带阻滞作用，预测特征因子在包气带中迁移。

（4）污染场地修复治理工程项目应给出污染物变化趋势或污染控制的范围。

九、常用的地下水预测数学模型

1. 地下水溶质运移解析法

求解复杂的水动力弥散方程定解问题非常困难，实际问题中都靠数值方法求解。但是可以用解析解对照数值解法进行检验和比较，并用解析解去拟合观测资料以求得水动力弥散系数。

（1）预测模型

一维稳定流动一维水动力弥散问题

① 一维无限长多孔介质柱体，示踪剂瞬时注入

$$C(x,\ t)=\frac{m/W}{2n_e\sqrt{\pi D_L t}}e^{-\frac{(x-ut)^2}{4D_L t}} \tag{6-1}$$

式中 x——距注入点的距离，m；

t——时间，d；

$C(x,\ t)$——t 时刻 x 处的示踪剂浓度，g/L；

m——注入的示踪剂质量，kg；

W——横截面面积，m^2；

u——水流速度，m/d；

n_e——有效孔隙度，无量纲；

D_L——纵向弥散系数，m^2/d；

π——圆周率。

② 一维半无限长多孔介质柱体，一端为定浓度边界

$$\frac{C}{C_0}=\frac{1}{2}\mathrm{erfc}\left(\frac{x-ut}{2\sqrt{D_L t}}\right)+\frac{1}{2}e^{\frac{ux}{D_L}}\mathrm{erfc}\left(\frac{x+ut}{2\sqrt{D_L t}}\right) \tag{6-2}$$

式中 x——距注入点的距离，m；

t——时间，d；

C_0——注入的示踪剂浓度，g/L；

u——水流速度，m/d；

D_L——纵向弥散系数，m^2/d；

erfc（ ）——余误差函数。

（2）一维稳定流动二维水动力弥散问题

① 瞬时注入示踪剂——平面瞬时点源

$$C(x,\ y,\ t)=\frac{m_{\mathrm{M}}/M}{4\pi nt\sqrt{D_{\mathrm{L}}D_{\mathrm{T}}}}\mathrm{e}^{-\left[\frac{(x-ut)^2}{4D_{\mathrm{L}}t}+\frac{y^2}{4D_{\mathrm{T}}t}\right]} \tag{6-3}$$

式中 x，y——计算点处的位置坐标；

t——时间，d；

$C(x,\ y,\ t)$——t 时刻$(x,\ y)$处的示踪剂浓度，g/L；

M——承压含水层的厚度，m；

m_{M}——长度为 M 的线源瞬时注入的示踪剂质量，kg；

u——水流速度，m/d；

D_{L}——纵向弥散系数，m^2/d；

D_{T}——横向 y 方向的弥散系数，m^2/d；

π——圆周率。

② 连续注入示踪剂——平面连续点源

$$C(x,\ y,\ t)=\frac{m_{\mathrm{t}}}{4\pi Mn\sqrt{D_{\mathrm{L}}D_{\mathrm{T}}}}e^{\frac{xu}{2D_{\mathrm{L}}}}\left[2K_0(\beta)-W\left(\frac{u^2t}{4D_{\mathrm{L}}},\ \beta\right)\right] \tag{6-4}$$

$$\beta=\sqrt{\frac{u^2x^2}{4D_{\mathrm{L}}^2}+\frac{u^2y^2}{4D_{\mathrm{L}}D_{\mathrm{T}}}} \tag{6-5}$$

式中 x，y——计算点处的位置坐标；

t——时间，d；

$C(x,\ y,\ t)$——t 时刻$(x,\ y)$处的示踪剂浓度，g/L；

M——承压含水层的厚度，m；

m_{t}——单位时间注入示踪剂的质量，kg；

u——水流速度，m/d；

D_{L}——纵向弥散系数，m^2/d；

D_{T}——横向 y 方向的弥散系数，m^2/d；

π——圆周率；

$K_0(\beta)$——第二类零阶修正贝塞尔函数；

$W\left(\frac{u^2t}{4D_{\mathrm{L}}},\ \beta\right)$——第一类越流系统井函数。

2. 地下水数值模型

数值法可以解决许多复杂水文地质条件和地下水开发利用条件下的地下水资源评价问题，并可以预测各种开采方案条件下地下水位的变化，即预报各种条件下的地下水状态。但不适用于管道流(如岩溶暗河系统等)的模拟评价。

地下水水流模型：

对于非均质、各向异性、空间三维结构、非稳定地下水流系统：

① 控制方程

$$u_{\mathrm{s}}\frac{\partial h}{\partial t}=\frac{\partial}{\partial x}\left(K_{\mathrm{x}}\frac{\partial h}{\partial x}\right)+\frac{\partial}{\partial y}\left(K_{\mathrm{y}}\frac{\partial h}{\partial y}\right)+\frac{\partial}{\partial z}\left(K_{\mathrm{z}}\frac{\partial h}{\partial z}\right)+w \tag{6-6}$$

式中 μ_{s}——贮水率，1/m；

h——水位，m；

K_x，K_y，K_z——分别为 x，y，z 方向上的渗透系数，m/d；

t——时间，d；

W——源汇项，m^3/d。

② 初始条件

$$h(x, y, z, t)=h_0(x, y, z)(x, y, z)\varepsilon\Omega, \ t=0 \tag{6-7}$$

式中 $h_0(x, y, z)$——已知水位分布；

Ω——模型模拟区。

③ 边界条件

a. 第一类边界

$$h(x, y, z, t)|_{\Gamma_1}=h(x, y, z, t)(x, y, z)\varepsilon\Gamma_1, \ t\geqslant 0 \tag{6-8}$$

式中 Γ_1——一类边界；

$h(x, y, z, t)$——一类边界上的已知水位函数。

b. 第二类边界

$$k\frac{\partial h}{\partial \vec{h}}|_{\Gamma_2}=q(x, y, z, t)(x, y, z)\varepsilon\Gamma_2, \ t>0 \tag{6-9}$$

式中 Γ_2——二类边界；

k——三维空间上的渗透系数张量；

n——边界 Γ_2 的外法线方向；

$q(x, y, z, t)$——二类边界上已知流量函数。

c. 第三类边界

$$\left(k(h-z)\frac{\partial h}{\partial \vec{n}}+\alpha h\right)|_{\Gamma_3}=q(x, y, z)(x, y, z)\varepsilon\Gamma_3, \ t\geqslant 0 \tag{6-10}$$

式中 α——已知函数；

Γ_3——三类边界；

k——三维空间上的渗透系数张量；

$\vec{n}$——边界 Γ_3 的外法线方向；

$q(x, y, z)$——三类边界上已知流量函数。

3. 地下水水质模型

水是溶质运移的载体，地下水溶质运移数值模拟应在地下水流场模拟基础上进行。因此，地下水溶质运移数值模型包括水流模型和溶质运移模型两部分。

(1) 控制方程

$$R\theta\frac{\partial C}{\partial t}=\frac{\partial}{\partial x_i}\left(\theta D_{ij}\frac{\partial C}{\partial x_j}\right)-\frac{\partial}{\partial x_i}(\theta v_i C)-WC_s-WC-\lambda_1\theta C-\lambda_2\rho_b\overline{C} \tag{6-11}$$

式中 R——迟滞系数，无量纲。$R=1+\frac{\rho_b}{\theta}\frac{\partial \overline{C}}{\partial C}$。

ρ_b——介质密度，$kg/(dm)^3$；

θ——介质孔隙度，无量纲；

c——组分的浓度，g/L；

$\overline{C}$——介质骨架吸附的溶质浓度，g/kg；

t——时间，d；

D_{ij}——水动力弥散系数张量，m^2/d；

v_i——地下水渗流速度张量，m/d；

W——水流的源和汇，1/d；

C_s——组分的浓度，g/L；

λ_1——溶解相一级反应速率，1/d；

λ_2——吸附相反应速率，1/d。

（2）初始条件

$$C(x, y, z, t) = C_0(x, y, z) \quad (x, y, z,) \varepsilon \Omega, \ t=0 \tag{6-12}$$

式中 $C_0(x, y, z)$——已知浓度分布；

Ω——模型模拟区域。

（3）定解条件

① 第一类边界——给定浓度边界

$$C(x, y, z, t) | \Gamma_1 = C_0(x, y, z, t) \quad (x, y, z) \varepsilon \Gamma_1, \ t \geqslant 0 \tag{6-13}$$

式中 Γ_1——表示给定浓度边界；

$c(x, y, z, t)$——定浓度边界上的浓度分布。

② 第二类边界——给定弥散通量边界

$$\theta D_{ij} \frac{\partial C}{\partial x_j} | \Gamma_2 = f_i(x, y, z, t) \quad (x, y, z) \varepsilon \Gamma_2, \ t \geqslant 0 \tag{6-14}$$

式中 Γ_2——通量边界；

$f_i(x, y, z, t)$——边界 Γ_2 上已知的弥散通量函数。

③ 第三类边界——给定溶质通量边界

$$\left(\theta D_{ij} \frac{\partial C}{\partial x_j} - q_i C\right) | \Gamma_3 = g_i(x, y, z, t) \quad (x, y, z) \varepsilon \Gamma_3, \ t \geqslant 0 \tag{6-15}$$

式中

Γ_3——混合边界；

$g_i(x, y, z, t)$——Γ_3 上已知的对流-弥散总的通量函数。

第四节　地下水环境影响评价

一、评价原则

评价应以地下水环境现状调查和地下水环境影响预测结果为依据，对建设项目各实施阶段(建设期、运营期及服务期满后)不同环节及不同污染防控措施下的地下水环境影响进行评价。地下水环境影响预测未包括环境质量现状值时，应叠加环境质量现状值后再进行评价。应评价建设项目对地下水水质的直接影响，重点评价建设项目对地下水环境保护目标的影响。

二、评价范围

地下水环境影响评价范围一般与调查评价范围一致。

三、评价方法

采用标准指数法对建设项目地下水水质影响进行评价，具体方法同地面水水质影响部分。

对属于 GB/T 14848 水质指标的评价因子，应按其规定的水质分类标准值进行评价；对于不属于 GB/T 14848 水质指标的评价因子，可参照国家(行业、地方)相关标准的水质标准值(如 GB 3838、GB 5749《生活饮用水卫生标准》、DZ/T 0290《地下水质标准》等)进行评价。

四、评价结论

评价建设项目对地下水水质影响时，可采用以下判据评价水质能否满足标准的要求。

(1) 以下情况应得出可以满足标准要求的结论：

① 建设项目各个不同阶段，除场界内小范围以外地区，均能满足 GB/T 14848 或国家(行业、地方)相关标准要求的；

② 在建设项目实施的某个阶段，有个别评价因子出现较大范围超标，但采取环保措施后，可满足 GB/T 14848 或国家(行业、地方)相关标准要求的。

(2) 以下情况应得出不能满足标准要求的结论：

① 新建项目排放的主要污染物，改、扩建项目已经排放的及将要排放的主要污染物在评价范围内地下水中已经超标的。

② 环保措施在技术上不可行，或在经济上明显不合理的。

地下水环境影响评价总结论就包括以下内容：概述调查评价区及场地环境水文地质条件和地下水环境现状；根据地下水环境影响预测评价结果，给出建设项目对地下水环境和保护目标的直接影响；根据地下水环境影响评价结论，提出建设项目地下水污染防控措施的优化调整建议或方案；结合环境水文地质条件、地下水环境影响、地下水环境污染防控措施、建设项目总平面布置的合理性等方面进行综合评价，明确给出建设项目地下水环境影响是否可接受的结论。

第五节　地下水环境保护措施与对策

一、基本要求

(1) 地下水环境保护措施与对策应符合《中华人民共和国水污染防治法》和《中华人民共和国环境影响评价法》的相关规定，按照“源头控制、分区防控、污染监控、应急响应”重点突出饮用水水质安全的原则确定。

(2) 地下水环境环保对策措施建议应根据建设项目特点、调查评价区和场地环境水文地质条件，在建设项目可行性研究提出的污染防控对策的基础上，根据环境影响预测与评价结果，提出需要增加或完善的地下水环境保护措施和对策。

(3) 改、扩建项目应针对现有工程引起的地下水污染问题，提出“以新带老”的对策和措施，有效减轻污染程度或控制污染范围，防止地下水污染加剧。

(4) 给出各项地下水环境保护措施与对策的实施效果，列表给出初步估算各措施的投资概算，并分析其技术、经济可行性。

（5）提出合理、可行、操作性强的地下水污染防控的环境管理体系，包括地下水环境跟踪监测方案和定期信息公开等。

二、建设项目污染防控对策

1. 源头控制措施

主要包括提出各类废物循环利用的具体方案，减少污染物的排放量；提出工艺、管道、设备、污水储存及处理构筑物应采取的污染控制措施，将污染物跑、冒、滴、漏降到最低限度。

2. 分区防控措施

结合地下水环境影响评价结果，对工程设计或可行性研究报告提出的地下水污染防控方案提出优化调整的建议，给出不同分区的具体防渗技术要求。

一般情况下，应以水平防渗为主，防控措施应满足以下要求：

（1）已颁布污染控制国家标准或防渗技术规范的行业，水平防渗技术要求按照相应标准或规范执行，如 GB 16889、GB 18597、GB 18598、GB 18599、GB/T 50934 等。

（2）未颁布相关标准的行业，根据预测结果和场地包气带特征及其防污性能，提出防渗技术要求；或根据建设项目场地天然包气带防污性能、污染控制难易程度和污染物特性，参照表 6-5 提出防渗技术要求。其中污染控制难易程度分级和天然包气带防污性能分级分别参照表 6-3 和表 6-4 进行相关等级的确定。

表 6-3　污染控制难易程度分级参照表

污染控制难易程度	主要特征
难	对地下水环境有污染的物料或污染物泄漏后，不能及时发现和处理。
易	对地下水环境有污染的物料或污染物泄漏后，可及时发现和处理。

表 6-4　天然包气带防污性能分级参照表

分　级	包气带岩土的渗透性能
强	岩（土）层单层厚度 $M_b \geq 1.0m$，渗透系数 $K \leq 1\times10^{-6}cm/s$，且分布连续、稳定
中	岩（土）层单层厚度 $0.5m \leq M_b < 1.0m$，渗透系数 $K \leq 1\times10^{-6}cm/s$，且分布连续、稳定； 岩（土）层单层厚度 $M_b \geq 1.0m$，渗透系数 $1\times10^{-6}cm/s < K \leq 1\times10^{-4}cm/s$，且分布连续、稳定
弱	岩（土）层不满足上述“强”和“中”条件。

表 6-5　地下水污染防渗分区参照表

<table>
<tr><th>防渗分区</th><th>天然包气带防污性能</th><th>污染控制难易程度</th><th>污染物类型</th><th>防渗技术要求</th></tr>
<tr><td rowspan="3">重点防渗区</td><td>弱</td><td>难</td><td rowspan="3">重金属、持久性有机物污染物</td><td rowspan="3">等效黏土防渗层 $M_b \geq 6.0m$，$K \leq 1\times10^{-7}cm/s$ 或参照 GB 18598 执行</td></tr>
<tr><td>中~强</td><td>难</td></tr>
<tr><td>弱</td><td>易</td></tr>
<tr><td rowspan="4">一般防渗区</td><td>弱</td><td>易~难</td><td rowspan="2">其他类型</td><td rowspan="4">等效黏土防渗层 $M_b \geq 1.5m$，$K \leq 1\times10^{-7}cm/s$；或参照 GB 16889 执行</td></tr>
<tr><td>中~强</td><td>难</td></tr>
<tr><td>中</td><td>易</td><td rowspan="2">重金属、持久性有机物污染物</td></tr>
<tr><td>强</td><td>易</td></tr>
<tr><td>简单防渗区</td><td>中~强</td><td>易</td><td>其他类型</td><td>一般地面硬化</td></tr>
</table>

对难以采取水平防渗的场地，可采用垂向防渗为主，局部水平防渗为辅的防控措施。根据非正常状况下的预测评价结果，在建设项目服务年限内个别评价因子超标范围超出厂界时，应提出优化总图布置的建议或地基处理方案。

三、地下水环境监测与管理

1. 建立地下水环境监测管理体系

建立地下水环境监测管理体系，包括制定地下水环境影响跟踪监测计划、建立地下水环境影响跟踪监测制度、配备先进的监测仪器和设备，以便及时发现问题，采取措施。

2. 制订跟踪监测计划

跟踪监测计划应根据环境水文地质条件和建设项目特点设置跟踪监测点，跟踪监测点应明确与建设项目的位置关系，给出点位、坐标、井深、井结构、监测层位、监测因子及监测频率等相关参数。

(1) 跟踪监测点数量要求

① 一、二级评价的建设项目，一般不少于 3 个跟踪监测点，应至少在建设项目场地，上、下游各布设 1 个。一级评价的建设项目，应在建设项目总图布置基础之上，结合预测评价结果和应急响应时间要求，在重点污染风险源处增设监测点。

② 三级评价的建设项目，一般不少于 1 个跟踪监测点，应至少在建设项目场地下游布置 1 个。

(2) 明确跟踪监测点的基本功能，如背景值监测点、地下水环境影响跟踪监测点、污染扩散监测点等，必要时，明确跟踪监测点兼具的污染控制功能。

(3) 根据环境管理对监测工作的需要，提出有关监测机构、人员及装备的建议。

3. 制定地下水环境跟踪监测与信息公开计划

落实跟踪监测报告编制的责任主体，明确地下水环境跟踪监测报告的内容，一般应包括：

① 建设项目所在场地及其影响区地下水环境跟踪监测数据，排放污染物的种类、数量、浓度。

② 生产设备、管廊或管线、贮存与运输装置、污染物贮存与处理装置、事故应急装置等设施的运行状况、跑冒滴漏记录、维护记录。

③ 信息公开计划应至少包括建设项目特征因子的地下水环境监测值。

4. 应急响应

完善应急响应，制定地下水污染应急响应预案，明确污染状况下应采取的控制污染源、切断污染途径等措施。

第六节　案例分析

一、项目概况

某新建固化剂生产项目，项目排放的废水量为 166.4 t/a，主要含 COD_{Cr}、石油类和氨氮。根据《环境影响评价技术导则 地下水环境》(HJ 610—2016)判定本项目地下水评价等级为二级。

二、环境现状评价

1. 现状监测

(1) 监测点位及频次

项目区域水文地质调查略。本次地下水环境现状评价收集了附近其他项目已有的 7 个监测点位的监测数据，并对厂区另外布设了 2 个地下水水位水质监测点位。

(2) 监测频次及要求

监测频次：进行一期水质监测，每期 1 次。

监测要求：每个监测孔只取一个水质样品，取样点深度宜在地下水位以下 1.0m 左右。取样及分析方法须符合《水与废水监测分析方法》(第四版)及《环境影响评价技术导则　地下水环境》(HJ 610—2016)。

(3) 地下水水质现状监测因子

① 常规因子：pH、氨氮、硝酸盐、亚硝酸盐、挥发性酚类、氰化物、砷、汞、铬(六价)、总硬度、铅、氟、镉、铁、锰、溶解性总固体、高锰酸盐指数。

② 特征因子：石油类。

2. 现状评价方法

水质类型因子用来判断本评价区内地下水水质类型，地下水常规因子和特征因子评价采用单因子标准指数法。水质参数的标准指数大于 1 时，表明该水质参数超过了规定的水质标准，已经不能满足使用要求。

3. 评价结果

收集到的监测资料统计结果如下：

① 收集井的水质现状监测统计数据情况见表 6-6。

表 6-6　收集的项目现水质状监测数据一览表　　mg/L

点位	评价指标	pH	氨氮	硝酸盐	亚硝酸盐	挥发酚	氰化物	砷
Ⅲ类标准值		6.5~8.5	0.2	20	0.02	0.002	0.05	0.05
GW1	标准指数	0.54	5.7	0.18	/	0.09	/	/
	是否达标	达标	超标	达标	达标	达标	达标	达标
GW4	标准指数	0.03	2.88	0.03	/	21.0	/	/
	是否达标	达标	超标	达标	达标	超标	达标	达标
GW6	标准指数	0.07	16.80	0.02	/	41.0	/	0.01
	是否达标	达标	超标	达标	达标	超标	达标	达标
点位	评价指标	六价铬	总硬度	铅	氟化物	镉	铁	锰
Ⅲ类标准值		0.05	450	0.05	1	0.01	0.3	0.1
GW1	标准指数	2.58	0.27	0.16	0.10	/	0.47	1.90
	是否达标	超标	达标	达标	达标	达标	达标	超标
GW4	标准指数	1.70	0.66	0.12	0.22	0.03	0.23	4.10
	是否达标	超标	达标	达标	达标	达标	达标	超标
GW6	标准指数	1.70	0.49	0.12	0.32	/	/	2.20
	是否达标	超标	达标	达标	达标	达标	达标	超标

续表

点位	评价指标	高锰酸盐指数	氯化物	硫酸盐	石油类	溶解性总固体	汞
Ⅲ类标准值		3	250	250	0.05	1000	0.001
GW1	标准指数	1.40	0.05	0.15	0.40	0.53	/
	是否达标	超标	达标	达标	达标	达标	达标
GW4	标准指数	1.20	0.10	0.31	5.20	0.51	0.38
	是否达标	超标	达标	达标	超标	达标	达标
GW6	标准指数	0.87	0.05	0.01	3.0	0.34	0.41
	是否达标	达标	达标	达标	超标	达标	达标

根据上表，总结各点位的监测因子超标情况见表6-7。

表6-7　本项目现状监测超标情况统计　mg/L

超标倍数 \ 点位 超标因子	GW1	GW4	GW6
pH	—	—	—
氨氮	4.70	1.88	15.80
挥发酚	—	20.0	40.0
六价铬	1.58	0.70	0.70
锰	0.90	3.10	1.20
高锰酸盐指数	0.40	0.20	—
石油类	—	4.20	2.0

注：表中未列的其他监测因子在本次监测井中均未超标。

② 水位监测数据统计　两个新布设的地下水监测点的水质现状监测结果见表6-8。

表6-8　地下水现状监测结果　mg/L

点位 监测因子	GW1	GW2
pH值	6.58	6.62
总硬度	71.7	148
溶解性总固体	135	247
硫酸盐	41.0	28.8
氯化物	16.2	19.5
铁	0.04	0.02
锰	0.04	0.12
挥发酚	ND	ND
高锰酸盐指数	ND	0.6
硝酸盐	11.4	7.17
亚硝酸盐	ND	ND
氨氮	0.060	0.041

续表

监测因子 \ 点位	GW1	GW2
氟化物	0.11	ND
氰化物	ND	ND
汞	0.000067	0.000071
砷	ND	ND
镉	ND	ND
六价铬	0.006	ND
铅	ND	0.002
钾	1.94	9.49
钠	5.18	4.59
钙	7.00	9.86
镁	12.8	29.8
石油类	0.02	ND
碳酸根	ND	ND
碳酸氢根	28.6	23.4

注：ND 表示未检出。

常规及特征因子评价结果见表 6-9。

表 6-9 常规及特征因子评价结果一览表 mg/L

点位	评价指标	pH	氨氮	硝酸盐	亚硝酸盐	挥发酚	氰化物	砷
	Ⅲ类标准值	6.5~8.5	0.2	20	0.02	0.002	0.05	0.05
GW1	标准指数	0.84	0.30	0.57	/	/	/	/
	是否达标	达标	达标	达标	达标	达标	达标	达标
GW2	标准指数	0.76	0.21	0.36	/	/	/	/
	是否达标	达标	达标	达标	达标	达标	达标	达标
点位	评价指标	六价铬	总硬度	铅	氟化物	镉	铁	锰
	Ⅲ类标准值	0.05	450	0.05	1	0.01	0.3	0.1
GW1	标准指数	0.12	0.16	/	0.11	/	0.13	0.4.
	是否达标	达标	达标	达标	达标	达标	达标	达标
GW2	标准指数	/	0.33	0.04	/	/	0.07	1.20
	是否达标	达标	达标	达标	达标	达标	达标	超标
点位	评价指标	高锰酸盐指数	氯化物	硫酸盐	石油类	溶解性总固体	汞	
	Ⅲ类标准值	3	250	250	0.05	1000	0.001	
GW1	标准指数	/	0.065	0.164	0.40	0.135	0.067	
	是否达标	达标	达标	达标	达标	达标	达标	
GW2	标准指数	0.20	0.078	0.115	/	0.247	0.071	
	是否达标	达标	达标	达标	达标	达标	达标	

注：石油类参考《地表水环境质量标准》(GB3838-2002)；“/”表示未检出。

据表6-9可以看出，只有GW2点位处的锰超标0.2倍，这可能是由于土壤岩性所致。其余监测因子在GW1和GW2均低于《地下水质量标准》(GB/T 14848—2017)Ⅲ类标准值，其标准指数均小于1。说明场地上游及两侧水质总体较好。

三、预测方法及模式

根据《环境影响评价技术导则 地下水环境》(HJ 610—2016)，二级评价中水文地质条件复杂时采用数值法，水文地质条件简单时可采用解析法。本工程评价范围内水文地质条件都相对简单，因此采用解析法，预测污染源在非正常工况下，防渗膜出现破损时对地下水环境的影响。该法主要特点是不同于数值模型，其在解析计算时未考虑地下水流向。

建设单位拟在厂区新建地块容易出现地下水污染威胁的车间、罐区及过水设备装置区等区域设人工防渗膜，同时地面进行水泥硬化。做好各个细节的防渗堵漏措施和地下水污染事故应急设施，每日派专人多次巡查，做好设备运行记录和防渗检查记录。因此，正常情况下，本项目对地下水的环境污染影响较小。在非正常工况下，厂区废水暂存池防渗系统出现破损而导致渗漏时，会对厂址区域的地下水形成较大的污染威胁。

1. 污染源及污染因子识别

根据《环境影响评价技术导则 地下水环境》(HJ 610—2016)识别出调节池中的COD_{Cr}(采用COD_{Mn}进行对标评价)、氨氮、石油类为本项目的污染预测因子。本节以石油类的渗漏为例，预测项目对地下水环境的影响。

2. 预测模型概化及参数选取

(1) 预测模型选取及模型概化

根据业主提供资料，厂区(尤其是过水设备装置区)水泥地面硬化并铺设防渗土工膜，正常工况下不会对区内地下水造成影响。非正常工况为废水暂存池出现破损泄漏后池底防渗膜也破损(未被及时发现)的情况，废水暂存池废水会顺着破损裂缝进入到包气带岩层中，进入到含水层中污染地下水。

厂区地下水流向整体上呈一维流动，地下水位动态稳定，因此污染物在浅层含水层中的迁移，可概化为瞬时注入示踪剂(平面瞬时点源)的一维稳定流动二维水流动力弥散问题，当取平行地下水流动的方向为x轴正方向时，则污染物浓度分布模型如下：

$$C_{(x,y,t)}=\frac{m_M/M}{4\pi n\sqrt{D_L D_T}\,t}e^{-\left[\frac{(x-ut)^2}{4D_L t}+\frac{y^2}{4D_T t}\right]}$$

式中 x，y——计算点处的位置坐标；

t——时间，d；

$C_{(x,y,t)}$——t时刻点x，y处的示踪剂浓度，g/L；

M——含水层的厚度，m；

m_M——瞬时注入的示踪剂质量，kg；

u——水流速度，m/d；

n——有效孔隙度，无量纲；

D_L——纵向x方向的弥散系数，m^2/d；

D_T——横向y方向的弥散系数，m^2/d；

π——圆周率。

为便于模型计算，将地下水动力学模式中预测各污染物在含水层中的扩散作以下假定：

① 污染物进入地下水中对渗流场没有明显的影响；

② 预测区内的地下水是稳定流；

③ 污染物在地下水中的运移按“活塞推挤”方式进行；

④ 预测区内含水层的基本参数(如渗透系数、厚度、有效孔隙度等)不变。

在上述概化条件下，结合水文地质条件和地下水动力特征，对非正常工况情景下，废水中污染物的扩散速度进行预测。

这样假定的理由是：

① 有机污染物在地下水中的运移非常复杂，影响因素除对流、弥散作用以外，还存在物理、化学、微生物等作用，这些作用常常会使污染浓度衰减。目前国际上对这些作用参数的准确获取还存在着困难；

② 从保守性角度考虑，假设污染质在运移中不与含水层介质发生反应，可以被认为是保守型污染质，只按保守型污染质来计算，即只考虑运移过程中的对流、弥散作用。在国际上有很多用保守型污染质作为模拟因子的环境质量评价的成功实例；

③ 保守型考虑符合工程设计的思想。

(2) 模型参数选取

利用所选取的污染物迁移模型，能否达到对污染物迁移过程的合理预测，关键就在于模型参数的选取和确定是否正确合理。

本次预测所用模型需要的参数有：含水层厚度 M；外泄污染物质量 m_M；岩层的有效孔隙度 n；水流速度 u；污染物纵向弥散系数 D_L；污染物横向弥散系数 D_T，这些参数由本次工程地质勘察及类比区域勘察成果资料来确定。

① 含水层的厚度 M

本次评价主要考虑评价区浅层含水层，该层含水层厚度 3~9m 左右，取平均 6m。

根据《环境影响评价技术导则 地下水环境》(HJ 610—2016)，以石油类为本项目的污染预测因子。

② 瞬时注入的示踪剂质量 m_M

本工程调节池尺寸为 10m×4m×4.2m，假定渗漏面积为池底面积的 5%，则各污染物的渗漏量分别为：

石油类：$50mg/L\times(40m^3/d\times5\%)=100g/d$

本环评要求建设单位对地下水监控计划设为每季度监测 1 次，则在此期间泄漏量为 9kg。

③ 含水层的平均有效孔隙度 n_e

评价区孔隙潜水含水层岩性以含砾石、砂、黏性土为主，n_e 取经验值 0.4。

④ 水流速度 u

浅层水含水层渗透系数 0.0399~0.286m/d，取平均值 0.163m/d，地下水水力坡度 $I=0.01$，则地下水的实际渗透速度：

$$v=kI/n_e=0.163\times0.01/0.4=0.0041m/d$$

⑤ 纵向 x 方向的弥散系数 D_L

参考 Gelhar 等人关于纵向弥散度与观测尺度关系的理论，根据本次场地的研究尺度，模型计算中纵向弥散度选用 6m。

由此估算评估区含水层中的纵向弥散系数：

$$D_L = \alpha L \times u = 6\text{m} \times 0.0041\text{m/d} = 0.0025\text{m}^2/\text{d}。$$

⑥ 横向 y 方向的弥散系数 D_T

根据经验一般 $D_T/D_L = 0.1$，因此 D_T取为 0.00025m²/d。

各模型中参数取值见表 6-10。

表 6-10　预测参数取值一览表

项目	渗透系数 k/(m/d)	水力坡度 I	有效孔隙度 n_e	地下水流速 u/(m/d)	纵向弥散系数/(m²/d)	横向弥散系数/(m²/d)
取值	0.163	0.01	0.4	0.0041	0.0025	0.00025

3. 预测内容及评价标准

本次模拟预测，根据污染风险分析的情景设计，在选定优先控制污染物的基础上，分别对地下水污染物在不同时段的运移距离、超标范围进行模拟预测，并预测下游最近敏感点污染物的贡献值影响程度。

项目建设期及服务期满后用水量及排水量都很小，对地下水流场及水质影响极弱，因此报告仅对生产运行期可能对地下水环境造成影响进行预测。

本次预测标准石油类采用《地表水环境质量标准》(GB 3838—2002)Ⅲ类水标准，即 0.05mg/L，将石油类浓度超过 0.05mg/L 的范围定为超标范围。

四、地下水环境影响预测

(1) 下游监控井(拟建厂址下游新增监控井)浓度变化分析

本次评价建议建设单位在拟建厂区地下水下游(维修车间与雨水收集池之间)20m 内设一眼地下水监控井。

将确定的的参数代入预测模型，便可以求出含水层在任何时刻的污染物污染浓度的分布情况。废水暂存池泄漏废水中石油类如图 6-2 所示。

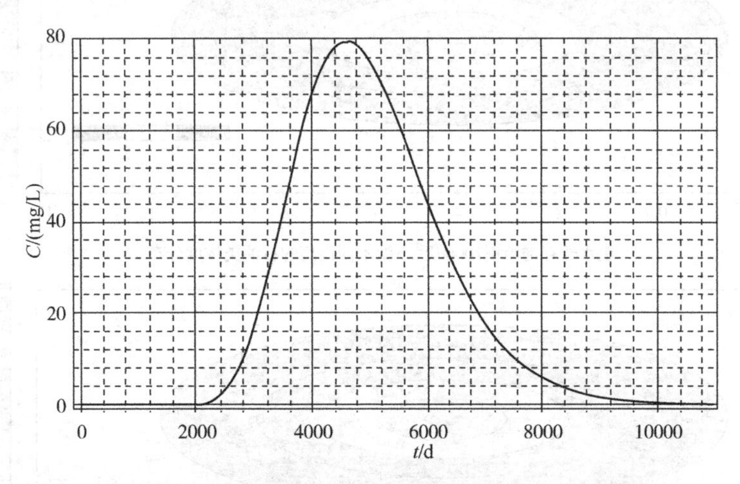

图 6-2　废水暂存池泄漏后监控井处石油类浓度变化趋势图

从图 6-2 可以看出，本项目废水暂存池泄漏后下游 20m 监控井中，泄漏废水中石油类对地下水中的贡献值呈倒“U”形趋势，在泄漏第 1853d 后，监控井中石油类贡献浓度达到 0.05mg/L；在渗漏第 4580d 后，石油类浓度贡献值达到最大值 79.77mg/L，超标倍数为

1594.4 倍；在泄漏第 10950d(30a)后，监控井中石油类贡献浓度降为 0.12mg/L，此时监控井中石油类浓度仍超标，超标倍数为 1.4 倍。

因此，要求建设单位加强废水暂存池的运营管理，定期检查废水暂存池的破损情况。发现废水暂存池出现破损、裂缝而发生渗漏后要及时采取修补措施。

(2) 下游不同距离不同时间段污染物分布趋势预测评价

废水暂存池泄漏后的石油类，下游不同距离其浓度随时间的推移，石油类浓度分布范围见图 6-3，随时间对地下水影响范围分析见表 6-11。

从图 6-3 可知，石油类对地下水的影响以椭圆的形式向外扩展，随泄漏时间延续，其污染羽不断向下游方向扩散，在泄漏 100d、1000d、10950d 时，其污染羽中心点分别距离废水收集池 0.41m、4.1m 和 44.9m 处。由于其不断迁移和扩散，污染羽中心点浓度也随着扩散不断降低，而且浓度下降速度比较快。

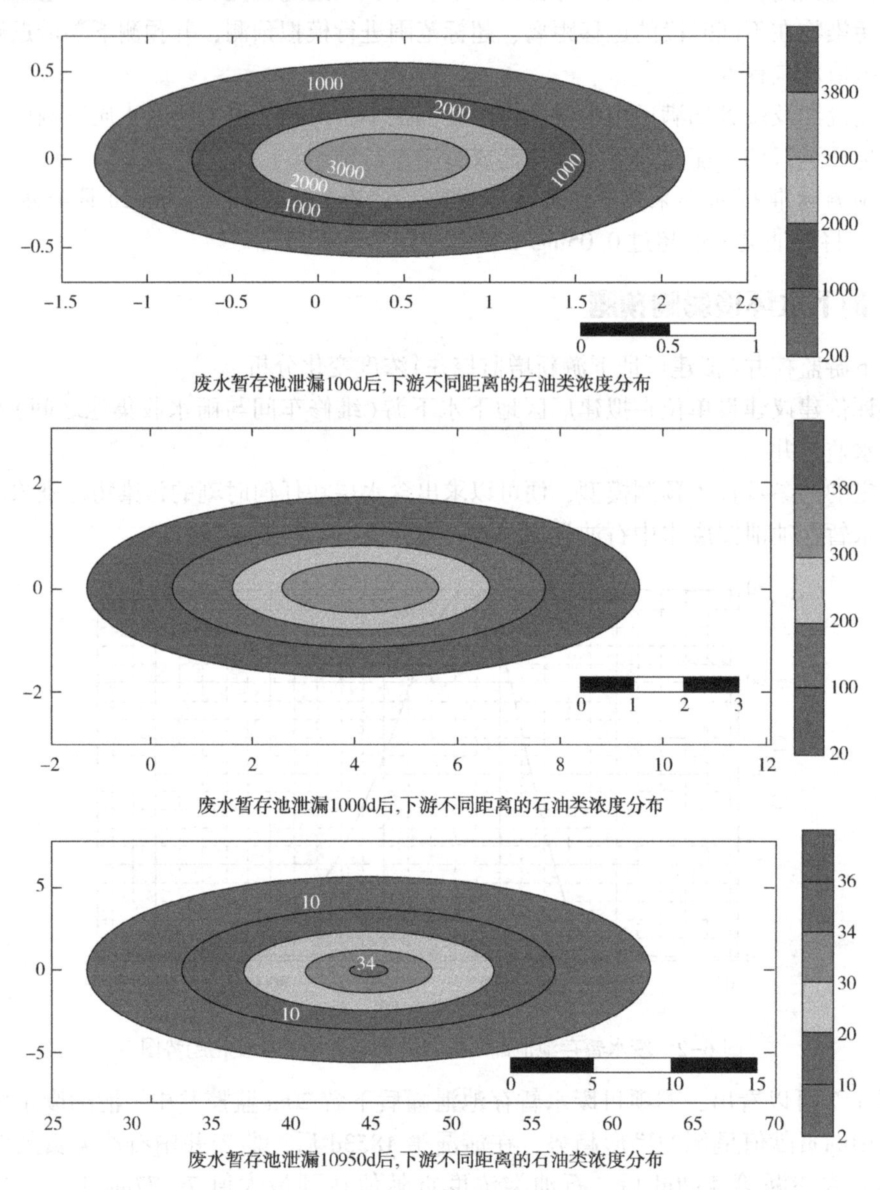

图 6-3 废水暂存池渗漏后下游石油类贡献浓度随距离的变化趋势图

从图 6-3 中也可得知，石油类泄漏后，在装置区域及其附近区域中的地下水含水层中石油类贡献浓度已现超标现象。具体分析见表 6-11。

表 6-11　地下水中石油类泄漏引起的超标范围

泄漏时间	超标(>0.05mg/L)			
	超标范围/m^2	x 正方向超标最大长度/m	y 正方向超标最大长度/m	最远超标距离/m
100d	2.76	2.28	0.47	2.28
1000d	24.72	8.90	1.64	8.90
10950d	290.41	36.81	4.86	63.93

注：表中距离指距泄漏点距离

从表 6-11 可以看出，随着泄漏时间的推移，渗漏废水中石油类贡献浓度引起的超标范围和距离随着时间的推移不断增大，渗滤液在泄漏 100d、1000d 和 10950d 后，石油类在下游的最远超标距离分别在位于泄漏点 2.28m、8.90m 和 63.83m 处，超标面积分别为 2.76m^2、24.72m^2和 290.41m^2。

总体来看，废水暂存池废水泄漏后对厂区及厂区外地下水的污染影响较小，对厂区外下游地下水水质影响较小。

(3) 下游最近敏感点(高岭新村)污染物浓度预测评价

高岭新村距离本项目装置区约 2800m。

根据以上分析，由于含水层迁移扩散能力慢，在项目预计服务期限 30 年内，由于进料罐泄漏后，污染物还未能扩散至在下游 2800m 外的某村庄，因此判断本项目对下游敏感点的地下水水质影响较小。

习　题

1. 名词解释

地下水；包气带；饱水带；地下水环境现状值；地下水污染。

2. 简答题

(1) 地下水环境影响评价工作等级如何划分？

(2) 地下水环境影响评价范围如何确定？

(3) 地下水环境影响预测的模型及选取。

(4) 地下水环境影响评价方法有哪些？

(5) 人类活动对地下水环境造成了怎样的影响？如何采取有效的地下水环境保护对策和措施？

第七章　声环境影响评价

第一节　概　　述

随着社会经济的快速发展和城市化建设的加速，有关噪声扰民和由于住宅隔声不好而引发的投诉案件日渐增加，人们感到整天生活在被噪声包围的世界里，无论工作和居住环境人们都受交通噪声、社会噪声、建筑施工噪声污染。如今，城市居民在选择居住环境时，除了关注生活是否方便外，更注重居民小区远离交通道路、铁路、商业区、机场等方面的声环境，已成为居民选择居住环境的重要因素。

噪声对人的影响主要有以下几个方面：

听力损伤。长期在高噪声环境下工作和生活，可导致噪声性耳聋。根据统计，在 80dB 以下工作 40 年不致耳聋；80dB 以上，每增 5dB(A)，噪声性发病率增加约 10%。

睡眠干扰。睡眠对人是极其重要的，它能够使人的新陈代谢得到调节，大脑得到休息，从而使人恢复体力和消除疲劳，保证睡眠是人体健康的重要因素。噪声会影响人的睡眠质量和数量，连续噪声可以加快熟睡到轻睡的回转，使人熟睡时间缩短；突然的噪声可使人惊醒。一般 40dB 连续噪声可使 10% 的人受影响，70dB 影响 50%；突然的噪声 40dB 时，使 10%的人惊醒；60dB 惊醒 70%的人。

对交谈、工作思考的干扰。实验研究表明，噪声干扰交谈。国内外大量的主观评价的调查，噪声超过 55dB，人们感到吵闹。统计结果表明当环境噪声 55dB 时，会有 15%的人感到很吵，50dB 还有 6%感到很吵，只有 45dB 以下，才使一般人感到安静。

噪声引起的心理影响主要是烦恼，使人激动、易怒、甚至失去理智，因噪声干扰引发民间纠纷等事件是常见的。据统计，吵闹环境中儿童智力发育比安静环境中低 20%。

另外，噪声导致胎儿畸形、鸟类不产卵都有事例。一般来说，环境噪声对人的影响是以造成对正常生活的干扰和引起烦恼为主，不会形成听力损伤或者其他疾病伤害。

虽然声音不同于水、气、土是人类生存不可缺少的环境要素，但由人类活动产生的环境噪声给人类自己的健康带来了不可低估的影响。因此，需要对噪声进行影响预测和评价，即声环境影响评价。声环境影响评价是在噪声源调查分析、背景环境噪声测量和敏感目标调查的基础上，对建设项目产生的噪声影响，按照噪声传播声级衰减和叠加的计算方法，预测环境噪声影响范围、程度和影响人口情况，对照相应的标准评价环境噪声影响，并提出相应的防治噪声的对策、措施的过程。本章通过对环境噪声的物理测定，识别和评价环境噪声的影响。本章的重点是环境噪声的影响识别和预测。

一、基本概念

1. 噪声

从物理学而言，指振幅和频率上完全无规律的震荡。从环境保护角度看，噪声就是人们不需要的声音。

2. 环境噪声污染

声音的三要素为声源(发声体)、介质(传播途径)、接受器(受体)。

环境噪声污染指所产生的环境噪声超过国家规定的环境噪声排放标准，并干扰他人正常生活、工作和学习的现象。

3. 噪声源

声音是由物体振动而产生的。辐射声能的振动体称为声源。这些振动体包括固体、液体和气体，通常为振动面或者振动的空气柱等。

4. 背景噪声

被测量噪声源以外的声源发出的环境噪声的总和。

5. 噪声敏感建筑物

指医院、学校、机关、科研单位、住宅等需要保持安静的建筑物。

6. 突发噪声

指突然发生，持续时间较短，强度较高的噪声。如锅炉排气、工程爆破等产生的较高噪声。

7. 频发噪声

指频繁发生、发生的时间和间隔有一定规律、单次持续时间较短、强度较高的噪声，如排气噪声、货物装卸噪声等。

8. 稳态噪声

在测量时间内，被测声源的声级起伏不大于3dB的噪声。

9. 非稳态噪声

在测量时间内，被测声源的声级起伏大于3dB的噪声。

二、噪声源的分类

1. 按噪声产生的机理分类

(1) 机械声源：机械碰撞、摩擦等产生噪声的声源。有简单声源和偶声源两类。

简单声源是最基本的声辐射体，也称球面声源或者点声源。在自由声场条件下，点声源向各方向均匀辐射声能，当声源尺寸比波长小的多时，只要辐射面的所有部分基本上以同相位振动，辐射体不管什么形状，都可以看作是简单声源(点声源)。

偶声源是一对简单声源，它们之间距离很小并且振动位相相反。

(2) 空气动力性声源：由气体流动产生噪声的声源。如空压机，风机等进气和排气产生噪声。有单极子、偶极子和四极子，分别具有不同的辐射特性。

(3) 电磁噪声源：由电磁场变化引起的磁致伸缩所产生噪声的声源。对产生机理不同的噪声源应采用不同的噪声控制措施。

2. 按噪声随时间的变化分类

按噪声随时间的变化分类可分成稳态噪声和非稳态噪声两大类。非稳态噪声中又可有瞬态的、周期性起伏的、脉冲的和无规则的噪声之分。在环境噪声现状监测中应根据噪声随时间的变化来选定恰当的测量和监测方法。

3. 环境噪声按其来源可分为以下四类

(1) 工业噪声

指在工业生产活动中使用固定的设备时产生的干扰周围生活环境的声音。如鼓风机、汽轮机、织布机、冲床等发出的声音。

(2) 建筑施工噪声

在建筑施工过程中产生的干扰周围生活环境的声音。如打桩机、混凝土搅拌机、卷扬机和推土机等发出的声音。

(3) 交通噪声

如汽车、火车、船舶汽笛和飞机等所产生的噪声。

(4) 社会生活噪声(社会生活中所产生的干扰周围生活、环境的声音)

指营业性文化娱乐场所和商业经营活动中使用的设备、设施产生的噪声。

三、环境噪声的主要特征

1. 环境噪声是感觉性公害

评价环境噪声对人的影响有其显著特点，它不仅取决于噪声强度的大小，而且取决于受影响人当时的行为状态，并与本人的生理(感觉)与心理(感觉)因素有关。

2. 环境噪声是局限性和分散性公害

这里是指环境噪声影响范围上的局限性和环境噪声源分布上的分散性。任何一个环境噪声源，由于距离发散衰减等因素只能影响一定的范围，超过一定范围就不再有影响，因此环境噪声影响的是有局限的。然而环境噪声源往往不是单一的，在人群周围噪声源无处不在，分布是分散的。

3. 环境噪声污染是可恢复性、无累积性公害

噪声源停止发声，噪声过程即消失，声环境可以恢复原来状态，不会留下能量的积累。

第二节　噪声评价的物理量

一、声压

当有声波存在时，媒质中的压强超过静止的压强值。声波通过媒质时引起的媒质压强的变化(即瞬时压强 P_1减去静止压强 P_0)称为声压，单位为 Pa。声压可用来衡量声音大小。

$$P=P_1-P_0 \tag{7-1}$$

描述声压可以用瞬时声压和有效声压等。瞬时声压是指某瞬时媒质中内部压强受到声波作用后的改变量，即单位面积的压力变化。瞬时声压的均方根值称为有效声压。通常所说的声压即指有效声压，用 P 表示。

人耳刚好能够感觉到的 1000Hz 的声压为 2×10^{-5}N/m^2，称为人耳的听阈，如蚊子飞过的声音。使人耳产生疼痛感觉的声压，声压为 20N/m^2，称为人耳的痛阈，如飞机发动机的噪声。

二、声压级

声压从听阈到痛阈，即 2×10^{-5}~20Pa，声压的绝对值相差达 100 万倍。因此，用声压的绝对值表示声音的强弱是很不方便的。再者，人对声音响度感觉是与声音的强度的对数成比例的。为了方便起见，引进了声压比或者能量比的对数来表示声音的大小，这就是声压级。声压级的单位是分贝，记为 dB。

$$L_P = 10\lg \frac{P^2}{P_0^2} \tag{7-2}$$

式中　L_P——对应声压 P 的声压级；

P——声压，N/m^2；

P_0——基准声压，等于 $2\times10^{-5}N/m^2$。

正常的人耳听到的声音的声压级在 0~120dB 之间。

三、声强

指单位时间内，声波通过垂直于声波传播方向单位面积的声能量。单位为 W/m^2。声压与声强有密切关系。在自由声场中，对于平面波和球面波某处的声强与该处声压的平方成正比，即

$$I = P^2/\rho C \tag{7-3}$$

式中　P——有效声压，Pa；

ρ——介质密度，kg/m^3；

C——声速，m/s。

四、声强级

$$L_I = 10\lg \frac{I}{I_0} \tag{7-4}$$

式中　L_I——对应声强 I 的声强级，dB；

I——声强，W/m^2；

I_0——基准声强，等于 $10^{-12}W/m^2$。

声压级和声强级都是描述空间某处声音强弱的物理量，在自由声场中，声压级与声强级的数值近似相等。

五、声功率和声功率级

声功率为单位时间向空间发射的总能量，单位为 W 或 μW。

声功率与声强之间的关系为

$$I = W/S \tag{7-5}$$

式中　S——声波垂直通过的面积，m^2。

声功率级 L_w 定义为

$$L_w = 10\lg \frac{W}{W_0} \tag{7-6}$$

式中　W——声功率，W；

W_0——基准声功率，等于 $10^{-12}W$。

六、噪声级(分贝)的计算

1. 分贝

指两个相同的物理量之比取以 10 为底的对数并乘以 10(或 20)，即

$$N=10\lg\frac{A_1}{A_0} \tag{7-7}$$

式中　A_0——基准量(或参考量);

A_1——被量度量;

N——分贝,其单位为 dB,无量纲。

2. 分贝的加法

因为分贝是一个对数单位,所以两个声压级的叠加计算,必须遵守对数运算法则。

n 个不同噪声源同时作用在声场中同一点,其总声压级的计算如下

$$L_{PT}=10\lg\frac{P_{PT}^2}{P_0^2}=10\lg\frac{\sum_{i=1}^{n}P_i^2}{P_0^2}=10\lg\sum_{i=1}^{n}\left(\frac{P_i}{P_0}\right)^2 \tag{7-8}$$

由式(7-9)可推出式(7-10)

$$L_{P_i}=10\lg\frac{P_i^2}{P_0^2}\rightarrow\frac{P_i^2}{P_0^2}=10^{0.1L_{P_i}} \tag{7-9}$$

$$L_{PT}=10\lg\sum_{i=1}^{n}10^{0.1L_{P_i}} \tag{7-10}$$

式中　P_i——噪声源 i 作用于该点的声压,N/m^2;

L_{P_i}——噪声源 i 作用于该点的声压级,dB;

P_{PT}——n 个不同噪声源同时作用在声场中同一点的总声压,N/m^2;

L_{PT}——n 个不同噪声源同时作用在声场中同一点的总声压级,dB。

3. 分贝的减法

若已知两个声源在 M 点产生的总声压级 L_{PT} 及其中一个声源在该点产生的声压级 L_{P1},则另一个声源在该点产生的声压级 L_{P2} 可按定义得

$$L_{P2}=10\lg[10^{0.1L_{PT}}-10^{0.1L_{P1}}] \tag{7-11}$$

4. 噪声级的平均值

某一地点的环境噪声常常是非稳态噪声,则不同时间的噪声平均值

$$\overline{L_P}=10\lg\left[\frac{1}{n}\sum_{i=1}^{n}10^{0.1L_{P_i}}\right]=10\lg\sum_{i=1}^{n}(10^{0.1L_i})-10\lg n \tag{7-12}$$

式中　L_P——n 个噪声源的平均声级;

L_{P_i}——第 i 个噪声源的声级;

n——噪声源的个数。

七、噪声的频率和听觉

声源在单位时间内的振动次数称为声音的频率,单位为 Hz。人耳只能听到频率在 20~20000Hz 之间的声音,低于 20Hz 的声音称为次声,高于 20000Hz 的声音称为超声。噪声的频率也就在 20~20000Hz 之间。

噪声是多种频率声音的组合,噪声频率高于 1000Hz 为高频噪声,低于 500Hz 为低频噪声,介于两者之间的为中频噪声。噪声可以通过频谱分析将噪声的强度按频率顺序展开,使噪声的强度成为频率的函数。

频谱分析是使噪声信号通过一定带宽的滤波器。噪声监测中所有的滤波器是等比带宽滤

波器，这种滤波器的上、下截止频率之比以 2 为底的对数为一常数。常用有倍频程滤波器，其定义如式(7-13)和 1/3 频程滤波器，其定义如式(7-14)，

$$\log_2(f_u/f_l) = 1 \tag{7-13}$$

$$\log_2(f_u/f_l) = 1/3 \tag{7-14}$$

八、环境噪声评价量

(1) A 计权声压级(A 声级)

为了模拟人耳对声音的反应，在噪声测量仪器中安装一个滤波器，这个滤波器通常称为计权网络，当声音进入网络时，中、低频的声音就按比例衰减通过，而 1000Hz 以上的高频声音则无衰减地通过。计权网络是把可听音频按 A、B、C、D 等种类特定频率进行计权的，所以就把被 A 网统计权的声压级称为 A 声级，单位为 dB(A)。

A 声级与人耳对噪声强度和频率的感觉最相近，也是应用最广的评价量。D 声级常用在飞机噪声影响评价中。

A 声级适用于连续、稳定的噪声，如果某一受声点观测到的 A 声级是随时间变化的，则需要用等效连续 A 声级作为评价量。

(2) 等效连续 A 声级

等效连续 A 声级，即将某一段时间内连续暴露的不同 A 声级变化，用能量平均的方法以 A 声级表示该段时间内的噪声大小，单位为 dB(A)，其表达式如下：

$$L_{eq} = 10\lg\left(\frac{1}{T}\int_0^T 10^{0.1L_t}\mathrm{d}t\right) \tag{7-15}$$

式中 L_{eq}——在 T 段时间内的等效连续 A 声级，dB；

L_t——t 时刻的瞬时 A 声级，dB；

T——连续取样的总时间，s。

(3) 昼夜等效声级

昼夜等效声级是为了考虑噪声在夜间对人影响更为严重，将夜间噪声进行 10dB 加权处理后，用能量平均的方法得出 24hA 声级的平均值。昼夜等效声级可以用式(7-16)计算

$$L_{dn} = 10\lg\left\{\left(\frac{1}{24}\right)\left[\sum_{i=1}^{16} 10^{0.1L_i} + \sum_{j=1}^{8} 10^{0.1(L_j+10)}\right]\right\} \tag{7-16}$$

式中 L_i——昼间 16 个小时中第 i 小时的等效声级，dB；

L_j——夜间 8 个小时中第 j 小时的等效声级，dB。

(4) 累积百分声级

用于评价测量时间段内噪声强度时间统计分布特征的指标，指占测量时间段一定比例的累积时间内 A 声级的最小值，用 L_N表示，单位为 dB(A)。最常用的是 L_{10}、L_{50}和 L_{90}，其含义如下：

L_{10}——在测量时间内有 10%的时间 A 声级超过的值，相当于噪声的平均峰值；

L_{50}——在测量时间内有 50%的时间 A 声级超过的值，相当于噪声的平均中值；

L_{90}——在测量时间内有 90%的时间 A 声级超过的值，相当于噪声的平均本底值。

其计算方法是：将测得的 100 个或 200 个数据按大小顺序排列，第 10 个数据或总 200 个的第 20 个数据即为 L_{10}，第 50 个数据或总数为 200 个的第 100 个数据即为 L_{50}。同理，第 90 个数据或第 180 个数据即为 L_{90}。

第三节 噪声评价工作等级与评价范围

一、噪声环境影响评价工作程序

噪声影响的主要对象是人群，但是，在邻近野生动物栖息地(包括飞禽和水生生物)应考虑噪声对野生动物生长繁殖以及候鸟迁徙的影响。如图 7-1 所示，环境噪声影响评价第一阶段是开展现场踏勘、了解环境法规和标准的规定、确定评价级别与评价范围和编制环境噪声评价工作大纲；第二阶段是开展工程分析、收集资料、现场检测调查噪声的基线水平以及噪声源的数量、各噪声源的数量、各声源噪声级与发声持续时间、声源空间位置等；第三阶段是预测噪声对敏感点人群的影响，对影响的意义和重大性作出评价，并提出削减影响的相应对策；第四阶段是编写环境噪声影响的专题报告。

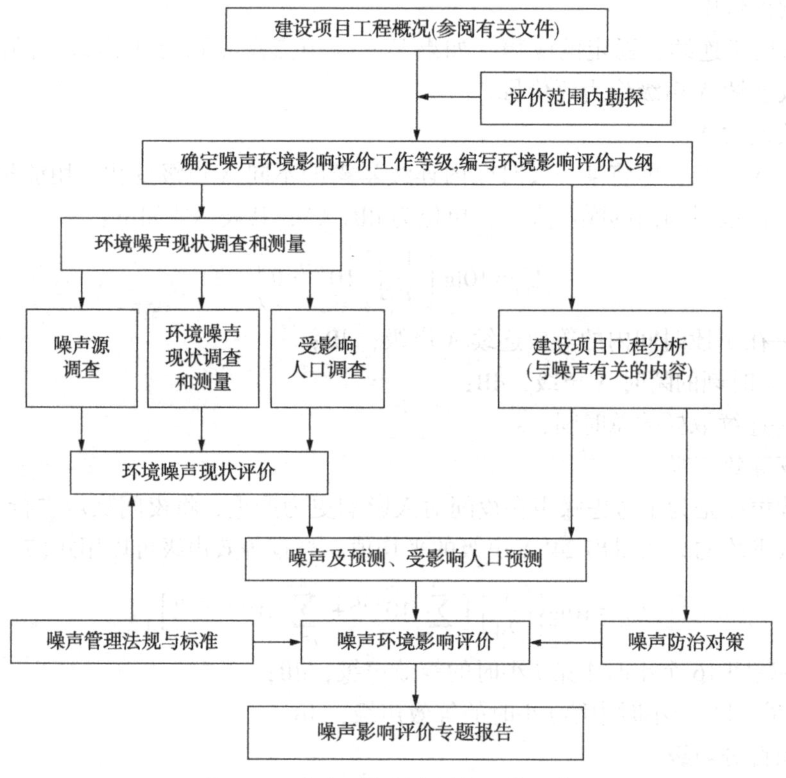

图 7-1 噪声环境影响评价工作程序

二、评价等级的划分和工作要求

1. 噪声评价工作等级划分依据

噪声评价工作等级划分依据有三类：①根据《声环境质量标准》(GB 3096—2008)规定的建设项目所在区域的声环境功能区类别；②建设项目建设前后所在区域的声环境质量变化程度；③受建设项目影响人口的数量。根据这三类划分依据，按表 7-1 进行评价工作等级划分。

2. 分级条件

表 7-1　噪声评价工作等级划分

划分依据	一级	二级	三级
建设项目所在区域的声环境功能区类别	0 类声环境功能区域，以及对噪声有特别限制要求的保护区等敏感目标	1 类、2 类地区	3 类、4 类地区
建设项目建设前后所在区域的声环境质量变化程度	>5dB(A)	3dB(A) ≤ * ≤ 5dB(A)	<3dB(A)
受建设项目影响人口的数量	受影响人口数量显著增多	受噪声影响人口数量增加较多	受影响人口数量变化不大

噪声评价工作等级划分条件见表 7-1，具体描述如下：

(1) 一级评价

评价范围内有适用于 GB 3096 规定的 0 类声环境功能区域，以及对噪声有特别限制要求的保护区等敏感目标，或建设项目建设前后评价范围内敏感目标噪声级增高量达 5dB(A)以上这里不含 5dB(A)，或受影响人口数量显著增多时，按一级评价。

(2) 二级评价

建设项目所处的声环境功能区为 GB 3096 规定的 1 类、2 类地区，或建设项目建设前后评价范围内敏感目标噪声级增高量达 3~5dB(A)这里含 5dB(A)，或受噪声影响人口数量增加较多时，按二级评价。

(3) 三级评价

建设项目所处的声环境功能区为 GB 3096 规定的 3 类、4 类地区，或建设项目建设前后评价范围内敏感目标噪声级增高量在 3dB(A)以下这里不含 3dB(A)，且受影响人口数量变化不大时，按三级评价。

对于处在非敏感区的小型建设项目不必做噪声影响专题评价，只需填写“环境影响报告表”中相关的内容。

3. 不同评价等级的基本工作要求

(1) 一、二级评价的要求

在工程分析中，给出建设项目对环境有影响的主要声源的数量、位置和声源源强，并在标有比例尺的图中标识固定声源的具体位置或流动声源的路线、跑道等位置。在缺少声源源强的相关资料时，应通过类比测量取得，并给出类比测量的条件。

评价范围内具有代表性的敏感目标的声环境质量现状需要实测。对实测结果进行评价，并分析现状声源的构成及其对敏感目标的影响。

噪声预测应覆盖全部敏感目标，给出各敏感目标的预测值及厂界(或场界、边界)噪声值。固定声源评价、机场周围飞机噪声评价、流动声源经过城镇建成区和规划区路段的评价应绘制等声级线图，当敏感目标高于(含)三层建筑时，还应绘制垂直方向的等声级线图。给出建设项目建成后不同类别的声环境功能区内受影响的人口分布、噪声超标的范围和程度。

当工程预测的不同代表性时段噪声级可能发生变化的建设项目，应分别预测其不同时段的噪声级。

对工程可行性研究和评价中提出的不同选址(选线)和建设布局方案，应根据不同方案噪声影响人口的数量和噪声影响的程度进行比选，并从声环境保护角度提出最终的推荐方案。

针对建设项目的工程特点和所在区域的环境特征提出噪声防治措施，并进行经济、技术可行性论证，明确防治措施的最终降噪效果和达标分析。

（2）三级评价的要求

在工程分析中，给出建设项目对环境有影响的主要声源的数量、位置和声源源强，并在标有比例尺的图中标识固定声源的具体位置或流动声源的路线、跑道等位置。在缺少声源源强的相关资料时，应通过类比测量取得，并给出类比测量的条件。

重点调查评价范围内主要敏感目标的声环境质量现状，可利用评价范围内已有的声环境质量监测资料，若无现状监测资料时应进行实测，并对声环境质量现状进行评价。

噪声预测应给出建设项目建成后各敏感目标的预测值及厂界(或场界、边界)噪声值，分析敏感目标受影响的范围和程度。

针对建设项目的工程特点和所在区域的环境特征提出噪声防治措施，并进行达标分析。

三、噪声环境影响评价范围

噪声环境影响的评价范围一般根据评价工作等级确定。

（1）对于以固定声源为主的建设项目(如工厂、港口、施工工地、铁路站场等)：

满足一级评价的要求，一般以建设项目边界向外200m为评价范围；

二级、三级评价范围可根据建设项目所在区域和相邻区域的声环境功能区类别及敏感目标等实际情况适当缩小。如依据建设项目声源计算得到的贡献值到200m处，仍不能满足相应功能区标准值时，应将评价范围扩大到满足标准值的距离。

（2）城市道路、公路、铁路、城市轨道交通地上线路和水运线路等建设项目：

满足一级评价的要求，一般以道路中心线外两侧200m以内为评价范围；

二级、三级评价范围可根据建设项目所在区域和相邻区域的声环境功能区类别及敏感目标等实际情况适当缩小。如依据建设项目声源计算得到的贡献值到200m处，仍不能满足相应功能区标准值时，应将评价范围扩大到满足标准值的距离。

（3）机场周围飞机噪声评价范围应根据飞行量计算到LW_{ECPN}计权等效连续感觉噪声级为70dB的区域。

满足一级评价的要求，一般以主要航迹离跑道两端各6~12km、侧向各1~2km的范围为评价范围；

二级、三级评价范围可根据建设项目所处区域的声环境功能区类别及敏感目标等实际情况适当缩小。

第四节　噪声环境影响预测与评价

一、噪声影响预测范围

噪声预测范围一般与确定噪声评价等级所规定的范围相同，也可稍大于评价范围。

二、预测点布置原则

所有的环境噪声现状测量点都应作为预测点。评价范围内需要特别考虑的点也应作为预测点。

为了便于绘制等声级线图，可以用网格法确定预测点。网格的大小应根据具体情况确定，对于建设项目包含呈线状声源特征的情况，平行于线状声源走向的网格间距可大些(如100~300m)，垂直于线状声源走向的网格间距应小些(如20~60m)；对于建设项目包含呈点声源特征的情况，网格的大小一般在(20m×20m)~(100m×100m)范围。

三、噪声预测的计算程序

选定坐标系，确定出各噪声源位置和预测点的位置坐标，并根据预测点与声源之间的距离把噪声源简化为点声源或线状声源。

根据已获得的噪声源声级数据和声波从各声源到预测点 j 的传播条件，计算出噪声从各声源传播到预测点的声衰减量，进而计算出各声源单独作用时在预测点产生的 A 声级 L_{ij}。

确定预测计算的时段 T，和各声源的发声持续时间 t_i。

计算预测点 j 在 T 时段内的等效连续声级，见式(7-17)

$$L_{eq}=10\lg\left(\frac{\sum_{i=1}^{n} t_i\, 10^{0.1L_{ij}}}{T}\right) \tag{7-17}$$

计算出各网格点上的噪声级后，采用数学方法计算并绘制出等声级线，等声级线的间隔不大于 5dB，对于 L_{eq} 最低可画到 35dB、最高可画到 75dB 的等声级线。

四、预测模式

工矿企业中的噪声源可以分成室内声源和室外声源，其噪声影响预测应分别对待，一般进行环境噪声预测时所使用的工业噪声都可按点声源处理。

(1) 室外声源

对于稳定机械设备噪声的传播计算，原则上用倍频带声压级方法计算，其在预测点 r 处的噪声级。

$$L_{oct}(r)=L_{octref}(r_0)-(A_{octdiv}+A_{octbar}+A_{octatm}+A_{octexc}) \tag{7-18}$$

式中 $L_{octref}(r_0)$——参考位置 r_0 处的已知倍频程声压级；

A_{octdiv}、A_{octbar}、A_{octatm}、A_{octexc}——指声能在各倍频带上随距离的发散衰减、空气吸收引起的衰减、空气吸收引起的衰减和附加衰减。

其他(非稳态脉冲)噪声可用 A 声级直接计算

$$L_A(r)=L_{Aref}(r_0)-(A_{div}+A_{bar}+A_{atm}+A_{exc}) \tag{7-19}$$

式中，$L_A(r)$——距离声源 r 处的声级；

$L_{Aref}(r_0)$——参考位置 r_0 处的声级。

如果已知点声源的 A 声功率级 L_{WA}，且声源处于自由空间，则有：

$$L_A(r_0)=L_{WA}-20\lg r_0-11 \tag{7-20}$$

如果声源处于半自由空间(如地面上)，则有

$$L_A(r_0)=L_{WA}-20\lg r_0-8 \tag{7-21}$$

点声源的几何发散衰减，无指向性点声源几何发散衰减基本公式

$$L_A(r_0)=L_A(r_0)-20\lg(r/r_0) \tag{7-22}$$

室外声源在某个预测点的 A 声级

$$L_A(r)=L_A(r_0)-20\lg(r/r_0)-\Delta L_A \tag{7-23}$$

式中　ΔL_A——各种衰减量，包括空气吸收、声屏障或遮挡物、地面效应等。

（2）室内声源

假如某厂房内共有 N 个噪声源，这些室内声源对预测点的影响可看作是若干个等效室外声源，其计算步骤如下：

厂房内第 i 个声源在室内靠近围护结构处的倍频带声压级

$$L_{\text{oct},i}=L_{Wi}+10\lg\left(\frac{Q}{4\pi ri}+\frac{4}{R}\right) \tag{7-24}$$

式中　L_{Wi}——厂房内第 i 个声源的倍频带声功率级；

R——房间常数；

Q——声源的方向性因数（地面上声源 $Q=2$）。

计算 N 个噪声源在靠近围护结构处产生的总倍频带声压级

$$L_{\text{oct}1}(\text{T})=10\lg\left(\sum_{i=1}^{N}10^{0.1L_{\text{oct},i}}\right) \tag{7-25}$$

计算厂房外靠近围护结构处的声压级

$$L_{\text{oct},2}=L_{\text{oct},1}(T)-(TL_{\text{oct}}+6) \tag{7-26}$$

将 $L_{\text{oct},2}(\text{T})$ 和透声面积换算成等效的室外声源，计算出等效声源第 i 个倍频带的声功率级

$$L_{W\text{oct}}=L_{\text{oct},2}(T)+10\lg S \tag{7-27}$$

式中　S——透声面积，m^2。

等效室外声源的位置为围护结构的位置，其倍频带声功率级为 $L_{W\text{oct}}$，由此按室外声源方法计算等效室外声源在预测点产生的声压级

$$L_{\text{oct}}(r_0)=L_{W\text{oct}}-20\lg r_0=L_{\text{oct},2}(T)+10\lg S-20\lg r_0 \tag{7-28}$$

设第 i 个室内声源在预测点产生的 A 声级为 $L_{\text{Ain},i}$，在 T 时间内该声源工作时间为 $t_{\text{in},i}$，第 j 个等效室外声源在预测点产生的 A 声级为 $L_{\text{Aout},j}$，在 T 时间内该声源工作时间为 $t_{\text{out},j}$，则预测点的总等效声压级为

$$L_{\text{eq}}(T)=10\lg\left(\frac{1}{T}\right)\left[\sum_{i=1}^{N}t_{\text{in},i}\,10^{0.1L_{\text{Ain},i}}+\sum_{j=1}^{M}t_{\text{out},j}\,10^{0.1L_{\text{out},j}}\right] \tag{7-29}$$

式中　T——计算等效声压级的时间；

N——室外声源个数；

M——等效室外声源个数。

五、噪声防治对策

噪声环境影响评价中，噪声防治对策应该考虑从声源上降低噪声、从噪声传播途径上降低噪声和受声目标三个环节。

（1）从声源上降低噪声

从声源上降低噪声是指将发声大的设备改造成发声小的或者不发声的设备，其方法包括：

改进机械设计以降低噪声：如在设计和制造过程中选用发声小的材料来制造机件，改进设备结构和形状、改进传动装置以及选用已有的低噪声设备。

改革工艺和操作方法、如用铆接改用焊接、液压代替锻压等。

维持设备处于良好的运转状态：因设备运转不正常时噪声往往增高。

加强设备维护使之处于良好的运转状态。

（2）在噪声传播途径上降低噪声

在噪声传播途径上降低噪声是一种常用的噪声防治手段，以适噪声敏感区达标为目的，具体做法如下：

采用“闭静分开”和“合理布局”的设计原则，使高噪声设备尽可能远离噪声敏感区。

利用自然地形物(如位于噪声源和噪声敏感区之间的山丘、土坡、地堑、围墙等)降低噪声。

合理布置噪声敏感区中的建筑物功能和合理调整建筑物平面布局，即把非噪声敏感建筑或非噪声敏感房间靠近或朝向噪声源。

采取声学控制措施，例如对声源采用消声、隔振和减振措施，在传播途径上增设吸声、隔声等措施。

（3）从受声敏感目标方面减小噪声

敏感目标安装隔声门窗或隔声通风窗。

通过置换改变敏感点使用功能。

敏感目标搬迁远离建设项目。

通过评价提出的噪声防治对策和措施，必须符合针对性、具体性、经济合理性、技术可行性原则。

第五节　案例分析

近年来我国城市轨道交通发展迅速，目前全国已有 20 多个城市在建或拟建城市轨道交通工程，由此引发的噪声影响已成为突出的环境问题之一，引起社会各方面的广泛关注。因此，如何准确有效地评估和预测城市轨道交通运营后对沿线周边环境的噪声影响，提出预防或减缓不良环境噪声影响的对策和措施，是实现面向可持续发展的城市轨道交通环境影响评价有效性的重要内容。我国城市轨道交通建设项目环境影响评价工作起步较晚，目前尚无一套完整统一的、可供实际使用的噪声环境影响评价方法和模式。现以广州市城市轨道交通六号线工程环境影响评价为例，结合我国目前正广泛开展的城市轨道交通工程环境影响评价的实际需要，对城市轨道交通噪声环境影响评价方法进行探索和实例分析。

一、评价范围与评价标准

噪声环境影响评价应选择受噪声影响较大的居民区、学校、医院等环境敏感点。一般敏感点控制在临线路第一排楼房以内区域，重要敏感点如学校、医院等扩大至临线路第二排楼房。评价范围一般为：风亭和冷却塔噪声为周围 40m 以内区域，地面段、高架段两侧距外轨中心线各 150m 以内区域，车辆段厂界外 150m 以内区域。

由于我国目前尚无专门的城市轨道交通环境噪声标准，在城市轨道交通工程噪声环境影响评价中，存在执行标准不统一的问题。城市轨道交通噪声评价应以现有相关标准为基本依据，如果不能正确理解和应用现有标准体系，将导致错误的评价结论，并对噪声环境污染防治、环境规划与管理产生误导。因此，评价中选用的标准必须符合项目所在地区的环境功能区划及《城市区域环境噪声标准》适用区域划分要求。

二、环境噪声现状评价

噪声环境现状评价应在现场调查和现状监测的基础上进行。现场调查主要通过实地踏勘、现场询问和走访座谈等方式，详细了解主要噪声敏感点的分布、功能、规模、建筑物布局、受影响人数及周围声环境概况。同时走访线路沿线环境保护和规划部门，收集相关城市环境功能区划、城市发展规划及环境噪声适用标准等基础资料，听取有关部门及公众对评价工作的意见和要求。

全面把握轨道交通沿线声环境现状，为噪声预测提供基础资料，还应进行现状监测。环境噪声测量值为 A 声级，以等效连续 A 声级作为评价量。环境噪声现状监测主要针对分布有敏感点的高架段、车站风亭和冷却塔、变电所、车辆段及进入车辆段地面路段布点，监测点一般布设在距声源最近的临线路第一排敏感点处，重要敏感点或工程后受影响较大的地段适当增加监测点。同时由于城市交通干道交通噪声突出，对评价范围内的主要交通干道亦设置监测点，使所测量的数据既能反映评价区域的声环境现状，又能为噪声预测提供可靠的基础数据。

三、预测方法及模式

(1) 预测方法

噪声环境影响预测主要根据拟建轨道交通工程的性质和规模，选择边界条件近似的即有噪声源进行类比监测和调查。并在此基础上，结合项目所在区域的环境噪声现状背景值、车辆技术参数及设计作业量，采用《环境影响评价技术导则 声环境》(HJ 2.4—2009)中推荐的预测方法对列车正常运行时高架段道路两侧、地下段以及车辆段周围环境噪声敏感点的等效连续 A 声级进行预测。

(2) 预测模式

① 高架区段

当单列车通过时，对某一预测点处产生的噪声级 L_{pi}

$$L_{pi}=L_0+\Delta L_v-\Delta L_{di}-\Delta L_{ai}-\Delta L_{gi}-\Delta L_{bi}-\Delta L_{ci}-\Delta L_w+\Delta L_j \tag{7-30}$$

式中 L_0——列车在参考距离 r_0 处的声压级，dB；

L_v——速度修正值，dB；

L_{di}——几何扩散衰减，dB；

L_{ai}——空气吸收衰减，dB；

L_{gi}——地面吸收衰减，dB

L_{bi}——声屏障衰减，dB；

L_{ci}——声源指向性衰减，dB；

L_w——轨道结构修正值，dB；

L_j——高架桥二次结构噪声修正值，dB。

预测时间 T 内的列车在某一预测点处的等效声级 L_{eq}列车

$$L_{eq列车}=10\lg\sum_{i=1}^{N}\left(\frac{1}{T}\cdot 10^{0.1L_{PA}}\cdot T_r\right) \tag{7-31}$$

式中 N——T 时间内通过高架线的列车数量，列；

T_r——地铁列车通过时等效作用时间，s；

T——预测时间，s(昼间 $T=57600$s，夜间 $T=28800$s)。

预测点处的总等效声级 L_{eq}

$$L_{eq}(T)=10\lg\left[\frac{1}{T}\left(\sum_{i=1}^{n}T_r\cdot 10^{0.1L_{PA}}+T\cdot 10^{0.1L}\right)\right] \tag{7-32}$$

② 地下区段

地下区段对外界环境可能产生影响的噪声源主要为风亭和冷却塔，可视为点声源。预测计算中，风亭、冷却塔声源单独作用于预测点的声级，按其噪声传播衰减计算公式计算

$$L_{PA}=L_{P0}-K\log\frac{r}{r_0}-L_c \tag{7-33}$$

式中 L_{PA}——预测点的 A 声级，dB；

L_{P0}——声源参考位置 r_0 处的声级，dB；

r——预测点至声源的距离，m；

r_0——参考距离，m；

K——声源几何衰减系数，根据声源的几何尺寸与传播距离的关系来确定，参照《环境影响评价技术导则 声环境》(HJ 2. 4—2009)，$K=10\sim20$；

L_t——修正声级，dB；L_t 主要考虑声源与预测点之间由于建筑物的屏障作用，空气吸收和地面声吸收引起的声衰减值。根据《环境影响评价技术导则 声环境》(HJ 2. 4—1995)及《声学 户外声传播的衰减》(GB/T 17247. 2—1998)确定。等效连续 A 声级的计算公式为

$$L_{eq}(T)=10\lg\left[\frac{1}{T}(t\cdot 10^{0.1L_{PA}}+T\cdot 10^{0.1L_P})\right] \tag{7-34}$$

式中 L_{PA}——声源在预测点处的声级，dB；

T——昼夜间时段，s；(昼间 $T=57600$s，夜间 $T=28800$s)

t——风亭、冷却塔在预测时段内的累计作用时间，s；

L_P——无列车时预测点的背景噪声值，dB。

四、工程实例

1. 工程概况

广州市轨道交通首期工程浔峰圩至燕塘段线路长 21. 0km，其中地下线长约 17. 7km，高架线长约 3. 1km，过渡段 0. 2km。首期工程共设车站 19 座，其中 2 座高架站，17 座地下站；车辆段 1 座，位于沙贝立交西南侧；集中供冷站 2 座，分别位于海珠广场站和区庄站；主变电站 2 座，分别位于大坦沙站和燕塘站附近。该段工程投资估算总额约为 111 亿元人民币。

2. 确定噪声源强

(1) 直线电机运载系统噪声源强

广州市轨道交通六号线在国内尚属首次采用直线电机运载系统，据调查，日本和加拿大直线电机驱动车辆的噪声源强见表 7-2。

表 7-2 直线电机驱动车辆外噪声测试结果 dB

距离①s/m	条件	车辆速度 v/(km·h^{-1})		
		20	40	90
7. 5	滑行	69	73	—
	运行	74	76	≤80
	再生制动	73	75	—
10	滑行	66	71	—

① 指轨道中心到测试点的距离(测试条件：地面线、碎石道床、60kg/m 无缝焊接钢轨)。

(2) 风亭噪声源强

采取类比监测方式，确定风亭噪声源强，类比点选择已运营的广州轨道交通二号线的中大站风亭和鹭江站风亭。广州轨道交通二号线风亭噪声类比监测结果见表 7-3。

表 7-3　广州轨道交通二号线风亭噪声类比监测结果

噪声源类别	测点位置	L_{eq}/dB	站名	测点相关参数					
				风机类型	风量 Q/($m^3 \cdot h^{-1}$)	全压 p/Pa	电机功率 P/kW	台数/台	消声器长度
活塞、机械风亭排风亭	百叶窗外 1m	66.0	中大站	TVF	216000	800	90	2	每台风机前各设 2m 风道设 3m
	百叶窗外 1m	66.5	鹭江站	TEF	72000	500	18.5	2	
				RAF	38160	400	7.5	1	
					21615	550	4	1	

(3) 冷却塔噪声源强

该工程在海珠广场和区庄设置集中冷站，选择广州地铁二号线鹭江集中冷站进行了类比监测，并参考设计中噪声源强度。冷却塔主要噪声源类比调查与监测结果见表 7-4。

表 7-4　冷却塔主要噪声源类比调查与监测结果

类比地点	测点位置	L_{eq}/dB	测点相关条件
广州地铁二号线鹭江集中冷站	距两台冷却塔中间距塔体各 2.3m	70.4	2 台工作，置于房顶
	距离心通风机 1m	75.4	

3. 声环境预测评价

(1) 高架段预测与评价

该次影响评价分析从最不利条件考虑，按区间最高速度、高架段进行预测，预测中不考虑建筑的屏障作用和环境背景噪声的影响。预测结果综合考虑了轨道交通设计部门给定的初、近、远期昼夜间车流量。按昼间运营 16h 等效连续 A 声级和夜间列车运营时段内 2h 的等效连续 A 声级进行预测。高架段敏感点噪声预测结果见表 7-5。

表 7-5　高架段噪声敏感点预测结果

敏感点	线路与敏感点关系 s/m		列车速度 v/(km/h)	时段	现状值 L_{eq}/dB	标准值 L_{eq}/dB	噪声预测值 L_{eq}/dB			增加量 L_{eq}/dB		
	水平距离	高差					初期	近期	远期	初期	近期	远期
浔峰圩	20	8.5	80	昼间	58.6	60	59.0	59.0	59.3	0.4	0.4	0.7
				夜间	52.5	50	52.8	52.8	53.0	0.3	0.3	0.5
沙贝	50	13.3	78	昼间	56.4	60	56.6	56.6	56.8	0.2	0.2	0.4
				夜间	66.1	50	66.1	66.1	66.1	0	0	0
河沙	0	11	78	昼间	65.2	60	67.0	67.1	68.1	1.8	1.9	2.9
				夜间	60.4	50	61.6	61.6	61.9	1.2	1.2	1.5

由表 7-5 可见，河沙村距离线路较近，但噪声预测值昼间仅增加了 1.8～2.9dB，夜间增加了 1.2～1.5dB。六号线采用直线电机运载系统投入运营以后，各敏感点初期、近期和

远期由轨道交通工程引起的噪声增加量较小，相对于地面交通噪声而言其贡献率很小，项目建设对周围声环境影响可以接受。

(2) 地下段预测与评价

六号线采用集中供冷系统，集中冷站设置在海珠广场和区庄两个站。一般情况下冷却塔安装在风亭建筑物之上，故预测计算中按风亭和冷却塔共同作用于预测点来预测。同时，考虑到目前线路规划中风亭和冷却塔具体位置没有确定，预测中按距敏感点最近距离和空调期来预测。表 7-6 为地下区段各敏感点受风亭和冷却塔噪声影响预测结果。

表 7-6　地下区段敏感点受风亭、冷却塔噪声影响预测结果　　dB

敏感点名称	所在车站	水平距离 s/m	噪声源	现状值		噪声预测值		叠加本地值		变化量	
				昼间	夜间	昼间	夜间	昼间	夜间	昼间	夜间
一汽公司宿舍	如意坊	40	风亭	76.2	75.8	42.4	38.2	76.2	75.8	0	0
省电信大楼	北京路	40	冷却塔、风亭	71.1	60.3	51.3	47.1	71.1	60.5	0	0.2
广州市第七十九中学	海印	15	冷却塔、风亭	72.1	66.1	57.7	53.5	72.2	66.3	0.1	0.2
东山区人民政府	东山口	35	冷却塔、风亭	73.4	60.4	52.2	48.0	73.4	60.6	0	0.2
平安大厦	区庄	6	冷却塔、风亭	71.2	63.7	63.7	59.4	71.9	65.1	0.7	1.4
中国科学院广州分院	黄花岗	35	冷却塔、风亭	74.4	73.8	52.2	48.0	74.4	73.8	0	0
沙河幼儿园	沙河	15	风亭	73.4	74.5	48.8	44.6	73.4	74.5	0	0
燕侨大厦	燕塘	20	风亭	75.5	74.3	47.0	42.7	75.5	74.3	0	0

由表 7-6 可见，沿线各敏感点受风亭噪声影响较小，而主要受市内公路交通噪声影响。其中平安大厦噪声变化量增幅相对较大，昼夜分别为 0.7dB 和 1.4dB，主要是因为按空调期和距风亭、冷却塔最近距离等最不利条件进行预测，在实际运营期间会优于上述工况。

习　题

1. 名词解释

噪声；环境噪声污染；工业噪声；交通噪声；等效连续 A 声级。

2. 简答题

(1) 简述声环境影响评价工作等级划分的依据。

(2) 噪声防治对策和措施。

(3) 在某背景声源下，测得某声源和背景声源的总声压级为 94dB，关闭声源测得背景的声压级为 85dB，试求声源的声压级?

(4) 某工厂实行 8h 工作制，有两台声级为 85dB 的机器，第一台连续工作 8h，第二台间歇工作，其有效工作时间之和为 4h。分别求它们的等效连续 A 声级。

(5) 某城市交通干道侧的第一排建筑物距道路边沿 20m，夜间测得建筑物前交通噪声 62dB(1000Hz)，欲通过在建筑物和道路间种植厚草地和灌木丛，使噪声达标(55dB)，试问这种方法是否可行?

第八章　固体废物环境影响评价

第一节　概　　述

一、固体废物的定义

根据《中华人民共和国固体废物污染环境防治法》的规定，固体废物是指在生产、生活和其他活动中产生的丧失原有利用价值或者虽未丧失利用价值但被抛弃或者放弃的固态、半固态和置于容器中的气态的物品、物质以及法律、行政法规规定纳入固体废物管理的物品、物质。不能排入水体的液态废物和不能排入大气的置于容器中的气态废物，由于多具有较大的危害性，一般归入固体废物管理体系。

二、固体废物的分类

固体废物种类繁多，按其污染特性可分为一般废物和危险废物。按废物来源又可分为城市固体废物、工业固体废物和农业固体废物。

1. 城市固体废物

城市固体废物是指居民生活、商业活动、市政建设与维护、机关办公等过程产生的固体物，一般分为以下几类：生活垃圾、城建渣土、商业固体废物和粪便等。

2. 工业固体废物

工业固体废物是指在工业生产活动中产生的固体废物，主要包括以下几类：冶金工业固体废物、能源工业固体废物、石油化学工业固体废物、矿业固体废物、轻工业固体废物、其他工业固体废物。

3. 农业固体废物

固体废物来自农业生产、畜禽饲养、农副产品加工所产生的废物，如农作物秸秆、农用薄膜及畜禽排泄物等。

4. 危险废物

危险废物泛指除放射性废物以外，具有毒性、易燃性、反应性、腐蚀性、爆炸性、传染性因而可能对人类的生活环境产生危害的废物。《中华人民共和国固体废物污染环境防治法》中规定："危险废物是指列入国家危险废物名录或者根据国家规定的危险废物鉴别标准和鉴别方法认定的具有危险特性的固体废物。"医疗废物属于危险废物，医疗废物是指医疗卫生机构在医疗、预防、保健以及其他相关活动中产生的具有直接或间接感染性、毒性以及其他危害性的废物。2016 年 3 月 30 日国家环境保护部部务会议修订通过《国家危险废物名录》(〔2016〕部令第 39 号)，名录中共列出了 50 类危险废物的编号、废物类别、废物来源、废物代码、常见危险废物组分和危险特性，共 479 种。

目前危险废物的鉴别标准有《危险废物鉴别标准 通则》(GB 5085.7—2019)、《危险废物

鉴别标准 腐蚀性鉴别》(GB 5085.1—2007)、《危险废物鉴别标准 急性毒性初筛》(GB 5085.2—2007)、《危险废物鉴别标准 浸出毒性鉴别》(GB 5085.3—2007)、《危险废物鉴别标准 易燃性鉴别》(GB 5085.4—2007)、《危险废物鉴别标准 反应性鉴别》(GB 5085.5—2007)和《危险废物鉴别标准 毒性物质含量鉴别》(GB 5085.6—2007)。

三、固体废物的特点

(1) 资源和废物的相对性

固体废物具有鲜明的时间和空间特征，是在错误时间放在错误地点的资源。从时间方面讲，它仅仅是在目前的科学技术和经济条件下无法加以利用，但随着时间的推移，科学技术的发展以及人们的要求变化，今天的废物可能成为明天的资源。从空间角度看，废物仅仅相对于某一过程或某一方面没有使用价值，而并非在一切过程或一切方面都没有使用价值。一种过程的废物，往往可以成为另一种过程的原料。固体废物，一般具有某些工业原材料所具有的化学、物理特性，且较废水、废气容易收集、运输、加工处理，因而可以回收利用。

(2) 富集多种污染成分的终态，污染环境的"源头"

废水和废气既是水体、大气和土壤环境的污染源，又是接受其所含污染物的环境。固体废物则不同，它们往往是许多污染成分的终极状态。一些有害气体或飘尘，通过治理，最终富集成为固体废物；一些有害溶质和悬浮物，通过治理，最终被分离出来成为污泥或残渣；一些含重金属的可燃固体废物，通过焚烧处理，有害金属浓集于灰烬中。这些"终态"物质中的有害成分，在长期的自然因素作用下，又会转入大气、水体和土壤，故又成为大气、水体和土壤环境的污染"源头"。

(3) 危害具有潜在性、长期性和灾难性

固体废物对环境的污染不同于废水、废气和噪声。固体废物呆滞性大，扩散性小，它对环境的影响主要是通过水、气和土壤进行的。固态的危险废物具有呆滞性和不可稀释性，一旦造成环境污染，有时很难补救恢复。其中污染成分的迁移转化，如浸出液在土壤中的迁移，是一个比较缓慢的过程，其危害可能在数年以至数十年后才能发现。从某种意义上讲，固体废物，特别是危险废物对环境造成的危害可能要比水、气造成的危害严重得多。

四、固体废物对环境的影响

(1) 对大气环境的影响

堆放的固体废物中的细微颗粒、粉尘等可随风飞扬，从而对大气环境造成污染。一些有机固体废物，在适宜的湿度和温度下被微生物分解，能释放出有害气体，可以不同程度上产生毒气或恶臭，造成地区性空气污染。

采用焚烧法处理固体废物，已成为有些国家大气污染的主要污染源之一，有的采用露天焚烧法处理塑料，排出 Cl_2、HCl 和大量粉尘，造成了严重的大气污染。而一些工业和民用锅炉，由于收尘效率不高造成的大气污染更是屡见不鲜。

(2) 对水环境的影响

固体废物弃置于水体，将使水质直接受到污染，严重危害水生生物的生存条件，并影响水资源的充分利用。此外，向水体倾倒固体废物还将缩减江河湖面有效面积，使其排洪和灌溉能力有所降低。在陆地堆积的或简单填埋的固体废物，经过雨水的浸渍和废物本身的分解，将会产生含有有害化学物质的渗滤液，会对附近地区的地表及地下水系造成污染。

（3）对土壤环境的影响

废物堆放，其中的有害组分容易污染土壤。土壤是许多细菌、真菌等微生物聚居的场所，这些微生物与其周围环境构成一个生态系统，在大自然的物质循环中，担负着碳循环和氮循环的一部分重要任务。工业固体废物特别是有害固体废物，经过风化、雨雪淋溶、地表径流的侵蚀，产生高温和有毒液体渗入土壤，能杀害土壤中的微生物，改变土壤的性质和土壤结构、破坏土壤的腐解能力，导致草木不生。

（4）对人体健康的影响

固体废物处理或处置过程中，特别是露天存放，其中的有害成分在物理、化学和生物的作用下会发生浸出，还有害成分的浸出液可通过地表水、地下水、大气和土壤等环境介质直接或间接被人体吸收，从而对人体健康造成威胁。

第二节　固体废物的环境影响评价

一、一般工程项目的固体废物环境影响评价

一般工程项目固体废物环境影响评价的内容主要包括：

（1）污染源调查。根据污染源调查结果，给出包括固体废物的名称、组分、形态、数量等的调查清单，同时按照一般工业固体废物和危险废物分别给出。

（2）污染防治措施的论证。根据工艺过程、各产出环节提出的防治措施，并对防治措施的可行性加以论证。

（3）提出最终处置措施方案。如综合利用、填埋、焚烧等，并应包括对固体废物收集、贮运、预处理等全过程的环境影响及污染防治措施。

二、一般固体废物集中处置设施建设项目的环境影响评价

一般固体废物集中处置设施包括固体废物填埋场、固体废物焚烧厂等，本次主要介绍生活垃圾填埋场建设项目的环境影响评价内容和要点。

1. 生活垃圾填埋场的主要污染源

生活垃圾填埋场是利用自然地形或人工构造形成一定的空间，将每日产生的生活垃圾填充、压实、覆盖，达到贮存、处置生活垃圾的目的。当预先修建的这一空间被充满后即服务期满，采取封场措施，恢复场区的原貌。生活垃圾中的厨余物、纸类、纤维类、草木类、有机污泥等填埋后，在微生物作用下，逐步分解为气态物质、水和无机盐类，而达到减容和稳定的目的。在这一稳定过程中，将产生填埋气体和渗滤液。

（1）垃圾渗滤液

城市生活垃圾填埋场渗滤液是一种高污染负荷且表现出很强的综合污染特征、成分复杂的高浓度有机废水，其性质在一个相当大的范围内变动。一般说来，城市生活垃圾填埋场渗滤液的pH值为4～9，COD浓度为2000～62000mg/L，BOD_5浓度为60～45000mg/L，BOD_5/COD值较低，可生化性差。

鉴于填埋场渗滤液产生量及其性质的高度动态变化特性，评价时应选择有代表性的数值。渗滤液的水质随填埋场使用年限的延长将发生变化。“年轻”填埋场（填埋时间在5年以下）渗滤液pH值较低，BOD_5及COD浓度较高，色度大，且BOD_5/COD的比值较高，同时

各类重金属离子浓度也较高(因为较低的 pH 值);“年老”填埋场(填埋时间一般在 5 年以上)渗滤液 pH 值接近中性或弱碱性(一般 6~8),BOD_5及 COD 浓度较低,且 BOD_5/COD 的比值较低,而 NH_4^+-N 的浓度高,重金属离子浓度则开始下降,渗滤液的可生化性差。

(2) 填埋场释放气体

填埋场释放的气体由主要气体和微量气体两部分组成。生活垃圾填埋场产生的主要气体是甲烷和二氧化碳,还含有少量的一氧化碳、氢、硫化氢、氨、氮和氧等,接受工业废物的城市生活垃圾填埋场,其气体中还可能含有微量挥发性有毒气体。城市生活垃圾填埋场气体的典型组成(体积浓度)为:甲烷 45%~50%,二氧化碳 40%~60%,氮气 2%~5%,氧气 0.1%~1.0%,硫化物 0%~1.0%,氨气 0.1%~1.0%,氢气 0%~0.2%,一氧化碳 0%~0.2%,微量组分 0.01%~0.6%;气体的典型温度达 43~49°C,相对密度为 1.02~1.06,高位热值在 15630~19537kJ/m^3。

2. 生活垃圾填埋场的主要环境影响

(1) 填埋场产生气体排放对大气的污染、对公众健康的危害以及可能发生的爆炸对公众安全的威胁;

(2) 填埋场渗滤液泄漏或处理不当对地下水及地表水的污染;

(3) 填埋作业及垃圾堆体对周围地质环境的影响,如造成滑坡、崩塌、泥石流等;

(4) 填埋机械噪声对公众的影响;

(5) 填埋场在对周围景观的不利影响;

(6) 填埋场滋生的害虫、昆虫、啮齿动物以及在填埋场觅食的鸟类和其他动物可能传播疾病;

(7) 填埋垃圾中的塑料袋、纸张以及尘土等在未来得及覆土压实情况下可能飘出场外,造成环境污染和景观破坏;

(8) 流经填埋场区的地表径流可能受到污染。

封场后的填埋场对环境的影响减小,但填埋场植被恢复过程时种植于填埋场顶部覆盖层上的植物可能受到污染。

3. 生活垃圾填埋场环境影响评价的主要工作内容

根据生活垃圾填埋场及其排污特点,环境影响评价工作具有多而全的特征,其主要工作内容见表 8-1。

表 8-1 垃圾填埋场环境影响评价的主要工作内容

评价项目	评价内容
场址选择评价	场址评价是填埋场环境影响评价的基本内容,主要是评价拟选场址是否符合选址标准。其方法是根据场地自然条件,采用选址标准逐项进行评判。评价的重点是场地的水文地质条件、工程地质条件、土壤自净能力等
自然、环境质量现状评价	主要评价拟选场地及其周围的空气、地面水、地下水、噪声等自然环境质量状况。其方法一般是根据监测值与各种标准,采用单因子和多因子综合评判法。其评价结果既是生活垃圾填埋场建设前的本底值,也是评价环境现状是否容许建设生活垃圾填埋场的评判条件
工程污染因素分析	主要是分析填埋场建设过程中和建成投产后可能产生的主要污染源及其污染物以及它们产生的数量、种类、排放方式等。其方法一般采用计算、类比、经验统计等。污染源一般有渗滤液、释放气、恶臭、噪声等

续表

评价项目	评价内容
施工期影响评价	主要评价施工期场地内排放生活污水，各类施工机械产生的机械噪声、扬尘对周围地区产生的环境影响
水环境影响预测与评价	主要是评价填埋场衬里结构的安全性以及渗滤液排出对周围水环境影响两方面内容：①正常排放对地表水的影响。主要评价渗滤液经处理达到排放标准后排出，经预测并利用相应标准评价是否会对受纳水体产生影响或影响程度如何。②非正常渗漏对地下水的影响。主要评价衬里破裂后渗滤液下渗对地下水的影响，包括渗透方向、渗透速度、迁移距离、土壤自净能力及效果等
大气环境影响预测与评价	主要评价填埋场释放气体及恶臭对环境的影响：①释放气体。主要是根据排气系统的结构，预测和评价排气系统的可靠性、排气利用的可能性以及排气对环境的影响。预测模式可采用地面源模式。②恶臭。主要是评价运输、填埋过程中及封场后可能对环境的影响。评价时要根据垃圾的种类，预测各阶段臭气产生的位置、种类、浓度及其影响范围
噪声环境影响预测与评价	主要是评价垃圾运输、场地施工、垃圾填埋操作、封场各阶段由各种机械产生的振动和噪声对环境的影响。噪声评价可根据各种机械的特点采用机械噪声声压级预测，然后再结合卫生标准和功能区标准评价，是否满足噪声控制标准，是否会对最近的居民区点产生影响
污染防治措施	① 渗滤液的治理和控制措施以及填埋场衬里破裂补救措施； ② 释放气的导排或综合利用措施以及防臭措施； ③ 减振防噪措施
环境经济损益分析	计算评价污染防治措施投资以及所产生的经济、社会、环境效益
其他评价项目	结合填埋场周围的土地、生态情况，对土壤、生态、景观等进行评价；对洪涝特征年产生的过量渗滤液以及垃圾释放气因物理、化学条件异变而产生垃圾爆炸等进行风险事故评价

三、危险废物和医疗废物处置设施建设项目的环境影响评价

危险废物和医疗废物具有危险性、危害性以及对环境影响的滞后性等特点，因此所有危险废物和医疗废物集中处置建设项目的环境影响评价都应该符合国家环保局于 2004 年 4 月 15 日发布的《危险废物和医疗废物处置设施建设项目环境影响评价技术原则(试行)》(以下简称《技术原则》)要求。《技术原则》主要包括：厂(场)址选择、工程分析、环境现状调查、大气环境影响评价、水环境影响评价、生态影响评价、污染防治措施、环境风险评价、环境监测与管理、公众参与、结论与建议等内容。

从总体上来看，危险废物和医疗废物处置设施建设项目与一般工程环境影响评价的技术原则的区别主要体现在五方面。

(1) 厂(场)址选址

在环境影响评价中，合理地选择厂址能为环境影响评价带来诸多有利因素。基于危险废物和医疗废物的特性，处置设施选址既要符合国家法律法规要求，又要综合分析社会环境、自然环境、场地环境、工程地质、水文地质、气候条件、应急救援等因素。对厂址的选择要求需结合《危险废物焚烧污染控制标准》《危险废物填埋污染控制标准》《医疗废物集中焚烧处置工程建设技术要求》中相关规定，详细论证选定厂(场)址的合理性。

（2）全时段的环境影响评价

对危险废物或医疗废物的处置方法包括安全填埋法、焚烧法和其他物理化学方法。废物处理处置的设施建设项目都要经过建设期、运营期和服务期满后，但是由于此类建设项目环境影响评价的特殊性，关注的重点视处置对象和使用技术不同而不同。对使用焚烧及其他物化技术的处置厂，运营期是关注的重点，对填埋场则重点关注建设期、运营期和服务期满后对环境的影响。尤其是填埋场，一旦进入建设阶段便会永久占地或临时占地，不仅对周边动植物造成影响，而且可能会损耗生物资源或农业资源，更为严重的，还可能对生态敏感目标产生影响；至服务期满后，还要提出填埋场封场、植物恢复层和植被建设的具体措施以及封场后 30 年内的管理监测方案，这对生态环境的保护至关重要。

（3）全过程的环境影响评价

危险废物和医疗废物的处置建设项目固体废物环境影响评价包括了收集、运输、贮存、预处理、处置全过程的影响评价，其中的分类收集、专业运输、安全贮存以及防止不相容废物的混配都能直接影响焚烧工况和填埋工艺。同时，因各环节产生的污染物及其对环境的影响不同，为确保在处理处置过程中不产生二次污染而制定的防治措施是环境影响评价的重要内容。

（4）环境风险评价

环境风险评价目的是通过分析和预测建设项目存在的潜在危害，预测在项目运营期内可能发生的突发事件和由其引起有毒有害和易燃易爆物质泄漏对人身造成的伤害和对环境的污染，进而提出合理可行的防范与减缓措施和应急预案，使得建设项目的事故率降到最低，使事故带来的损失和对环境的影响在可接受的范围内。因此，环境风险评价成了此类项目环境影响评价的必要内容。

（5）高度重视环境管理和环境监测

危险废物和医疗废物的处置工作要安全、有效地运行，必须要有健全的管理机构和完善的规章制度作为保证。环境影响评价报告书必须包含风险管理及应急救援体系、转移联单管理制度、处置过程安全操作规程、人员培训考核制度、档案管理制度、处置全过程管理制度以及职业健康、安全、环保管理体系等。

在环境监测上，大气环境监测和地下水监测分别是固体废物焚烧厂和安全填埋场的重点内容。

第三节　案例分析

一、项目概况

为减少生活垃圾填埋场对周边环境的污染，减少渗滤液对土壤及地表和地下水的污染，美化周边环境，某市环境卫生管理处拟投资 4470 万元建设生活垃圾填埋场封场工程项目。项目封场面积 120 亩（包括飞灰填埋区，1 亩≈666m^2），库容 238 万立方，主要工程内容包括垃圾堆体整形，填埋气收集与导排工程，垂直防渗工程，渗滤液收集、导排与处理工程，雨水收集与导排工程，封场覆盖工程，封场生态修复工程，调节池加盖防渗工程，环境监测系统等。

二、环境质量现状

根据环境现状监测资料，评价区域的空气、地表水、地下水、土壤、声环境质量均良好。

三、环境影响预测

（1）地表水：本项目建有地表水导排系统，可有效减少因降雨导致的渗滤液产生量；项目产生的渗滤液进入新建渗滤液处理工程处理，出水达到《生活垃圾填埋场污染控制标准》（GB 16889—2008）该标准中表 2 标准后排放；并且由于封场后填埋区不再收纳新的垃圾，且采取封场覆盖措施，渗滤液的产生量、下渗量和污染物浓度都将逐渐减小；同时，填埋场设置总容积为 6000m^3的渗滤液调节池，足以容纳近 300 天的包括渗滤液在内的各类废水，确保渗滤液不外排。

（2）大气：根据预测结果，本项目大气污染物各预测因子最大落地浓度占标率均小于10%，对地面贡献浓度较小，对周围环境空气质量影响较小，不会改变当地环境功能。封场工程在填埋场区新建 20 座导气石笼，收集填埋气经火炬焚烧处理后排放，并对全部填埋区域进行有效覆盖并绿化，大大减少了甲烷、NH_3、H_2S 等气体排放，对填埋场周围空气环境质量有一定的改善作用。

（3）噪声：本项目实施后，环境噪声昼间最大增幅 0. 32dB（A），夜间最大增幅 2. 7dB（A），项目场界噪声能达到《工业企业厂界环境噪声排放标准》（GB 12348—2008）2 类标准要求，对区域声环境影响较小。

（4）固废：填埋场封场后本身不会产生固体废物，项目固体废物主要来自管理工作人员的少量生活垃圾，由环卫部门定期清运。固废做到“零排放”，对周围环境影响较小。

（5）地下水：预测区域为属冲海积沉积平原，西北高东南低，控制了预测区域内地下水的补给、径流和排泄，主要是锦屏山基岩裂隙水通过导水裂隙进入浅层含水岩组砂岩层，考虑到地下水流速度很缓慢，其补给来源主要为大气降水，排泄方式主要为自然蒸发和侧向径流，水位呈季节性变化。这种补给、径流和排泄方式使得污染物较难向项目厂区周边扩散，结合地形及地下水流向，污染物仅能向山前南部低洼处运移和汇聚，因此对周边村庄和沟渠、河流的影响较小。

项目所在地地质结构稳定性好，因地质构造运动导致渗滤液泄漏的可能性甚小，另外，预测区内潜水和深层承压水之间的联系较小，且与污染物联系密切的主要是潜水含水层，对承压水的影响较小。

（6）生态：通过封场绿化工程可有效增加周围绿化面积，减少雨季填埋区水体流失，改善周围景观，使填埋区与周围环境相协调，对区域水土保持、景观美学都有相当程度的正面影响，并可减少对附近大气、地表水的污染，减轻恶臭影响，有助于改善区域生态环境。远期实现土地再利用时，原填埋场区还可用作景观林地和休闲场所等。

四、污染防治措施

（1）地表水：本次封场工程建设单位拟新建渗滤液处理设施，渗滤液经过处理达到《生活垃圾填埋场污染控制标准》（GB 16889—2008）中表 2 标准后经污水管网排入城南污水处理厂进一步处理之后排入龙尾河。新建渗滤液处理工程采用“预处理+两级 DTRO”处理工艺，可以保证渗滤液稳定达标排放，污水处理站总设计规模为 50m³/d，而封场后渗滤液产生量仅为 20m³/d，因此在设计容量上完全可以满足本项目废水处理需求。

（2）大气：封场工程在填埋场区布置 20 座导气石笼，填埋气导排工程面积覆盖率达 100%，填埋气收集率为 60%，填埋气收集后与调节池臭气一并经火炬焚烧处理后排放，其主要污染物 SO_2、NO_x 排放浓度可以满足《大气污染物综合排放标准》（GB 16297—1996）中表 2 的排放标准要求。填埋场封场工程实施后能够及时有效的导出填埋气体，同时避免可燃气体发生爆炸，减少恶臭污染物排放，技术成熟可靠，措施合理可行。

（3）噪声：本项目建成后，拟采取的噪声污染防治措施有选用低噪声的机械设备，完善设备维护保养制度，保证设备正常运行；风机等设备布置在专用设备用房内，设备用房做好墙体隔声措施；高噪声设备安装橡胶减振垫和消声设施，并及时管理维护；采取以上措施后可保证场界噪声达标排放。

（4）固体废弃物：本项目生活垃圾收集后由环卫部门统一收集处理。

（5）地下水：本项目拟采用帷幕灌浆防渗墙保证渗滤液不会下渗污染地下水，在填埋场库区垃圾坝下游即山坳出口处和调节池下游设置垂直防渗帷幕。帷幕总长度约 160m，两侧分别与山体相接，帷幕深度平均 10m。修整调节池，在调节池的底部及周壁设置防渗层，并进行整体加盖处理。同时在填埋场区设置地下水污染监控井，定时对地下水水质进行监测，一旦发现地下水水质有不达标或恶化情况，立即对防渗措施进行补救或加固。

（6）生态环境：封场工程实施后将对整个填埋区进行绿化生态恢复，选择抗性强、耐盐碱、吸收有害气体及截留雨水和污水能力强，并具一定的观赏价值和经济效应的植物，比如臭椿、香樟、女贞、夹竹桃等，整个绿化面积达到 79660m²。

五、环境风险评价

施工期环境风险主要是在垃圾堆体整平、覆盖层施工、填埋场垂直收集井施工过程中可能发生垃圾堆体滑坡、火灾及爆炸等风险事故。填埋场封场工程属环保项目，工程本身不存在环境风险因素，封场恢复期环境风险主要是垃圾堆体稳定化维护过程中存在的风险事故及可能诱发渗滤液泄漏、垃圾堆体沉降或滑动、垃圾坝溃坝等环境风险。在严格采取本报告提出的各项风险防范应急措施和制定突发环境事件应急预案的情况下，环境风险可得到控制，环境风险影响程度可接受。

六、结论

本项目的实施符合相关规划和行业规范要求。封场工程使填埋气、渗滤液等污染物全部得到合理处置，堆场稳定性得到进一步巩固，有利于生活垃圾减量化、无害化、资源化。封场绿化不仅改善了区域生态环境，还减轻了臭气对周边居民的影响。封场后，填埋场对周围环境的污染将逐渐得到修复，远期可实现土地再利用，有利于城市发展建设，改善投资环境，总体来说，本项目具有显著的环境效益和社会效益，是可持续性发展的生态修复工程。在切实落实各项环保措施和环境风险防范措施的前提下，从环保角度考虑本项目具备可行性。

习　题

1. 名词解释

固体废物；城市固体废物；工业固体废物；农业固体废物；固体废物；危险废物。

2. 什么是固体废物，固体废物如何分类？

3. 危险废物的定义是什么，如何鉴定危险废物？

4. 简述生活垃圾填埋场的环境影响评价的主要工作内容。

5. 一般工程项目产生的固体废物如何来进行环境影响评价？

第九章 生态环境影响评价

第一节 概 述

生态影响指经济社会活动对生态系统及其生物因子、非生物因子所产生的任何有害的或有益的作用，影响可划分为不利影响和有利影响，直接影响、间接影响和累积影响，可逆影响和不可逆影响。

生态影响评价指在对生态现状进行调查和评价的基础上，通过定量或定性揭示和预测人类活动对生态的影响及其对人类健康和经济的作用，分析确定一个地区的生态负荷或环境容量，并提出减少影响或改善生态环境的策略或措施的过程。

一、生态影响评价的原则

1. 坚持重点与全面相结合的原则

既要突出评价项目所涉及的重点区域、关键时段和主导生态因子，又要从整体上兼顾评价项目所涉及的生态系统和生态因子在不同时空等级尺度上结构与功能的完整性。

2. 坚持预防与恢复相结合的原则

预防优先，恢复补偿为辅。恢复、补偿等措施必须与项目所在地的生态功能区划的要求相适应。

3. 坚持定量与定性相结合的原则

生态影响评价应尽量采用定量方法进行描述和分析，当现有科学方法不能满足定量需要或因其他原因无法实现定量测定时，生态影响评价可通过定性或类比的方法进行描述和分析。

二、生态影响判定依据

(1) 国家、行业和地方已颁布的资源环境保护等相关法规、政策、标准、规划和区划等确定的目标、措施与要求。

(2) 科学研究判定的生态效应或评价项目实际的生态监测、模拟结果。

(3) 评价项目所在地区及相似区域生态背景值或本底值。

(4) 已有性质、规模以及区域生态敏感性相似项目的实际生态影响类比。

(5) 相关领域专家、管理部门及公众的咨询意见。

第二节 评价工作等级与范围

一、生态影响评价工作等级划分

依据影响区域的生态敏感性和评价项目的工程占地(含水域)范围，包括永久占地和临时占地，将生态影响评价工作等级划分为一级、二级和三级，如表 9-1 所示。位于原厂界(或永久用地)范围内的工业类改扩建项目，可做生态影响分析。

表 9-1　生态影响评价工作等级划分表

影响区域 生态敏感性	工程占地(水域)范围		
	面积≥20km² 或长度≥100km	面积 2~20km² 或长度 50~100km	面积≤2km² 或长度≤50km
特殊生态敏感区	一级	一级	一级
重要生态敏感区	二级	二级	二级
一般区域	三级	三级	三级

(1) 当工程占地(含水域)范围的面积或长度分别属于两个不同评价工作等级时，原则上应按其中较高的评价工作等级进行评价。改扩建工程的工程占地范围以新增占地(含水域)面积或长度计算。在矿山开采可能导致矿区土地利用类型明显改变，或拦河闸坝建设可能明显改变水文情势等情况下，评价工作等级应上调一级。

(2) 环境敏感程度根据《建设项目环境影响评价分类管理名录》，划分为特殊生态敏感区、重要生态敏感区和一般区域三类。

① 特殊生态敏感区(Special Ecological Sensitive Region)指具有极重要的生态服务功能，生态系统极为脆弱或已有较为严重的生态问题，如遭到占用、损失或破坏后所造成的生态影响后果严重且难以预防、生态功能难以恢复和替代的区域，包括自然保护区、世界文化和自然遗产地等。

② 重要生态敏感区(Important Ecological Sensitive Region)具有相对重要的生态服务功能或生态系统较为脆弱，如遭到占用、损失或破坏后所造成的生态影响后果较严重，但可以通过一定措施加以预防、恢复和替代的区域，包括风景名胜区、森林公园、地质公园、重要湿地、原始天然林、珍稀濒危野生动植物天然集中分布区、重要水生生物的自然产卵场及索饵场、越冬场和洄游通道、天然渔场等。

③ 一般区域(Ordinary Region)除特殊生态敏感区和重要生态敏感区以外的其他区域。

二、评价工作范围

生态影响评价应能够充分体现生态完整性，涵盖评价项目全部活动的直接影响区域和间接影响区域。评价工作范围应依据评价项目对生态因子的影响方式、影响程度和生态因子之间的相互影响和相互依存关系确定。可综合考虑评价项目与项目区的气候过程、水文过程、生物过程等生物地球化学循环过程的相互作用关系，以评价项目影响区域所涉及的完整气候单元、水文单元、生态单元、地理单元界限为参照边界。

第三节　生态影响预测与评价

一、生态影响预测与评价内容

生态影响预测与评价内容应与现状评价内容相对应，依据区域生态保护的需要和受影响生态系统的主导生态功能选择评价预测指标。

（1）评价工作范围内涉及的生态系统及其主要生态因子的影响评价。通过分析影响作用的方式、范围、强度和持续时间来判别生态系统受影响的范围、强度和持续时间；预测生态系统组成和服务功能的变化趋势，重点关注其中的不利影响、不可逆影响和累积生态影响。

（2）敏感生态保护目标的影响评价应在明确保护目标的性质、特点、法律地位和保护要求的情况下，分析评价项目的影响途径、影响方式和影响程度，预测潜在的后果。

（3）预测评价项目对区域现存主要生态问题的影响趋势。

二、生态影响预测与评价方法

生态影响预测与评价方法应根据评价对象的生态学特性，在调查、判定该区主要的、辅助的生态功能以及完成功能必需的生态过程的基础上，分别采用定量分析与定性分析相结合的方法进行预测与评价。常用的方法包括列表清单法、图形叠置法、生态机理分析法、景观生态学法、指数法与综合指数法、类比分析法、系统分析法和生物多样性评价等。

（1）列表清单法

列表清单法是 Little 等人于 1971 年提出的一种定性分析方法。该方法的特点是简单明了，针对性强。列表清单法的基本做法是将拟实施的开发建设活动的影响因素与可能受影响的环境因子分别列在同一张表格的行与列内，逐点进行分析，并逐条阐明影响的性质、强度等，由此分析开发建设活动的生态影响。

（2）图形叠置法

图形叠置法是把两个以上的生态信息叠合到一张图上，构成复合图，来表示生态变化的方向和程度。本方法的特点是直观、形象，简单明了。一般适用于具有区域性质的大型项目，如大型水利工程、交通建设等。图形叠置法有两种基本制作手段：指标法和 3S 叠图法。

① 指标法

指标法需首先确定评价区域范围，然后进行生态调查，收集评价工作范围与周边地区自然环境、动植物等的信息，同时收集社会经济和环境污染及环境质量信息，随后进行影响识别并筛选拟评价因子，其中包括识别和分析主要生态问题。在此基础上，研究拟评价生态系统或生态因子的地域分异特点与规律，对拟评价的生态系统、生态因子和生态问题建立表征其特性的指标体系，并通过定性分析或定量方法对指标赋值或分级，再依据指标值进行区域划分。最后，将上述区划信息绘制在生态图上。

② 3S 叠图法

首先选用地形图，或正式出版的地理地图，或经过精校正的遥感影像作为工作底图，底图范围应略大于评价工作范围；在底图上描绘主要生态因子信息，如植被覆盖、动物分布、河流水系、土地利用和特别保护目标等；进行影响识别与筛选评价因子；运用 3S 技术，分析评价因子的不同影响性质、类型和程度；将影响因子图和底图叠加，得到生态影响评价图。

（3）生态机理分析法

生态机理分析法是根据建设项目的特点和受其影响的动、植物生物学特征，依照生态学原理分析、预测工程生态影响的方法。生态机理分析的工作步骤如下：

① 调查环境背景现状和搜集工程组成和建设等有关资料；

② 调查植物和动物分布，动物栖息地和迁徙路线；

③ 根据调查结果分别对植物或动物种群、群落和生态系统进行分析，描述其分布特点、结构特征和演化等级；

④ 识别有无珍稀濒危物种及重要经济、历史、景观和科研价值的物种；

⑤ 监测项目建成后该地区动物、植物生长环境的变化；

⑥ 根据项目建成后的环境(水、气、上和生命组分)变化，对照无开发项目条件下动物、植物或生态系统演替趋势，预测项目对动物和植物个体、种群和群落的影响，并预测生态系统演替方向。

评价过程中有时要根据实际情况进行相应的生物模拟试验，如环境条件、生物习性模拟试验、生物毒理学试验、实地种植或放养试验等；或进行数学模拟，如种群增长模型的应用。该方法需与生物学、地理学、水文学、数学及其他多学科合作评价，才能得出较为客观的结果。

(4) 景观生态学法

景观生态学法是通过研究某一区域、一定时段内的生态系统类群的格局、特点、综合资源状况等自然规律，以及人为干预下的演替趋势，揭示人类活动在改变生物环境方面作用的方法。景观生态学法对生态质量状况的评判是通过两个方面进行的，一是空间结构分析，二是功能与稳定性分析。

空间结构分析基于景观，是高于生态系统的自然系统，是一个清晰的和可度量的单位。景观由斑块、基质和廊道组成，其中基质是景观的背景地块，是景观中一种可以控制环境质量的组分。

景观的功能和稳定性分析包括如下 4 方面内容：

① 生物恢复力分析。分析景观基本元素的再生能力或高亚稳定性元素能否占主导地位。

② 异质性分析。基质为绿地时，由于异质化程度高的基质很容易维护它的基质地位，从而达到增强景观稳定性的作用。

③ 种群源的持久性和可达件分析。分析动、植物物种能否持久保持能量流、养分流，分析物种流可否顺利地从一种景观元素迁移到另一种元素，从而增强共生性。

④ 景观组织的开放性分析。分析景观组织与周边生境的交流渠道是否畅通。开放性强的景观组织可以增强抵抗力和恢复力。景观生态学方法既可以用于生态现状评价也可以用于生境变化预测，目前是国内外生态影响评价学术领域中较为先进的方法。

(5) 指数法与综合指数法

指数法是利用同度量因素的相对值来表明因素变化状况的方法，是建设项目环境影响评价中常用的评价方法，指数法同样可拓展用于生态影响评价中。指数法简明扼要，且符合人们所熟悉的环境污染影响评价思路，但困难之点在于需明确建立表征生态质量的标准体系，且难以赋权和准确定量。综合指数法是从确定同度量因素出发，把不能直接对比的事物变成能够同度量的方法。

① 单因子指数法

选定合适的评价标准，采集拟评价项目区的现状资料。可进行生态因子现状评价，例如以同类型立地条件的森林植被覆盖率为标准，可评价项目建设区的植被覆盖现状情况；亦可进行生态因子的预测评价，如以评价区现状植被盖度为评价标准，可评价建设项目建成后植被盖度的变化率。

② 综合指数法

a. 分析研究评价的生态因子的性质及变化规律。

b. 建立表征各生态因子特性的指标体系。

c. 确定评价标准。

d. 建立评价函数曲线，将评价的环境因子现状值(开发建设活动前)与预测值(开发建设活动后)转换为统一的无量纲的环境质量指标。用1-0表示优劣("1"表示最佳的、顶级的、原始或人类干预甚少的生态状况，"0"表示最差的、极度破坏的、几乎无生物性的生态状况)，由此计算出开发建设活动前后环境因子质量的变化值。

e. 根据各评价因子的相对重要性赋予权重。

f. 将各因子的变化值综合，提出综合影响评价值。

$$\Delta E=\sum(E_{hi}-E_{qi})\times W_i$$

式中 ΔE——开发建设活动前后生态质量变化值；

E_{hi}——开发建设活动后 i 因子的质量指标；

E_{qi}——开发建设活动前 i 因子的质量指标；

W_i——i 因子的权值。

(6) 类比分析法

类比分析法是一种比较常用的定性和半定量评价方法，一般有生态整体类比、生态因子类比和生态问题类比等。根据已有的开发建设活动(项目、工程)对生态系统产生的影响来分析或预测拟进行的开发建设活动(项目、工程)可能产生的影响。选择合适的类比对象(类比项目)是进行类比分析或预测评价的基础，也是该法成败的关键。类比对象的选择条件是：工程性质、工艺和规模与拟建项目基本相当，生态因子(地理、地质、气候、生物因素等)相似，项目建成已有一定时间，所产生的影响已基本全部显现。

类比对象确定后，需选择和确定类比因子及指标，并对类比对象开展调查与评价，再分析拟建项目与类比对象的差异。根据类比对象与拟建项目的比较，做出类比分析结论。

(7) 系统分析法

系统分析法是指把要解决的问题作为一个系统，对系统要素进行综合分析，找出解决问题的可行方案的咨询方法。具体步骤包括：限定问题、确定目标、调查研究、收集数据、提出备选方案和评价指标、备选方案评估和提出最可行方案。系统分析法因其能妥善地解决一些多目标动态性问题，目前已广泛应用于各行各业，尤其在进行区域开发或解决优化方案选择问题时，系统分析法显示出其他方法所不能达到的效果。

在生态系统质量评价中使用系统分析的具体方法有专家咨询法、层次分析法、模糊综合评判法、综合排序法、系统动力学法、灰色关联法等方法，这些方法原则上都适用于生态影响评价。

(8) 生物多样性评价法

生物多样性评价是指通过实地调查，分析生态系统和生物种的历史变迁、现状和存在主要问题的方法，评价的目的是有效保护生物多样性。

生物多样性通常用香农-威纳指数(Shannon-Wiener index)表征：

$$H=-\sum_{i=1}^{S}P_i\ln(P_i) \tag{9-1}$$

式中 H——样品的信息含量(彼得/个体)=群落的多样性指数；

S——种数；

P_i——样品中属于第 i 种的个体比例，如样品总个体数为 N，第 i 种个体数为 n_i，则 $P_i=n_i/N$。

(9) 海洋及水生生物资源影响评价法

海洋生物资源影响评价技术方法参见《建设项目对海洋生物资源影响评价技术规程》(SC/T 9110—2007)，以及其他推荐的生态影响评价和预测适用方法；水生生物资源影响评价技术方法，可适当参照该技术规程及其他推荐的适用方法进行。

三、生态影响评价的图件

生态影响评价图件是指以图形、图像的形式对生态影响评价有关空间内容的描述、表达或定量分析。生态影响评价图件是生态影响评价报告的必要组成内容，是评价的主要依据和成果的重要表示形式，是指导生态保护措施设计的重要依据。

根据评价项目的自身特点、评价工作等级及区域生态敏感性的不同，生态影响评价图件由基本图件和推荐图件构成。生态影响评价图件的构成要求见表 9-2。

表 9-2　生态影响评价图件构成

评价工作等级	基本图件	推荐图件
一级	① 项目区域地理位置图； ② 工程平面图； ③ 土地利用现状图； ④ 地表水系图； ⑤ 植被类型图； ⑥ 特殊生态敏感区和重要生态敏感区空间分布图； ⑦ 主要评价因子的评价成果和预测图； ⑧ 生态监测布点图； ⑨ 典型生态保护措施平面布置示意图	① 当评价工作范围内涉及山岭重丘区时，可提供地形地貌图、土壤类类型图和土壤侵蚀分布图； ② 当评价工作范围内涉及河流、湖泊等地表水时，可提供水环境功能区划图；当涉及地下水时，可提供水文地质图件等； ③ 当评价工作范围涉及海洋和海岸带时，可提供海域岸线图、海洋功能区划图，根据评价需要选做海洋渔业资源分布图、主要经济鱼类产卵场分布图、滩涂分布现状图； ④ 当评价工作范围内已有土地利用规划时，可提供已有土地利用规划图和生态功能分区图； ⑤ 当评价工作范围内涉及地表塌陷时，可提供塌陷等值线图； ⑥ 此外，可根据评价工作范围内涉及的不同生态系统类型，选做动植物资源分布图、珍稀濒危物种分布图、基本农田分布图、绿化布置图、荒漠化土地分布图等
二级	① 项目区域地理位置图； ② 工程平面图； ③ 土地利用现状图； ④ 地表水系图； ⑤ 特殊生态敏感区和重要生态敏感区空间分布图； ⑥ 主要评价因子的评价成果和预测图； ⑦ 典型生态保护措施平面布置示意图	① 当评价工作范围内涉及山岭重丘区时，可提供地形地貌图和土壤侵蚀分布图； ② 当评价工作范围内涉及河流、湖泊等地表水时，可提供水环境功能区划图；当涉及地下水时，可提供水文地质图件等； ③ 当评价工作范围涉及海域时，可提供海域岸线图、海洋功能区划图； ④ 当评价工作范围内已有土地利用规划时，可提供已有土地利用规划图和生态功能分区图； ⑤ 当评价工作范围内，陆域可根据评价需要选做植被类型或绿化布置图
三级	① 项目区域地理位置图； ② 工程平面图； ③ 土地利用现状图或水体利用现状图； ④ 典型生态保护措施平面布置示意图	① 当评价工作范围内，陆域可根据评价需要选做植被类型或绿化布置图； ② 当评价工作范围内涉及山岭重丘区时，可提供地形地貌图； ③ 当评价工作范围内涉及河流、湖泊等地表水时，可提供地表水系图； ④ 当评价工作范围涉及海域时，可提供海洋功能区划图； ⑤ 当涉及重要生态敏感区时，可提供关键评价因子的评价成果图

第四节　生态影响的防护、恢复、补偿及替代方案

一、生态影响的防护、恢复与补偿原则

（1）应按照避让、减缓、补偿和重建的次序提出生态影响防护与恢复的措施；所采取措施的效果应有利修复和增强区域生态功能。

（2）凡涉及不可替代、极具价值、极敏感、被破坏后很难恢复的敏感生态保护目标（如特殊生态敏感区、珍稀濒危物种）时，必须提出可靠的避让措施或生境替代方案。

（3）涉及采取措施后可恢复或修复的生态目标时，也应尽可能提出避让措施；否则，应制定恢复、修复和补偿措施。各项生态保护措施应按项目实施阶段分别提出，并提出实施时限和估算经费。

二、替代方案

（1）替代方案主要指项目中的选线、选址替代方案，项目的组成和内容替代方案，工艺和生产技术的替代方案，施工和运营方案的替代方案，生态保护措施的替代方案。

（2）评价应对替代方案进行生态可行性论证，优先选择生态影响最小的替代方案，最终选定的方案至少应该是生态保护可行的方案。

三、生态保护措施

（1）生态保护措施应包括保护对象和目标，内容、规模及工艺，实施空间和时序，保障措施和预期效果分析，绘制生态保护措施平面布置示意图和典型措施设施工工艺图，估算或概算环境保护投资。

（2）对可能具有重大、敏感生态影响的建设项目，区域、流域开发项目，应提出长期的生态监测计划、科技支撑方案，明确监测因子、方法、频次等。

（3）明确施工期和运营期管理原则与技术要求。可提出环境保护工程分标与招投标原则，施工期工程环境监理，环境保护阶段验收和总体验收，环境影响后评价等环保管理技术方案。

常见的生态保护措施见表9-3。

表9-3　常见的生态保护措施

项目	阶段	
	建设期	运行期
动物	设置保护通道和屏障，禁止施工人员进入野生动物活动场所，禁止惊吓和捕杀动物	设置专人管理，建立管理及报告制，加强宣传教育，预防和杜绝森林火灾；禁止游客进入核心区和重点保护功能区，禁止大声喧哗、惊吓和捕杀动物，重点保护动物定期检测
植物	隔离保护或避开重点保护对象，调整和改进施工方案，尽量减少植物破坏	临时占地在工程完成后进行植被恢复，植被尽量采用当地植物并尽量以生态恢复为主，专人巡视管理，重点保护植物应定期检测
景观	控制设计用地，隔离保护重点景观，新景风格、造势与自然融合，人工修复破坏的地质地形	加强宣传教育，重要景点由专人巡视管理，高峰期限制游客人数，随时修补景观损害

续表

项目	阶段	
	建设期	运行期
水土保持	开挖山坡：自上而下分层开挖，最终边坡进行危岩清理、植被保护。 机动车道：设置排水沟，将水引至路基坡脚或天然排水沟壑。 游览道路：沿线绿化临沟采用料石支护，靠山进行植被防护，尽量种植当地植物。 其他景点及服务区绿化：及时清理堆弃渣土，修复受损地表地形	加强宣传教育，定期巡视观测景区各路段地形，做好景区的绿化、保养、植被养护等
水(环境)	施工地修建简易处理水池，出水回用	旅游服务设施建造生活污水处理系统，并尽量采用生态处理，定期对重点水体进行水质监测
大气	施工散料(如混凝土)库存或密盖，密闭运输，道路定期洒水	景区绿化，道路洒水，限制餐饮排放油烟，使用清洁能源
噪声	施工地与周围环境设置隔离屏障，改进施工工艺和技术，调整施工场地布置和工时	道路绿化，加强游客和车辆管理
固废	修建工地临时厕所，垃圾专门收集后转运至填埋场	主要是生活垃圾，应收集，并且分类、存放、转运、回收和填埋，加强景区环境卫生监督

第五节　案例分析

某水电站工程环境影响评价。

一、项目概况

某水电站位于陕西省山阳县宽坪镇金钱河中游，上距山阳县城58km，下距宽坪镇9km，是金钱河干流山阳段梯级开发的第三级水电站。水电站工程规模为Ⅴ等小(2)型工程，工程建设性质为新建低坝引水式电站，采用“两坝一站”总体方案布置，枢纽正常蓄水位(主坝/副坝)385.0/385.5m，引水隧洞总长4692m(主2436m、副2256m)，引水流量40.8m^3/s(发电38.7m^3/s)，发电净水头20.3m，装机容量6.6MW，年发电量2518kW·h，年利用小时3815h，静态总投资6932.81万元。项目水库淹没面积0.52hm^2($1hm^2=10000m^2$)，其中，林地：0.16hm^2、河滩地：0.22hm^2以及其他用地0.14hm^2，不涉及移民安置。

二、生态环境质量现状

金钱河流域土壤种类繁多，项目区以黄棕壤土为主，河口处金钱河右岸有淤土分布。项目区域受地形地貌、土壤和气候的影响，植被分布具有明显的地域性和垂直性规律。自上而下分布植被类型为：海拔82~500m含常绿阔叶树的落叶阔叶林带；海拔800~1500m之间栓皮栎林带；海拔1500~2000m华山松、尖齿栎林带。境内林木以天然林为主，人工林木所占比例较少，评价区域内森林覆盖率为54%。

项目所在地属于农村地区，人类活动较为频繁，根据现场调查、走访群众并查阅相关资料，该流域内的陆生动物大多栖息于深山、中山密林区，评价范围及其临近区域内未发现有珍惜保护动物和大型野生动物及其栖息地分布。山阳县境内有常见鸟类有50多种，其中东洋种有大白鹭、长尾雉、锦鸡、竹鸡、珠颈斑鸠等；两栖、爬行类动物主要分布有常见的无尾目蛙类、蟾蜍类等，野生哺乳动物以小型啮齿类较多，典型种类有野猪、草兔以及鼠类等，水生生物经查阅有关文献资料和山阳县水产站的调查核实，金钱河山阳县流域野生鱼类共有7科28种，但受水量等因素限制，各种群规模均较小，个体数量较少，无大规模鱼群分布，当地无渔业养殖生产。流域内的鱼类多为比较常见的鲤鱼、草鱼、鲫鱼、花鳅等。当地鱼类以鲤科鱼类为优势种群，共有17种。

项目区水土流失现状：项目区全部位于山阳县境内，经调查统计，项目区占地范围内水土流失以微度侵蚀为主，场区范围内平均土壤侵蚀模数为843.48t/(km^2·a)。

三、生态环境影响预测与评价

（1）工程占地对土地利用的影响分析

该水电站建筑物、设施主要为首部枢纽、引水系统及电站厂房、弃渣场、施工便道和施工临时设施。其中首部枢纽、引水系统及电站厂房等为永久占地，渣场、施工道路和施工生产生活区等为临时占地。

工程永久占地主要位于金钱河河道内及两侧，占地主要为林地、草地及河滩地，不会对当地群众农业生产产生较大影响，林地多灌木林，无珍稀树种，对当地森林生态系统影响甚微。

对于工程临时占地中的各施工临时生产生活区、弃渣场等，施工完成后将进行平整绿化和迹地恢复，施工临时占地对土地只是建设期的临时影响，可以恢复，不会危及到某一类型生态体系的完整性和稳定性，对当地土地利用结构和土地性质改变较小。

（2）对局地气候影响分析

水电站建成后降水、气温和湿度的小幅增加，对于坝址区目前气候有一定改善作用，有利于库区两岸林木的生长，恢复库周植被，为库周提供舒适的生存生活环境具有积极促进作用。由于主副坝水库周围均有山体阻隔，所以水库仅对库区及库岸附近局部范围的气候会有小幅影响，对区域总体气候基本不影响。

（3）对陆生植物影响分析

施工期受影响植被的面积占生态评价总面积比例较小，不至危及到区域生态体系的完整性和稳定性，区域景观体系的性质，其生态功能也不会改变。

水库淹没影响范围内无珍稀植物，影响到的主要植物在各乡内均有广泛的分布，因此水库淹没对当地的生态系统和植被区系组成影响较小，工程不会造成该区任何物种消失，物种多样性不会受到影响。

运行期，由于流域降雨丰沛，沿河植被主要是以降雨形式获得水分，对河水的依赖程度不高。本工程减水河段仅4.5km，因此，电站的运行不会导致植被区系的演变，随着工程建成后生态恢复措施的实施，工程区陆生植被将可得到一定程度的改善。

（4）对陆生动物影响分析

受施工活动和施工人员的进驻的影响，上述动物将迁往附近的同类生境；河谷附近栖息的鸟类受噪声、废气等干扰，也将迁往他处，因陆生动物迁移能力强，且同类生境易于在附近找寻，故物种种群与数量不会受到明显影响。运行期由于水库面积较小，库区现有陆生动物较少，且同类生境在附近也广有分布，对陆生动物栖息地影响轻微，水库形成后，水域面积的扩大也增加了两栖动物的栖息、繁殖场所。水库敞泄冲砂时对工程河段两栖动物的栖息和繁殖也有不利影响，由于工程每年敞泄时段很短，所以影响程度不大。

(5) 对水生生物影响分析

由于水库的氮、磷含量低，且上游污染源很少，不存在富营养化条件，预测水库不会产生藻类大量繁殖、聚集、死亡、分解等致使水质恶化和富营养化问题。水库建成后，库区淹没河滩地多为淤泥、卵石，为底栖动物的生长、繁衍提供了良好条件，预计无论在种类还是个体密度上，底栖动物都将有明显增加。在库区，水库蓄水后由于水深加大、水流变缓，喜急流底层生活的鱼类不适应库区的生活环境，将上移到库尾以上河段。本工程河段鱼类种群最大的是鳅科，其喜流水，会因不适应静水环境将向支流迁移，数量可能有所减少；对喜静的种类如鲤科等种类和数量能迅速地发展起来。

(6) 水库淹没及移民安置影响分析

项目淹没土地为林地、河滩地及其他用地，无基本农田。淹没区总面积 0. 52hm^2，与区域土地资源相比，淹没量很小，不会对区域的土地资源产生明显影响。项目库区淹没植被以林地、荒草植物为主，无珍惜野生植物，由于库区淹没面积不大，故植被损失量较小，不会对区域植被破坏产生显著影响。项目的水库坝址和淹没区均无居民，不涉及移民拆迁、安置。

(7) 水土流失预测评价

项目扰动原地貌、损坏土地面积为 7. 01hm^2，可能造成水土流失的面积为 6. 49hm^2，损坏水土保持设施面积为 6. 49hm^2，损坏水土保持设施补偿面积 3. 63hm^2，预测时段内可能产生的水土流失总量 3745. 83t，可能新增的水土流失量为 3564. 63t。

水土流失治理措施体系由工程措施、植物措施和施工临时措施组成。其中工程措施有截排水沟工程及土地整治；植物措施主要为库区绿化美化及其他临时用地的植被恢复等；临时措施主要有临时排水沟草袋装土及密目网苫盖等。

习　题

1. 名词解释

生态影响；直接生态影响；间接生态影响；累积生态影响；生态监测。

2. 简答题

(1) 什么是生态影响和生态影响评价？

(2) 生态影响评价工作等级和范围如何确定？

(3) 生态环境现状调查主要采用的方法有哪些？

(4) 简述生态影响预测与评价的方法有哪些？

(5) 生态影响的防护、补偿和替代方案有哪些？

第十章　土壤环境影响评价

第一节　概　　述

土壤环境影响评价应对建设项目建设期、运营期和服务期满后(可根据项目情况选择)对土壤环境理化特性可能造成的影响进行分析、预测和评估，提出预防或者减轻不良影响的措施和对策，为建设项目土壤环境保护提供科学依据。

1. 土壤环境

是指受自然或人为因素作用的，由矿物质、有机质、水、空气、生物有机体等组成的陆地表面疏松综合体，包括陆地表层能够生长植物的土壤层和污染物能够影响的松散层等。

2. 土壤环境生态影响

是指由于人为因素引起土壤环境特征变化导致其生态功能变化的过程或状态。本文重点指土壤环境的盐化、酸化、碱化等。

3. 土壤环境污染影响

是指因人为因素导致某种物质进入土壤环境，引起土壤物理、化学、生物等方面特性的改变，导致土壤质量恶化的过程或状态。

4. 土壤环境敏感目标

是指可能受人为活动影响的、与土壤环境相关的敏感区或对象。

第二节　土壤环境影响评价工作程序

土壤环境影响评价工作可划分为准备阶段、现状调查与评价阶段、预测分析与评价阶段和结论阶段。土壤环境影响评价工作程序见图 10-1。

各阶段主要工作内容如下：

(1) 准备阶段

收集分析国家和地方土壤环境相关的法律、法规、政策、标准及规划等资料；了解建设项目工程概况，结合工程分析，识别建设项目对土壤环境可能造成的影响类型，分析可能造成土壤环境影响的主要途径；开展现场踏勘工作，识别土壤环境敏感目标；确定评价等级、范围与内容。

(2) 现状调查与评价阶段

采用相应标准与方法，开展现场调查、取样、监测和数据分析与处理等工作，进行土壤环境现状评价。

(3) 预测分析与评价阶段

依据本标准制定的或经论证有效的方法，预测分析与评价建设项目对土壤环境可能造成的影响。

(4) 结论阶段

综合分析各阶段成果，提出土壤环境保护措施与对策，对土壤环境影响评价结论进行总结。

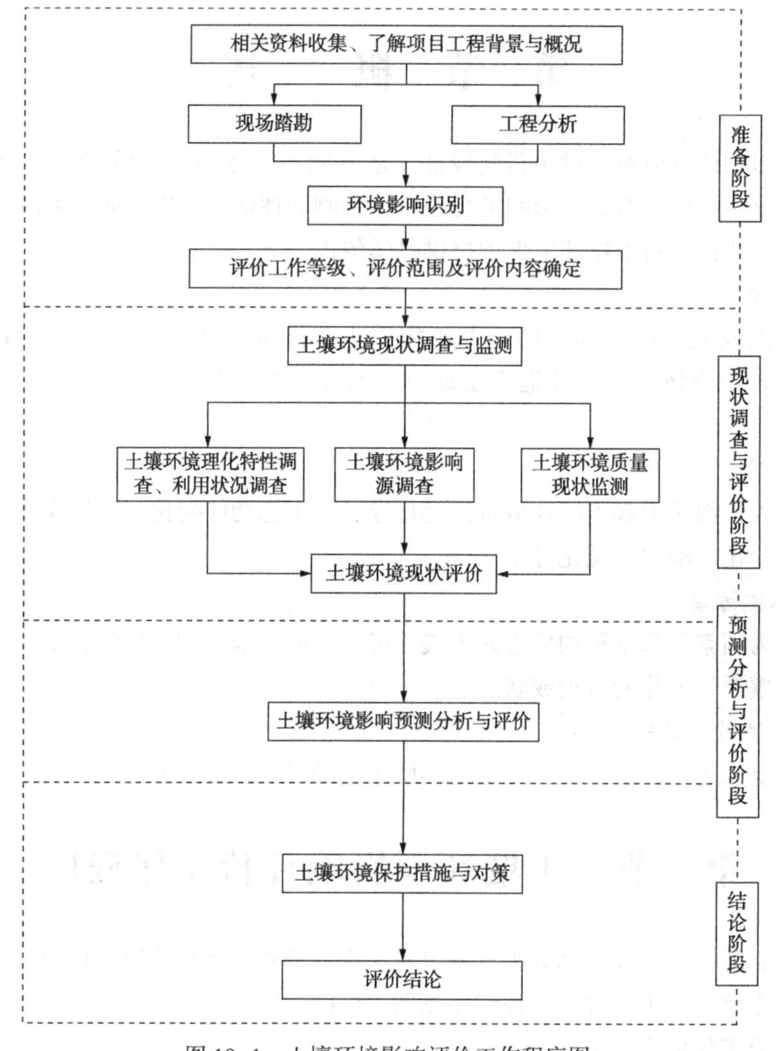

图 10-1　土壤环境影响评价工作程序图

第三节　土壤环境影响评价等级

按照《建设项目环境影响评价技术导则 总纲》(HJ 2.1—2016)中关于建设项目污染影响和生态影响的相关要求，根据建设项目对土壤环境可能产生的影响，将土壤环境影响类型划分为生态影响型与污染影响型。

土壤环境影响评价工作等级划分为一级、二级、三级。生态影响型和污染影响型项目的评价工作等级划分依据不同。值得注意的是：

（1）建设项目同时涉及土壤环境生态影响型与污染影响型时，应分别判定评价工作等级，并按相应等级分别开展评价工作。

（2）当同一建设项目涉及两个或两个以上场地时，各场地应分别判定评价工作等级，并按相应等级分别开展评价工作。

（3）线性工程重点针对主要站场位置（如输油站、泵站、阀室、加油站、维修场所等）参照污染影响型项目分段判定评价等级，并按相应等级分别开展评价工作。

一、生态影响型

建设项目所在地土壤环境敏感程度分为敏感、较敏感、不敏感，判别依据见表 10-1；同一建设项目涉及两个或两个以上场地或地区，应分别判定其敏感程度；产生两种或两种以上生态影响后果的，敏感程度按相对最高级别判定。

表 10-1　生态影响型敏感程度分级表

敏感程度	判别依据		
	盐化	酸化	碱化
敏感	建设项目所在地干燥度[a]>2.5 且常年地下水位平均埋深<1.5m 的地势平坦区域；或土壤含盐量>4g/kg 的区域	pH≤4.5	pH≥9.0
较敏感	建设项目所在地干燥度>2.5 且常年地下水位平均埋深≥1.5m 的，或 1.8<干燥度≤2.5 且常年地下水位平均埋深<1.8m 的地势平坦区域；建设项目所在地干燥度>2.5 或常年地下水位平均埋深<1.5m 的平原区；或 2g/kg<土壤含盐量≤4g/kg 的区域	4.5<pH≤5.5	8.5≤pH<9.0
不敏感	其他	5.5<pH<8.5	

注：a 是指采用 E601 观测的多年平均水面蒸发量与降水量的比值，即蒸降比值。

根据《环境影响评价技术导则 土壤环境（试行）》（HJ 964—2018）的附录 A 识别的土壤环境影响评价项目类别与表 10-1 敏感程度分级结果划分评价工作等级，详见表 10-2。

表 10-2　生态影响型评价工作等级划分表

评价工作等级 / 项目类别 / 敏感程度	Ⅰ类	Ⅱ类	Ⅲ类
敏感	一级	二级	三级
较敏感	二级	二级	三级
不敏感	二级	三级	/

注：“/”表示可不开展土壤环境影响评价工作。

二、污染影响型

将建设项目占地规模分为大型（≥50hm^2）、中型（5~50hm^2）、小型（≤5hm^2），建设项目占地主要为永久占地。建设项目所在地周边的土壤环境敏感程度判别依据见表 10-3。

根据土壤环境影响评价项目类别、占地规模与敏感程度划分评价工作等级，详见表 10-4。

表 10-3　污染影响型敏感程度分级表

敏感程度	判别依据
敏感	建设项目周边存在耕地、园地、牧草地、饮用水水源地或居民区、学校、医院、疗养院、养老院等土壤环境敏感目标的
较敏感	建设项目周边存在其他土壤环境敏感目标的
不敏感	其他情况

表 10-4　污染影响型评价工作等级划分表

评价工作等级 / 占地规模 / 敏感程度	Ⅰ类			Ⅱ类			Ⅲ类		
	大	中	小	大	中	小	大	中	小
敏感	一级	一级	一级	二级	二级	二级	三级	三级	三级
较敏感	一级	一级	二级	二级	二级	三级	三级	三级	/
不敏感	一级	二级	二级	二级	三级	三级	三级	/	/

注：“/”表示可不开展土壤环境影响评价工作。

第四节　土壤环境影响预测与评价

一、基本原则与要求

(1) 根据影响识别结果与评价工作等级，结合当地土地利用规划确定影响预测的范围、时段、内容和方法。

(2) 选择适宜的预测方法，预测评价建设项目各实施阶段不同环节与不同环境影响防控措施下的土壤环境影响，给出预测因子的影响范围与程度，明确建设项目对土壤环境的影响结果。

(3) 应重点预测评价建设项目对占地范围外土壤环境敏感目标的累积影响，并根据建设项目特征兼顾对占地范围内的影响预测。

(4) 土壤环境影响分析可定性或半定量地说明建设项目对土壤环境产生的影响及趋势。

(5) 建设项目导致土壤潜育化、沼泽化、潴育化和土地沙漠化等影响的，可根据土壤环境特征，结合建设项目特点，分析土壤环境可能受到影响的范围和程度。

二、预测评价范围、评价时段

土壤环境影响预测评价范围一般与现状调查评价范围一致。根据建设项目土壤环境影响识别结果，确定重点预测时段。并在影响识别的基础上，根据建设项目特征设定预测情景。

三、预测与评价因子与标准

污染影响型建设项目应根据环境影响识别出的特征因子选取关键预测因子。

可能造成土壤盐化、酸化、碱化影响的建设项目，分别选取土壤盐分含量、pH 值等作为预测因子。

预测评价标准参照 GB 15618、GB 36600，或 HJ 964—2018 的附录 D、附录 F 中的表 F.2。

四、预测与评价方法

土壤环境影响预测与评价方法应根据建设项目土壤环境影响类型与评价工作等级确定。

(1) 可能引起土壤盐化、酸化、碱化等影响的建设项目，其评价工作等级为一级、二级的，预测方法可参见 HJ 964—2018 附录 E、附录 F 或进行类比分析。

(2) 污染影响型建设项目，其评价工作等级为一级、二级的，预测方法可参见附录 E 或进行类比分析；占地范围内还应根据土体构型、土壤质地、饱和导水率等分析其可能影响的深度。

(3) 评价工作等级为三级的建设项目，可采用定性描述或类比分析法进行预测。

五、预测评价结论

以下情况可得出建设项目土壤环境影响可接受的结论：

(1) 建设项目各不同阶段，土壤环境敏感目标处且占地范围内各评价因子均满足相关标准要求；

(2) 生态影响型建设项目各不同阶段，出现或加重土壤盐化、酸化、碱化等问题，但采取防控措施后，可满足相关标准要求的；

(3) 污染影响型建设项目各不同阶段，土壤环境敏感目标处或占地范围内有个别点位、层位或评价因子出现超标，但采取必要措施后，可满足 GB 15618、GB 36600 或其他土壤污染防治相关管理规定的。

以下情况不能得出建设项目土壤环境影响可接受的结论：

(1) 生态影响型建设项目：土壤盐化、酸化、碱化等对预测评价范围内土壤原有生态功能造成重大不可逆影响的；

(2) 污染影响型建设项目各不同阶段，土壤环境敏感目标处或占地范围内多个点位、层位或评价因子出现超标，采取必要措施后，仍无法满足 GB 15618、GB 36600 或其他土壤污染防治相关管理规定的。

第五节　案例分析

一、项目概况

1. 项目名称、性质及建设地点

项目名称：珠海市某环保开发有限公司易址扩建危险废物综合利用项目；

建设单位：珠海市某环保开发有限公司；

项目性质：新建(迁建)。

2. 建设规模、产品方案及工艺的选择

(1) 建设规模

项目资源化利用重金属污泥 15 万吨/年，废活性炭 5000 吨/年，退锡废液 3000 吨/年，废电路板 4 万吨/年，总规模 19.8 万吨/年。重金属污泥涉及《国家危险废物名录》(2016) 中危险废物种类包括 HW17(表面处理废物)8 万吨/年、HW22(含铜废物)6 万吨/年、HW46(含镍废物)1 万吨/年，退锡废液为 HW17(表面处理废物)，废活性炭和废电路板为 HW49(其他废物)。

(2) 危险废物综合利用工艺

项目共设 3 类危险废物综合利用工艺，具体如下：

① 重金属污泥综合利用：处理种类包括 HW17 表面处理废物、HW22 含铜废物、HW46 含镍废物和 HW49 其他废物(900-039-49)共三大类，规模分别为 8 万吨/年、6 万吨/年、1 万吨/年、0.5 万吨/年，总处理规模 15.5 万吨/年。

② 退锡废液综合利用：处理种类为 HW17 表面处理废物(336-066-17)，规模 0.3 万吨/年。

③ 废电路板综合利用：处理种类为 HW49 其他废物(900-045-49)，规模 4 万吨/年。

二、环境评价等级

本项目属于污染影响型项目，占地面积 84836.18m^2，按照《环境影响评价技术导则土壤环境(试行)》(HJ 964—2018)，本项目属于Ⅰ类项目，占地规模属“中”，项目土壤评价范围内分布有农田，敏感程度属敏感，因此，本项目土壤环境影响评价等级为一级。

三、土壤环境现状评价

根据土壤环境监测结果：T1~T7、T9 三个点位各监测因子的监测结果达到《土壤环境质量 建设用地土壤污染风险管控标准(试行)》(GB 36600—2018)的第二类用地风险筛选值；T10 重金属因子达到了《土壤环境质量 农用地土壤污染风险管控标准(试行)》(GB 15618—2018)中筛选值，其余各监测因子的监测结果达到《土壤环境质量建设用地土壤污染风险管控标准(试行)》(GB 36600—2018)的第二类用地风险筛选值；T8、T11 各监测因子的监测结果达到《土壤环境质量农用地土壤污染风险管控标准(试行)》(GB 15618—2018)中筛选值。可见，扩建项目场地内及周边土壤环境质量现状较好。

四、土壤环境影响预测方法及模式

1. 项目周边用地类型调查

根据大气估算模式计算结果，项目 $D_{10\%}$ 最大落地浓度最远距离为 P4 烘干废气，为 600m。本项目对土壤的影响途径涉及到大气沉降，因此，以 P4 烘干排气筒为圆心，半径 600m 范围作为土壤评价范围，该范围内土地用地类型涉及到山林、建设用地以及基本农田。该范围内无居民区，主要土壤敏感目标为农田。

2. 环境影响类型、途径及影响因子识别

本项目对土壤环境的影响途径及因子识别分别见表 10-5、表 10-6。

表 10-5　本项目土壤环境影响途径表

不同时段	影响途径			
	大气沉降	地面漫流	垂直入渗	其他
建设期	无	√	无	√
运营期	√	无	√	无

表 10-6　本项目土壤环境影响源及影响因子识别表

污染源	工艺流程/节点	污染途径	全部污染物指标	特征因子	备注
烘干车间	污泥暂存	垂直入渗	COD、氨氮、铜等重金属	/	事故
废水处理站	各池体	垂直入渗	COD、氨氮、铜等重金属	/	事故
各排气筒	烟气排放	大气沉降	烟尘、SO_2以及重金属等	/	连续

从分析结果来看，本项目厂区除绿化区域外，全部进行水泥硬底化，按照分区防渗要求进行防渗。发生污染土壤环境的途径主要有两类，一类为事故泄漏导致的垂直入渗，最大可能污染源为烘干车间污泥贮池及废水处理站；另一类为大气沉降污染，项目是大气污染影响特征明显的项目，所排放废气中含有汞、铬、铅、渗等有毒重金属，其会随着大气沉降影响土壤环境质量。

3. 废水、废液渗漏对土壤影响

从本项目危险废物中主要有害成分来看，固废中重金属类物质、有机物类物质含量较高。

项目危险废物储存区、废水收集/处理池、事故应急池以及污水管线若没有适当的防漏措施，其中的有害组分渗出后，很容易经过雨水淋溶、地表径流侵蚀而渗入土壤，破坏微生物、植被等与周围环境构成系统的平衡。同时这些水分经土壤渗入地下水，对地下水水质也造成污染。

项目危险废物储存区、处理车间均将严格按照《危险废物贮存污染控制标准》(GB 18597—2001)有关规范设计，废水处理站各建构筑物按要求做好防渗措施，项目建成后对周边土壤的影响较小。同时本项目产生的危险废物也均得到安全处理和处置。因此只要各个环节得到良好控制，可以将本项目对土壤的影响降至最低。

本项目在地下水环境影响章节中，已分析了发生事故情况下，污泥贮池和废水处理站对地下水的影响，从结果可以看出，若该两处发生渗漏，污染物将穿过包气带，影响到地下水。污染物穿越包气带的过程中，由于土壤的阻隔、吸附作用，导致土壤受到污染。因此，项目应严格落实好防渗工程并定期检查重点风险点，杜绝事故泄漏情况发生。

4. 烟气对附近土壤的累积影响分析

本项目废气全年 300 天，每天连续 24h 排放，受大气沉降影响，其会持续对影响区域内的土壤造成影响。

本项目重金属污泥综合利用排放的废气中含有 Pb、Hg、As、Cd、Ni 等重金属及二噁英，重金属及二噁英随排放废气进入环境空气中，最后沉降在周围的土壤从而进入土壤环境，有可能对土壤环境中的重金属及二噁英含量产生影响。重金属及二噁英进入土壤环境主要表现为累积效应。重金属及二噁英对土壤的累积影响采用土壤污染物累计模式计算：

$$W=K\times(B+R)$$

式中　W——污染物在土壤中的年累计量，mg/kg；

B——区域土壤背景，mg/kg；

R——污染物的年输入量，mg/kg；

K——污染物在土壤中的残留率，%；

一般重金属及二噁英在土壤中不易被自然淋溶迁移，残留率一般在90%左右。故本次预测取 $K=0.9$。n 年后，污染物在土壤中的累积量可用下式计算：

$$W_n=B\times K^n+R\times K\times(1-K^n)/(1-K)$$

公式中的 R 包括了两部分输入量，即自然输入量和项目排放的输入量。土壤中自然背景值是自然输入量与自然淋溶迁移量的动态平衡，当自然输入量等于自然淋溶迁移量时，土壤背景值不衰减，B 值不变。因此 R 考虑项目排放的输入量时应扣除自然输入量这一部分，此时自然输入量等于自然淋溶迁移量，土壤背景值 B 不变。公式可修改为：

$$W_n=B+R'\times K\times(1-K^n)/(1-K)$$

式中 R'——排放污染物的年输入量。

R'包括干沉降量和湿沉降量两部分，由于项目排放的重金属和二噁英粒度较细，粒度小于1μm，受重力作用沉降的颗粒物较少，绝大部分颗粒物沉降主要以湿沉降为主，因此本次预测计算以干沉降占10%，湿沉降占90%计。假设排放的含重金属和二噁英干沉降累积量为 Q，则有：

$$R'=Q+9Q=10Q$$

单位质量土壤的干沉降累积量 Q 可根据单位面积的干沉降通量 F 计算得出。因此，只要确定了干沉降累积量 Q 就可推算排放污染物的年输入量 R'。干沉降通量是指在单位时间内通过单位面积的污染物量，公式为：

$$F=C\times V\times T$$

式中 F——单位面积、单位时间的污染物干沉降通量，mg/(m²·s)；

C——污染物浓度，mg/m³；

V——污染物沉降速率，m/s；由于项目排放的重金属和二噁英粒度较细，粒度小于1μm，沉降速率取值为0.1cm/s(即0.001m/s)；

T——年内污染物沉降时间，s。

据有关研究表明，在污染土壤中，重金属和二噁英进入土壤后，由于土壤对它们的固定作用，不易向下迁移，多集中分布在表层。因此可取单位面积(1m²)、厚20cm表层土壤计算单位面积土壤的质量 M(kg/m²)，M=面积(1m²)×厚度(0.2m)×土壤密度(取1800kg/m³)/单位面积(1m²)=360kg/m²。

干沉降通量除以该质量(M)即为单位质量土壤的污染物干沉降累积量 Q。

$$Q=F/M=C\times V\times T/M$$

因此，N 年后，污染物在土壤中的累积总量的计算公式为：

$$W_n=B+C\times V\times T/M\times 10\times K(1-K^n)/(1-K)$$

式中 W_n——n 年内污染物在土壤中的年累计量，mg/kg；

B——区域土壤背景，mg/kg；采用现状土壤最大监测值作为背景值；

C——污染物浓度，mg/m³；偏安全考虑，取年平均最大落地浓度贡献值；

V——污染物沉降速率，m/s，取0.001m/s；

T——年内污染物沉降时间，s，取全年365天(每天24h)连续排放沉降。

M——单位面积土壤质量，取360kg/m²；

n——年份；

K——污染物在土壤中的残留率，取 $K=0.9$。

由上述公式计算各污染物对土壤累积影响，通过大气影响预测可知，项目熔炼烟气排放对周边重金属、二噁英的贡献浓度很低，不会对土壤环境造成进一步的影响，具体值见表10-7。

表 10-7　重金属对土壤年输入情况

污染物	年均最大落地浓度/(μg/m³)	年输入量 R′/(mg/kg)
Hg	0.000	0
As	4.30×10^{-7}	4.6×10-4
Pb	3.50×10^{-4}	0
Cd	3.10×10^{-4}	3.3×10-4
二噁英	1.28×10^{-9}	1.47×10-9

本次预测以上述计算出的输入量，预测厂区范围内以及厂区范围外的农田的累计影响。厂区范围内背景值取厂区内监测点的最大值，农田取 2 个监测点的最大值，预测结果分别如表 10-8、表 10-9。

根据表 10-8、表 10-9 可以看出，本项目各污染物年均最大落地浓度增值接近 0，运行 10~30 年后，各污染物在土壤中的累积远小于相应的标准值，基本不会对厂区内及周边土壤产生明显影响。

表 10-8　厂区范围内重金属对土壤累积影响预测

污染物	年均最大落地浓度/(μg/m³)	建设用地现状监测最大值/(mg/kg)	年最大输入量 R′/(mg/kg)	10 年累积量 W_{10}/(mg/kg)	20 年累积量/ W_{20}(mg/kg)	30 年累积量 W_{30}(mg/kg)	(GB 36600—2018) 第二类用地筛选值/(mg/kg)
Hg	0.000	0.087	0	0.087	0.087	0.087	38
As	4.00×10^{-4}	6.96	6.48×10^{-7}	6.96	6.96	6.96	60
Pb	3.10×10^{-4}	169	1.23×10^{-6}	169	169	169	800
Cd	2.80×10^{-4}	0.20	3.46×10^{-4}	0.20	0.21	0.21	65

表 10-9　厂区范围外农田重金属对土壤累积影响预测

污染物	年均最大落地浓度/(μg/m³)	农用地现状监测最大值/(mg/kg)	年最大输入量 R′/(mg/kg)	10 年累积量 W_{10}/(mg/kg)	20 年累积量 W_{20}/(mg/kg)	30 年累积量 W_{30}/(mg/kg)	(GB 15618—2018) pH≤5.5 其他/(mg/kg)
Hg	0.000	0.142	0	0.142	0.142	0.142	1.3
As	4.00×10^{-4}	6.26	6.48×10^{-7}	6.260	6.260	6.260	40
Pb	3.10×10^{-4}	69.2	1.23×10^{-6}	69.20	69.20	69.20	70
Cd	2.80×10^{-4}	0.32	3.46×10^{-4}	0.32	0.33	0.33	0.3
二噁英	1.16×10^{-9}	—	1.17×10^{-9}	—	—	—	—

习　题

1. 名词解释

土壤环境；土壤环境生态影响；土壤环境污染影响；土壤环境敏感目标。

2. 土壤环境影响评价的一般性原则。

3. 土壤环境影响评价因子有哪些？

4. 保护土壤环境采取哪些主要对策措施。

5. 土壤环境影响评价各阶段主要工作内容。

6. 土壤环境影响评价的划分依据。

第十一章　环境风险评价

第一节　概　　述

一、基本概念

环境风险：突发性事故对环境造成的危害程度及可能性。

环境风险潜势：对建设项目潜在环境危害程度的概化分析表达，是基于建设项目涉及的物质和工艺系统危险性及其所在地环境敏感程度的综合表征。

风险源：存在物质或能量意外释放，并可能产生环境危害的源。

危险物质：具有易燃易爆、有毒有害等特性，会对环境造成危害的物质。

危险单元：由一个或多个风险源构成的具有相对独立功能的单元，事故状况下应可实现与其他功能单元的分割。

最大可信事故：是基于经验统计分析，在一定可能性区间内发生的事故中，造成环境危害最严重的事故。

大气毒性终点浓度：人员短期暴露可能会导致出现健康影响或死亡的大气污染物浓度，用于判断周边环境风险影响程度。

二、环境风险评价

环境风险评价是以突发性事故导致的危险物质环境急性损害防控为目标，对建设项目的环境风险进行分析、预测和评估，提出环境风险预防、控制、减缓措施，明确环境风险监控及应急建议要求，为建设项目环境风险防控提供科学依据。

环境风险评价的目的是分析和预测建设项目存在的潜在危险、有害因素，建设项目建设和运行期间可能发生的突发性事件或事故(一般不包括人为破坏及自然灾害)，引起有毒有害和易燃易爆等物质泄漏，所造成的人身安全与环境影响和损害程度，提出合理可行的防范、应急与减缓措施，以使建设项目事故率、损失和环境影响达到可接受水平。

环境风险评价应把事故引起厂(场)界外人群的伤害、环境质量的恶化及对生态系统影响的预测和防护作为评价工作重点。环境风险评价在条件允许的情况下，可利用安全评价数据开展环境风险评价。环境风险评价与安全评价的主要区别是：环境风险评价关注点是事故对厂(场)界外环境的影响。

第二节　环境风险评价工作等级与评价范围

一、评价工作等级

环境风险评价工作等级划分为一级、二级、三级。根据建设项目涉及的物质及工艺系统危险性和所在地的环境敏感性确定环境风险潜势，按照表 11-1 确定评价工作等级。风险潜势为Ⅳ及以上，进行一级评价；风险潜势为Ⅲ，进行二级评价；风险潜势为Ⅱ，进行三级评价；风险潜势为Ⅰ，可开展简单分析。

表 11-1 评价工作等级划分

环境风险潜势	Ⅳ、Ⅳ$^+$	Ⅲ	Ⅱ	Ⅰ
评价工作等级	一	二	三	简单分析[a]

注：a 是相对于详细评价工作内容而言，在描述危险物质、环境影响途径、环境危害后果、风险防范措施等方面给出定性的说明。

二、评价范围与评价工作内容

1. 评价范围

大气环境风险评价范围：一级、二级评价距建设项目边界一般不低于 5km；三级评价距建设项目边界一般不低于 3km。油气、化学品输送管线项目一级、二级评价距管道中心线两侧一般均不低于 200m；三级评价距管道中心线两侧一般均不低于 100m。当大气毒性终点浓度预测到达距离超出评价范围时，应根据预测到达距离进一步调整评价范围。地表水环境风险评价范围与地下水环境风险评价范围分别参照地表水与地下水环境影响评价相关章节。

环境风险评价范围应根据环境敏感目标分布情况、事故后果预测可能对环境产生危害的范围等综合确定；项目周边所在区域，评价范围外存在需要特别关注的环境敏感目标，评价范围需延伸至所关心的目标。

2. 评价工作内容

环境风险评价基本内容包括风险调查、环境风险潜势初判、风险识别、风险事故情形分析、风险预测与评价、环境风险管理等。其中，风险调查分析包括调查分析建设项目物质及工艺系统危险性和环境敏感性，进行风险潜势的判断，确定风险评价等级；风险识别及风险事故情形分析应明确危险物质在生产系统中的主要分布，筛选具有代表性的风险事故情形，合理设定事故源项；各环境要素按确定的评价工作等级分别开展预测评价，分析说明环境风险危害范围与程度，提出环境风险防范的基本要求。

大气环境风险预测：一级评价需选取最不利气象条件和事故发生地的最常见气象条件，选择适用的数值方法进行分析预测，给出风险事故情形下危险物质释放可能造成的大气环境影响范围与程度；二级评价需选取最不利气象条件，选择适用的数值方法进行分析预测，给出风险事故情形下危险物质释放可能造成的大气环境影响范围与程度；三级评价应定性分析说明大气环境影响后果。

地表水环境风险预测：一级、二级评价应选择适用的数值方法预测地表水环境风险，给出风险事故情形下可能造成的影响范围与程度；三级评价应定性分析说明地表水环境影响后果。

地下水环境风险预测：一级评价应优先选择适用的数值方法预测地下水环境风险，给出风险事故情形下可能造成的影响范围与程度；低于一级评价的，风险预测分析与评价要求参照《环境影响评价技术导则 地下水环境》(HJ 610—2016)执行。

第三节　环境风险调查、风险潜势初判与风险识别

一、风险调查

一般来说，环境风险调查包括建设项目风险源调查与环境敏感目标调查，其中建设项目风险源调查的调查内容有调查建设项目危险物质数量和分布情况、生产工艺特点，收集危险物质安全技术说明书(MSDS)等基础资料；环境敏感目标调查的调查内容包括根据危险物质可能的影响途径，明确环境敏感目标，给出环境敏感目标区位分布图，列表明确调查对象、属性、相对方位及距离等信息。

二、环境风险潜势初判

1. 环境风险潜势划分

建设项目环境风险潜势划分为Ⅰ、Ⅱ、Ⅲ、Ⅳ/Ⅳ$^+$级，根据建设项目涉及的物质和工艺系统的危险性及其所在地的环境敏感程度，结合事故情形下环境影响途径，对建设项目潜在环境危害程度进行概化分析，按照表 11-2 确定环境风险潜势。

表 11-2　建设项目环境风险潜势划分

环境敏感程度(E)	危险物质及工艺系统危险性(P)			
	极高危害(P1)	高度危害(P2)	中度危害(P3)	轻度危害(P4)
环境高度敏感区(E1)	Ⅳ$^+$	Ⅳ	Ⅲ	Ⅲ
环境中度敏感区(E2)	Ⅳ	Ⅲ	Ⅲ	Ⅱ
环境低度敏感区(E3)	Ⅲ	Ⅲ	Ⅱ	Ⅰ

注：Ⅳ$^+$为极高环境风险。

2. P 的分级确定

分析建设项目生产、使用、储存过程中涉及的有毒有害、易燃易爆物质，参见《建设项目环境风险评价技术导则》(HJ 169—2018)附录 B 确定危险物质的临界量。定量分析危险物质数量与临界量的比值(Q)和所属行业及生产工艺特点(M)，并按照如下方法对危险物质及工艺系统危险性(P)等级进行判断。因不同环境要素的风险等级可能不一致，建设项目环境风险潜势的综合等级取各要素等级的相对高值。

(1) 危险物质数量与临界量比值(Q)

计算所涉及的每种危险物质在厂界内的最大存在总量与其临界量的比值 Q。在不同厂区的同一种物质，按其在厂界内的最大存在总量计算。对于长输管线项目，按照两个截断阀室之间管段危险物质最大存在总量计算。

当只涉及一种危险物质时，计算该物质的总量与其临界量比值，即为 Q；

当存在多种危险物质时，则按式(11-1)计算物质总量与其临界量比值 Q：

$$Q=\frac{q_1}{Q_1}+\frac{q_2}{Q_2}+\cdots+\frac{q_n}{Q_n} \tag{11-1}$$

式中　q_1，q_2，…，q_n——每种危险物质的最大存在总量，t；

Q_1，Q_2，…，Q_n——每种危险物质的临界量，t。

当 $Q<1$ 时，该项目环境风险潜势为Ⅰ。

当 $Q \geqslant 1$ 时，将 Q 值划分为：①$1 \leqslant Q<10$；②$10 \leqslant Q<100$；③$Q \geqslant 100$。

(2) 行业及生产工艺(M)

分析项目所属行业及生产工艺特点，按照表 11-3 评估生产工艺情况。具有多套工艺单元的项目，对每套生产工艺分别评分并求和。将 M 划分为①$M>20$；②$10<M \leqslant 20$；③$5<M \leqslant 10$；④$M=5$，分别以 M1、M2、M3 和 M4 表示。

表 11-3 行业及生产工艺(M)

行业	评估依据	分值
石化、化工、医药、轻工、化纤、有色冶炼等	涉及光气及光气化工艺、电解工艺(氯碱)、氯化工艺、硝化工艺、合成氨工艺、裂解(裂化)工艺、氟化工艺、加氢工艺、重氮化工艺、氧化工艺、过氧化工艺、胺基化工艺、磺化工艺、聚合工艺、烷基化工艺、新型煤化工工艺、电石生产工艺、偶氮化工艺	10/套
	无机酸制酸工艺、焦化工艺	5/套
	其他高温或高压，且涉及危险物质的工艺过程[a]、危险物质贮存罐区	5/套(罐区)
管道、港口/码头等	涉及危险物质管道运输项目、港口/码头等	10
石油天然气	石油、天然气、页岩气开采(含净化)，气库(不含加气站的气库)，油库(不含加气站的油库)、油气管线[b](不含城镇燃气管线)	10
其他	涉及危险物质使用、贮存的项目	5

注：a 高温指工艺温度≥300℃，高压指压力容器的设计压力(P)≥10.0MPa；

b 长输管道运输项目应按站场、管线分段进行评价。

(3) 危险物质及工艺系统危险性(P)分级

根据危险物质数量与临界量比值(Q)和行业及生产工艺(M)，按照表 11-4 确定危险物质及工艺系统危险性等级(P)，分别以 P1、P2、P3、P4 表示。

表 11-4 危险物质及工艺系统危险性等级判断(P)

危险物质数量与临界量比值(Q)	行业及生产工艺(M)			
	M1	M2	M3	M4
$Q \geqslant 100$	P1	P1	P2	P3
$10 \leqslant Q<100$	P1	P2	P3	P4
$1 \leqslant Q<10$	P2	P3	P4	P4

3. E 的分级确定

为分析危险物质在事故情形下的环境影响途径，如大气、地表水、地下水等，需要首先对建设项目各要素环境敏感程度(E)等级进行判断。

(1) 大气环境

依据环境敏感目标环境敏感性及人口密度划分环境风险受体的敏感性，共分为三种类型，E1 为环境高度敏感区，E2 为环境中度敏感区，E3 为环境低度敏感区，分级原则见表 11-5。

(2) 地表水环境

依据事故情况下危险物质泄漏到水体的排放点受纳地表水体功能敏感性，与下游环境敏感目标情况，共分为三种类型，E1 为环境高度敏感区，E2 为环境中度敏感区，E3 为环境低度敏感区，分级原则见表 11-6。其中地表水功能敏感性分区和环境敏感目标分级分别见表 11-7 和表 11-8。

表 11-5　大气环境敏感程度分级

分级	大气环境敏感性
E1	周边 5km 范围内居住区、医疗卫生、文化教育、科研、行政办公等机构人口总数大于 5 万人，或其他需要特殊保护区域；或周边 500m 范围内人口总数大于 1000 人；油气、化学品输送管线管段周边 200m 范围内，每千米管段人口数大于 200 人
E2	周边 5km 范围内居住区、医疗卫生、文化教育、科研、行政办公等机构人口总数大于 1 万人，小于 5 万人；或周边 500m 范围内人口总数大于 500 人，小于 1000 人；油气、化学品输送管线管段周边 200m 范围内，每千米管段人口数大于 100 人，小于 200 人
E3	周边 5km 范围内居住区、医疗卫生、文化教育、科研、行政办公等机构人口总数小于 1 万人；或周边 500m 范围内人口总数小于 500 人；油气、化学品输送管线管段周边 200m 范围内，每千米管段人口数小于 100 人

表 11-6　地表水环境敏感程度分级

环境敏感目标	地表水功能敏感性		
	F1	F2	F3
S1	E1	E1	E2
S2	E1	E2	E3
S3	E1	E2	E3

表 11-7　地表水功能敏感性分区

敏感性	地表水环境敏感特征
敏感 F1	排放点进入地表水水域环境功能为Ⅱ类及以上，或海水水质分类第一类；或以发生事故时，危险物质泄漏到水体的排放点算起，排放进入受纳河流最大流速时，24h 流经范围内涉跨国界的
较敏感 F2	排放点进入地表水水域环境功能为Ⅲ类，或海水水质分类第二类；或以发生事故时，危险物质泄漏到水体的排放点算起，排放进入受纳河流最大流速时，24h 流经范围内涉跨省界的
低敏感 F3	上述地区之外的其他地区

表 11-8　环境敏感目标分级

分级	环境敏感目标
S1	发生事故时，危险物质泄漏到内陆水体的排放点下游(顺水流向)10km 范围内、近岸海域一个潮周期水质点可能达到的最大水平距离的两倍范围内，有如下一类或多类环境风险受体：集中式地表水饮用水水源保护区(包括一级保护区、二级保护区及准保护区)；农村及分散式饮用水水源保护区；自然保护区；重要湿地；珍稀濒危野生动植物天然集中分布区；重要水生生物的自然产卵场及索饵场、越冬场和洄游通道；世界文化和自然遗产地；红树林、珊瑚礁等滨海湿地生态系统；珍稀、濒危海洋生物的天然集中分布区；海洋特别保护区；海上自然保护区；盐场保护区；海水浴场；海洋自然历史遗迹；风景名胜区；或其他特殊重要保护区域
S2	发生事故时，危险物质泄漏到内陆水体的排放点下游(顺水流向)10km 范围内、近岸海域一个潮周期水质点可能达到的最大水平距离的两倍范围内，有如下一类或多类环境风险受体的：水产养殖区；天然渔场；森林公园；地质公园；海滨风景游览区；具有重要经济价值的海洋生物生存区域
S3	排放点下游(顺水流向)10km 范围、近岸海域一个潮周期水质点可能达到的最大水平距离的两倍范围内无上述类型 1 和类型 2 包括的敏感保护目标

(3) 地下水环境

依据地下水功能敏感性与包气带防污性能，共分为三种类型，E1 为环境高度敏感区，E2 为环境中度敏感区，E3 为环境低度敏感区，分级原则见表 11-9。其中地下水功能敏感性分区和包气带防污性能分级分别见表 11-10 和表 11-11。当同一建设项目涉及两个 G 分区或 D 分级及以上时，取相对高值。

表 11-9　地下水环境敏感程度分级

包气带防污性能	地下水功能敏感性		
	G1	G2	G3
D1	E1	E1	E2
D2	E1	E2	E3
D3	E2	E3	E3

表 11-10　地下水功能敏感性分区

敏感性	地下水环境敏感特征
敏感 G1	集中式饮用水水源(包括已建成的在用、备用、应急水源，在建和规划的饮用水水源)准保护区；除集中式饮用水水源以外的国家或地方政府设定的与地下水环境相关的其他保护区，如热水、矿泉水、温泉等特殊地下水资源保护区
较敏感 G2	集中式饮用水水源(包括已建成的在用、备用、应急水源，在建和规划的饮用水水源)准保护区以外的补给径流区；未划定准保护区的集中式饮用水水源，其保护区以外的补给径流区；分散式饮用水水源地；特殊地下水资源(如热水、矿泉水、温泉等)保护区以外的分布区等其他未列入上述敏感分级的环境敏感区①
不敏感 G3	上述地区之外的其他地区

注：①“环境敏感区”是指《建设项目环境影响评价分类管理名录》中所界定的涉及地下水的环境敏感区。

表 11-11　包气带防污性能分级

分级	包气带岩土的渗透性能
D3	$M_b \geq 1.0$m，$K \leq 1.0 \times 10^{-6}$cm/s，且分布连续、稳定
D2	$0.5\text{m} \leq M_b < 1.0$m，$K \leq 1.0 \times 10^{-6}$cm/s，且分布连续、稳定 $M_b \geq 1.0$m，$1.0 \times 10^{-6}\text{cm/s} < K \leq 1.0 \times 10^{-4}$cm/s，且分布连续、稳定
D1	岩(土)层不满足上述“D2”和“D3”条件

注：M_b：岩土层单层厚度；K：渗透系数。

三、风险识别

1. 风险识别内容

建设项目环境风险识别的内容包括：物质危险性识别，包括主要原辅材料、燃料、中间产品、副产品、最终产品、污染物、火灾和爆炸伴生/次生物等；生产系统危险性识别，包括主要生产装置、储运设施、公用工程和辅助生产设施，以及环境保护设施等；危险物质向环境转移的途径识别，包括分析危险物质特性及可能的环境风险类型，识别危险物质影响环境的途径，分析可能影响的环境敏感目标。

2. 风险识别方法

（1）资料收集和准备

根据危险物质泄漏、火灾、爆炸等突发性事故可能造成的环境风险类型，收集和准备建设项目工程资料，周边环境资料，国内外同行业、同类型事故统计分析及典型事故案例资料。对已建工程应收集环境管理制度，操作和维护手册，突发环境事件应急预案，应急培训、演练记录，历史突发环境事件及生产安全事故调查资料，设备失效统计数据等。

（2）物质危险性识别

按《建设项目环境风险评价技术导则》（HJ 169—2018）附录B识别出的危险物质，以图表的方式给出其易燃易爆、有毒有害危险特性，明确危险物质的分布。

（3）生产系统危险性识别

通过建设项目生产系统分析其风险点，并采用定性或定量分析方法筛选确定重点风险源；按工艺流程和平面布置功能区划，结合物质危险性识别，以图表的方式给出危险单元划分结果及单元内危险物质的最大存在量；按生产工艺流程分析危险单元内潜在的风险源；按危险单元分析风险源的危险性、存在条件和转化为事故的触发因素。

（4）环境风险类型及危害分析

环境风险类型包括危险物质泄漏，以及火灾、爆炸等引发的伴生/次生污染物排放。

根据物质及生产系统危险性识别结果，分析环境风险类型、危险物质向环境转移的可能途径和影响方式。

3. 风险识别结果

在风险识别的基础上，图示危险单元分布。给出建设项目环境风险识别汇总，包括危险单元、风险源、主要危险物质、环境风险类型、环境影响途径、可能受影响的环境敏感目标等，说明风险源的主要参数。

第四节　风险影响预测与评价

一、风险事故情形分析

1. 风险事故情形设定

在风险识别的基础上，选择对环境影响较大并具有代表性的事故类型，设定风险事故情形。风险事故情形设定内容应包括环境风险类型、风险源、危险单元、危险物质和影响途径等。风险事故情形设定原则如下：

（1）同一种危险物质可能有多种环境风险类型。风险事故情形应包括危险物质泄漏，以及火灾、爆炸等引发的伴生/次生污染物排放情形。对不同环境要素产生影响的风险事故情形，应分别进行设定。

（2）对于火灾、爆炸事故，需将事故中未完全燃烧的危险物质在高温下迅速挥发释放至大气，以及燃烧过程中产生的伴生/次生污染物对环境的影响作为风险事故情形设定的内容。

（3）设定的风险事故情形发生可能性应处于合理的区间，并与经济技术发展水平相适应。一般而言，发生频率小于10^{-6}/年的事件是极小概率事件，可作为代表性事故情形中最大可信事故设定的参考。

（4）风险事故情形设定的不确定性与筛选。由于事故触发因素具有不确定性，因此事故情形的设定并不能包含全部可能的环境风险，但通过具有代表性的事故情形分析可为风险管理提供科学依据。事故情形的设定应在环境风险识别的基础上筛选，设定的事故情形应具有危险物质、环境危害、影响途径等方面的代表性。

2. 源项分析

源项分析基于风险事故情形的设定，对源强进行估算。事故源强是为事故后果预测提供分析模拟情形的基本参数，事故源强的数据一般采用计算法和经验估算法获得。计算法适用于以腐蚀或应力作用等引起的泄漏型为主的事故；经验估算法适用于以火灾、爆炸等突发性事故伴生/次生的污染物释放。其中，计算法所涉及的泄漏频率计算参考《建设项目环境风险评价技术导则》(HJ 169—2018)附录E的推荐方法确定，也可采用事故树、事件树分析法或类比法等确定；液体、气体和两相流泄漏速率的计算参见附录F推荐的方法。

(1) 物质泄漏量的计算

泄漏时间应结合建设项目探测和隔离系统的设计原则确定。一般情况下，设置紧急隔离系统的单元，泄漏时间可设定为10min；未设置紧急隔离系统的单元，泄漏时间可设定为30min。

泄漏液体的蒸发速率需通过计算获得，蒸发时间应结合物质特性、气象条件、工况等综合考虑，一般情况下，可按15~30min计；泄漏物质形成的液池面积以不超过泄漏单元的围堰(或堤)内面积计。

(2) 经验法估算物质释放量

火灾、爆炸事故在高温下迅速挥发释放至大气的未完全燃烧危险物质，以及在燃烧过程中产生的伴生/次生污染物，可采用经验法估算释放量。

(3) 其他估算方法

① 装卸事故，泄漏量按装卸物质流速和管径及失控时间计算，失控时间一般可按5~30min计。

② 油气长输管线泄漏事故，按管道截面100%断裂估算泄漏量，应考虑截断阀启动前、后的泄漏量。截断阀启动前，泄漏量按实际工况确定；截断阀启动后，泄漏量以管道泄压至与环境压力平衡所需要的时间计。

③ 水体污染事故源强应结合污染物释放量、消防用水量及雨水量等因素综合确定。

(4) 源强参数确定

根据风险事故情形确定事故源参数(如泄漏点高度、温度、压力、泄漏液体蒸发面积等)、释放/泄漏速率、释放/泄漏时间、释放/泄漏量、泄漏液体蒸发量等，给出源强汇总。

二、环境风险预测

1. 有毒有害物质在大气中的扩散

(1) 预测模型筛选

预测计算时，应区分重质气体与轻质气体排放选择合适的大气风险预测模型。其中重质气体和轻质气体的判断依据可采用《建设项目环境风险评价技术导则》(HJ 169—2018)附录G中G.2推荐的理查德森数进行判定。目前普遍推荐SLAB模型与AFTOX模型进行气体扩散后果预测，模型选择应结合模型的适用范围、参数要求等说明模型选择的依据，或当泄漏事故发生在丘陵、山地等时，应考虑地形对扩散的影响，如选用推荐模型以外的其他技术成熟的大气风险预测模型时，需说明模型选择理由及适用性。

SLAB 模型适用于平坦地形下重质气体排放的扩散模拟，该模型处理的排放类型包括地面水平挥发池、抬升瞬时排放，液体或气体，地面源或高架源，点源或面源的指定位置浓度、下风向最大浓度及其位置等。

在选择模型时，地表粗糙度是重要的参考因子，地表粗糙度一般由事故发生地周围 1km 范围内占地面积水平喷射、烟囱或抬升垂直喷射以及瞬时体源，可以在一次运行中模拟多组气象条件，但模型不适用于实时气象数据输入；AFTOX 模型适用于平坦地形下中性气体和轻质气体排放以及液池蒸发气体的扩散模拟，该模型可模拟连续排放或最大的土地利用类型来确定。地表粗糙度取值可依据模型推荐值，或参考表 11-12 确定。

表 11-12　不同土地利用类型对应地表粗糙度取值

地表类型	春季	夏季	秋季	冬季
水面	0.0001m	0.0001m	0.0001m	0.0001m
落叶林	1.0000m	1.3000m	0.8000m	0.5000m
针叶林	1.3000m	1.3000m	1.3000m	1.3000m
湿地或沼泽地	0.2000m	0.2000m	0.2000m	0.0500m
农作地	0.0300m	0.2000m	0.0500m	0.0100m
草地	0.0500m	0.1000m	0.0100m	0.0010m
城市	1.0000m	1.0000m	1.0000m	1.0000m
沙漠化荒地	0.3000m	0.3000m	0.3000m	0.1500m

对于特殊地形山区或河谷等特殊地形，需要考虑地形对扩散的影响时，所采用的地形原始数据分辨率一般不应小于 30m。以上推荐模型的说明、源代码、执行文件、用户手册以及技术文档可在“国家环境保护环境影响评价数值模拟重点实验室”网站(www.lem.org.cn)下载。

(2) 预测范围与计算点

预测范围即预测物质浓度达到评价标准时的最大影响范围，由预测模型计算获取，预测范围一般不超过 10km。计算点分特殊计算点和一般计算点。特殊计算点指大气环境敏感目标等关心点，一般计算点指下风向不同距离点。一般计算点的设置应具有一定分辨率，距离风险源 500m 范围内可设 10~50m 间距，大于 500m 范围内可设置 50~100m 间距。

(3) 事故源参数与气象参数

根据大气风险预测模型的需要，事故源参数需要调查泄漏设备类型、尺寸、操作参数(压力、温度等)，泄漏物质理化特性(摩尔质量、沸点、临界温度、临界压力、比热容比、气体定压比热容、液体定压比热容、液体密度、汽化热等)。

在作大气风险预测时应根据评价等级选取气象参数。一级评价需选取最不利气象条件及事故发生地的最常见气象条件分别进行后果预测，其中，最不利气象条件取 F 类稳定度，1.5m/s 风速，温度 25℃，相对湿度 50%；最常见气象条件由当地近 3 年内的至少连续 1 年气象观测资料统计分析得出，包括出现频率最高的稳定度、该稳定度下的平均风速(非静风)、日最高平均气温、年平均湿度。二级评价需选取最不利气象条件进行后果预测，最不利气象条件取 F 类稳定度，1.5m/s 风速，温度 25℃，相对湿度 50%。

(4) 大气毒性终点浓度值选取

大气毒性终点浓度即预测评价标准，大气毒性终点浓度值选取参见《建设项目环境风险评价技术导则》(HJ 169—2018)附录H，分为1、2级。其中1级为当大气中危险物质浓度低于该限值时，绝大多数人员暴露1h不会对生命造成威胁，当超过该限值时，有可能对人群造成生命威胁；2级为当大气中危险物质浓度低于该限值时，暴露1h一般不会对人体造成不可逆的伤害，或出现的症状一般不会损伤该个体采取有效防护措施的能力。

（5）预测结果表述

对于预测结果的表述要求如下：①给出下风向不同距离处有毒有害物质的最大浓度，以及预测浓度达到不同毒性终点浓度的最大影响范围；②给出各关心点的有毒有害物质浓度随时间变化情况，以及关心点的预测浓度超过评价标准时对应的时刻和持续时间；③对于存在极高大气环境风险的建设项目，应开展关心点概率分析，即有毒有害气体(物质)剂量负荷对个体的大气伤害概率、关心点处气象条件的频率、事故发生概率的乘积，以反映关心点处人员在无防护措施条件下受到伤害的可能性。有毒有害气体大气伤害概率估算参见《建设项目环境风险评价技术导则》(HJ 169—2018)附录Ⅰ。

2. 有毒有害物质在地表水、地下水环境中的运移扩散

有毒有害物质进入水环境的途径分为直接与间接两种方式，即事故直接导致和事故处理处置过程间接导致的情况，一般为瞬时排放和有限时段内排放。

（1）预测模型

根据风险识别结果，有毒有害物质进入水体的方式、水体类别及特征，以及有毒有害物质的溶解性，选择适用的预测模型。对于油品类泄漏事故，流场计算按《环境影响评价技术导则 地表水环境》(HJ 2.3)中的相关要求，选取适用的预测模型；溢油漂移扩散过程按《海洋工程环境影响评价技术导则》(GB/T 19485)中的溢油粒子模型进行溢油轨迹预测；其他事故，地表水风险预测模型及参数参照《环境影响评价技术导则 地表水环境》(HJ 2.3)；地下水地下水风险预测模型及参数参照《环境影响评价技术导则 地下水环境》(HJ 610)。

终点浓度即预测评价标准，终点浓度值的选取应根据水体分类及预测点水体功能要求，按照《环境空气质量标准》(GB 3095)、《地表水环境质量标准》(GB 3838)、《海水水质标准》(GB 3097)、《生活饮用水卫生标准》(GB 5749)或《地下水质量标准》(GB/T 14848)选取。对于未列入上述标准，但确需进行分析预测的物质，其终点浓度值选取可参照HJ 2.3、HJ 610；对于难以获取终点浓度值的物质，可按质点运移到达判定。

（2）预测结果表述

根据风险事故情形对地表水环境的影响特点，预测结果可采用以下表述方式：①给出有毒有害物质进入地表水体最远超标距离及时间；②给出有毒有害物质经排放通道到达下游(按水流方向)环境敏感目标处的到达时间、超标时间、超标持续时间及最大浓度，对于在水体中漂移类物质，应给出漂移轨迹。

针对地下水环境的复杂性，预测结果应给出有毒有害物质进入地下水体到达下游厂区边界和环境敏感目标处的到达时间、超标时间、超标持续时间及最大浓度。

3. 环境风险评价

结合各要素风险预测，分析说明建设项目环境风险的危害范围与程度。大气环境风险的影响范围和程度由大气毒性终点浓度确定，明确影响范围内的人口分布情况；地表水、地下水对照功能区质量标准浓度(或参考浓度)进行分析，明确对下游环境敏感目标的影响情况。环境风险可采用后果分析、概率分析等方法开展定性或定量评价，以避免急性损害为重点，确定环境风险防范的基本要求。

第五节　环境风险管理与环境风险评价结论

一、环境风险管理

1. 环境风险管理目标

环境风险管理目标是采用最低合理可行原则(as low as reasonable practicable，ALARP)管控环境风险。采取的环境风险防范措施应与社会经济技术发展水平相适应，运用科学的技术手段和管理方法，对环境风险进行有效的预防、监控、响应。

2. 环境风险防范措施

在环境风险预测、分析及评价结论的指导下，有针对性地提出对应环境风险防范措施是环境风险管理的目标与任务：

① 大气环境风险防范应结合风险源状况明确环境风险的防范、减缓措施，提出环境风险监控要求，并结合环境风险预测分析结果、区域交通道路和安置场所位置等，提出事故状态下人员的疏散通道及安置等应急建议。

② 事故废水环境风险防范应明确“单元—厂区—园区/区域”的环境风险防控体系要求，设置事故废水收集(尽可能以非动力自流方式)和应急储存设施，以满足事故状态下收集泄漏物料、污染消防水和污染雨水的需要，明确并用图示防止事故废水进入外环境的控制、封堵系统。应急储存设施应根据发生事故的设备容量、事故时消防用水量及可能进入应急储存设施的雨水量等因素综合确定。应急储存设施内的事故废水，应及时进行有效处置，做到回用或达标排放。结合环境风险预测分析结果，提出实施监控和启动相应的园区/区域突发环境事件应急预案的建议要求。

③ 地下水环境风险防范应重点采取源头控制和分区防渗措施，加强地下水环境的监控、预警，提出事故应急减缓措施。

④ 针对主要风险源，提出设立风险监控及应急监测系统，实现事故预警和快速应急监测、跟踪，提出应急物资、人员等的管理要求。

⑤ 对于改建、扩建和技术改造项目，应分析依托企业现有环境风险防范措施的有效性，提出完善意见和建议。

⑥ 环境风险防范措施应纳入环保投资和建设项目竣工环境保护验收内容。

⑦ 考虑事故触发具有不确定性，厂内环境风险防控系统应纳入园区/区域环境风险防控体系，明确风险防控设施、管理的衔接要求。极端事故风险防控及应急处置应结合所在园区/区域环境风险防控体系统筹考虑，按分级响应要求及时启动园区/区域环境风险防范措施，实现厂内与园区/区域环境风险防控设施及管理有效联动，有效防控环境风险。

3. 突发环境事件应急预案编制要求

突发环境事件应急预案是管控环境风险、降低环境事故危害的基本管理制度，以环境风险评价成果为基础，提出对下一步突发环境事件应急预案编制的要求，可有效衔接技术评价成果与管理需求：按照国家、地方和相关部门要求，提出企业突发环境事件应急预案编制或完善的原则要求，包括预案适用范围、环境事件分类与分级、组织机构与职责、监控和预警、应急响应、应急保障、善后处置、预案管理与演练等内容；明确企业、园区/区域、地方政府环境风险应急体系，企业突发环境事件应急预案应体现“分级响应、区域联动”的原则，与地方政府突发环境事件应急预案相衔接，明确分级响应程序。

二、评价结论与建议

评价结论是评价工作的总结，需综合环境风险评价专题的工作过程，总结环境风险评价的成果，明确给出建设项目环境风险是否可防控的结论；根据建设项目环境风险可能影响的范围与程度，提出缓解环境风险的建议措施；对存在较大环境风险的建设项目，须提出环境影响后评价的要求。

基于评价结论，应从各方面提出环境风险防控的建议：首先，明确建设项目危险因素，简要说明主要危险物质、危险单元及其分布，明确项目危险因素，提出优化平面布局、调整危险物质存在量及危险性控制的建议；其次，概括建设项目的环境敏感性及事故环境影响，简要说明项目所在区域环境敏感目标及其特点，根据预测分析结果，明确突发性事故可能造成环境影响的区域和涉及的环境敏感目标，提出保护措施及要求；最后，总结环境风险防范措施和应急预案，结合区域环境条件和园区/区域环境风险防控要求，明确建设项目环境风险防控体系，重点说明防止危险物质进入环境及进入环境后的控制、消减、监测等措施，提出优化调整风险防范措施建议及突发环境事件应急预案原则要求。

第六节　案例分析

一、项目概况

1. 项目名称、性质及建设地点

（1）项目名称：50 万吨/年重芳烃轻质化项目；

（2）建设单位：中国石油化工股份有限公司某分公司；

（3）建设性质：新建。

2. 建设规模、产品方案及工艺的选择

（1）建设规模

国家执行国Ⅵ燃油排放标准后，炼厂将有 34.11×10^4t/a C_{9+}重芳不能调入汽油产品，需要建设重芳烃轻质化项目，利用 C_{9+}重芳生产混合二甲苯。

本装置规模 50×10^4t/a，其中反应加氢单元规模为 110×10^4t/a，主体工程由三部分组成，分别为原料预处理系统、反应系统、产品分馏系统。

（2）产品方案

本装置利用重整来的 C_{9+}重芳、氢气为原料，原料全部来自于炼油厂内，其中 C_{9+}芳烃耗量 50×10^4t/a、氢气耗量 3.9×10^4t/a，供氢压力为 1.2MPa(G)，温度为 40℃。

本项目主产品是混合二甲苯，副产品为 C_{11+}重芳、含苯轻烃(C_3/C_4)、富氢尾气和贫氢尾气。

（3）工艺方案的选择

① 烷基转移

本装置采用烷基转移增产二甲苯的重芳烃轻质化工艺(S-HAP)，该工艺是在同一反应器中，在弱酸性分子筛催化剂作用下，C_{9+}芳烃侧链上的烷基会发生脱除和烷基转移反应生成二甲苯的工艺。其主要反应如下：

a. C_9 和 C_{10}芳烃加氢脱烷基反应，其反应是按顺序进行，甲基一个一个地脱掉，其反应过程如下：

$$CH_3 \quad CH_3 \quad CH_3 \quad CH_3 \quad +H_2 \rightleftharpoons \quad CH_3 \quad CH_3 \quad CH_3 \quad +CH_4$$

$$CH_3 \quad CH_3 \quad CH_3 \quad +H_2 \rightleftharpoons \quad CH_3 \quad CH_3 \quad +CH_4$$

$$CH_3 \quad CH_3 \quad +H_2 \rightleftharpoons \quad CH_3 \quad +CH_4$$

$$CH_3 \quad +H_2 \rightleftharpoons \quad +CH_4$$

b. 甲苯和 C_9 芳烃烷基转移反应：

$$+ \quad CH_3 \quad CH_3 \quad \rightleftharpoons 2 \quad CH_3$$

$$CH_3 \quad + \quad CH_3 \quad CH_3 \quad CH_3 \quad \rightleftharpoons 2 \quad CH_3 \quad CH_3$$

烷基转移反应机理是正碳离子机理，由酸性催化剂提供 H^+，发生加氢脱烷基与烷基转移反应。

② 除烯工艺

采用白土精制来除去反应器产物芳烃中的烯烃和其他杂质，从而保证产品的酸洗比色指标。

二、风险识别

（1）物质风险识别

本装置的主要涉及的物料为 C_{9+}重芳、氢气、二甲苯等，根据《建设项目环境风险评价技术导则》（HJ 169—2018）的要求，对本项目涉及的物质进行火灾危险性识别，均为易燃物质，其中属于易燃 1 类的为氢气，易燃 2 类的为二甲苯。

根据《职业性接触毒物危害程度分级》(GBZT 230—2010)，对本项目涉及的物质进行毒物危害程度分级分析，二甲苯为Ⅲ级中度危害有毒物质。

(2) 生产装置风险识别

本装置包括了三个生产部分为原料预处理系统、反应系统、产品分馏系统。公用工程和辅助设施建循环水场、动力站、污水处理设施、除盐水站、总变以及蒸汽供应、氮气供应、消防设施、火炬等均依托炼油厂区。以上设施中，高温高压工段，物料介质为 C_{9+}重芳、氢气、二甲苯的反应混合物，属于有毒有害物质，有发生泄漏、爆炸的风险。

(3) 原辅材料运输过程的风险识别

主要原料为 C_{9+}重芳、氢气。原料 C_{9+}重芳来自于有炼厂重整装置，直接由管道运输，不设中间储罐。氢气来自于厂区 1.2MPa 氢气管网。管道运输会发生泄漏的风险，本次的厂外管道均依托现有管道不新建，从管道投入运营至今的风险管理及运行情况来看，未出现管道泄漏对环境造成严重影响的事件，未发生管道的火灾爆炸及相关人员伤亡的情况。

(4) 储运设施风险识别

本装置不设中间储罐，不建设产品储罐，产品储运风险不在本次评价范围内。

(5) 事故引发的伴生/次生风险识别

① 火灾爆炸事故的伴生/次生风险识别

涉及的物料主要有 C_{9+}重芳、H_2等，其中 C_{9+}重芳发生火灾爆炸事故同时会造成大量的碳氢化合物以气态形式进入大气，对周围环境产生影响，烃类物质、H_2燃烧后的产物为 CO_2、H_2O 对环境的伴生/次生风险较小。

火灾事故灭火过程产生的消防污水往往含有有毒有害物质和油品，如不得到有效控制，将造成次生水体污染。

② 泄漏事故的伴生/次生风险识别

泄漏事故因运行装置处于高温高压状态，产生泄漏危险性物质易于挥发进入大气，拟建项目涉及易燃易爆物质主要为 C_{9+}重芳、二甲苯，一旦发生泄漏，遇明火极易爆炸起火。燃烧又使泄漏物转化为 CO、碳氢化合物等燃烧不完全产物。不完全燃烧的产生的 CO 泄漏会直接对环境造成伤害。

(6) 风险评价因子的确定

根据项目生产过程中所涉及危险物质的危险特性及其对环境和人群健康的危害程度(见表 11-13)，确定风险评价因子为装置二甲苯泄漏，原料 C_{9+}重芳在运行及生产过程中发生管道泄漏，发生不完全燃烧伴生的 CO。

表 11-13　本项目涉及物质的物化性质及危害特征

序号	名称	物化性质	危险性				毒性	
			闪点/自燃温度/℃	爆炸极限/%(vol)	危险特性	火灾危险分类	毒性	职业危害分级
1	一氧化碳	是一种易燃易爆气体；相对密度 0.97；熔点 -199.1℃，沸点-191.4℃；微溶于水，溶于乙醇、苯等多数有机溶剂	≤-50	12.5~74.2	易燃气体	乙	LC_{50}：2069mg/m³，4h(大鼠吸入)	Ⅱ

续表

序号	名称	物化性质	危险性				毒性	
			闪点/自燃温度/℃	爆炸极限/%(vol)	危险特性	火灾危险分类	毒性	职业危害分级
2	H_2	无色无味气体；熔点－259.2℃，沸点－252.8℃	≤-50	12.5~74.2	易燃气体	乙	—	—
3	二甲苯	无色透明液体，有类似苯的芳香气味，	闪点(闭杯)4.4℃，凝固点－95℃，沸点110.6℃	1.2~7.0	易燃物质，有毒物质	乙	人吸入3g/m³×1~8h，急性中毒；人吸入0.2~0.3g/m³×8h，中毒症状出现	Ⅲ

三、重大危险源辨识

根据危险因子识别结果和《危险化学品重大危险源辨识》(GB 18218—2018)及《职业性接触毒物危害程度分级》(GB 50844—2013)，结合工程分析，判定事故重大危险源。

根据《危险化学品重大危险源辨识》(GB 18128—2018)规定，一个(套)生产装置、设施或场所，或同属一个生产经营单位的且边缘距离小于500m的几个(套)生产装置、设施工或场所可以划为一个单元。结合本项目总图布置，识别重大危险源主要为装置区，可知本项目涉及到各类原料、化学品的临界量，同时根据《建设项目环境风险评价技术导则》(HJ 2018—2012)附录B中有毒物质、易燃物质和爆炸性物质规定的临界量，具体见表11-14。

表11-14　本项目装置区主要危险物质临界量

物质名称		临界量/t	拟建项目装置区在线量	是否属于重大危险源
《危险化学品重大危险源辨识》(GB 18128—2018)				
本装置	氢气	5	2.3t/0.5h	否
	二甲苯	—	22.7t/0.5h	否
	C_{9+}重芳烃	—	—	否
《建设项目环境风险评价技术导则》(HJ 2018—2012)				
物质名称	储存场所临界量/t	拟建项目装置区在线量		是否属于重大危险源
氢	—	2.3t/0.5h		否
二甲苯	40	22.7t/0.5h		否

根据《危险化学品重大危险源辨识》(GB 18218—2018)的规定，单元内存在的危险化学品为多品种时，则按下式计算：

$$q_1/Q_1+q_2/Q_2+\cdots+q_n/Q_n\geq 1 \tag{11-2}$$

式中　q_1，q_2，…，q_n——每种危险化学品实际存在量；

Q_1，Q_2，…，Q_n——与各危险化学品相对应的临界值。

若满足上式，则定义为重大危险源，综合以上分析，从表11-14可以看出，二甲苯、氢气的在线量均远低于《危险化学品重大危险源辨识》(GB 18218—2009)或《建设项目环境风险评价技术导则》(HJ 169—2018)中规定的临界量，因此，本项目不属于重大危险源。

四、评价工作等级与范围

根据《建设项目环境风险评价技术导则》(HJ 169—2018)的要求，虽然本项目不属于重大危险源，但项目所在区域的敏感性，本装置环境风险评价工作等级为一级。本项目大气环境风险评价范围为距离风险源点 5km 的圆形区域内。

五、最大可信事故概率及源强

(1) 最大可信事故的设定

根据风险识别，本项目最大可信事故的设定见表 11-15。

表 11-15　最大可信事故

事故	风险因子	最大可信事故
装置区二甲苯泄漏	二甲苯	易燃物质迅速燃烧，部分物质不完全燃烧将产生一定量的 CO，从而对周围大气环境造成一定的影响

(2) 最大可信事故的概率

本项目装置区二甲苯产品输送管线发生泄漏破裂 50mm 时的泄漏概率为 2.60×10^{-7}/年。

(3) 事故源强

① 二甲苯产品输送管线发生泄漏

本次评价假设二甲苯产品分馏系统输送管线发生泄漏破裂，泄漏量按最大在线量需要考虑，则二甲苯最大泄漏速率为 12.6kg/s，释放高度以 10m 计算，泄漏时间 10min，泄漏量为 7.56t。二甲苯的蒸发量计算结果见表 11-16。

表 11-16　二甲苯输送管道泄漏蒸发源强

稳定度条件 \ 风速 \ 质量蒸发	质量蒸发速度/(kg/s)				
	0.5(m/s)	1.5(m/s)	3.5(m/s)	5.0(m/s)	7.0(m/s)
不稳定(A，B)	0.0416	0.1001	0.2054	—	—
中性(D)	0.0468	0.1105	0.2158	0.3211	0.4056
稳定(E，F)	0.0533	0.1157	0.2158	—	—

② 二甲苯输送管线发生火灾事故半生的 CO

液体单位面积燃烧速率的计算公式，当液体沸点高于环境温度时：

$$m_f=\frac{cH_c}{c_p(T_b-T_a)+H_V} \tag{11-3}$$

式中 m_f——液体单位面积燃烧速率，kg/(m^2·s)；

c——常数，0.001kg/(m^2·s)；

H_c——燃烧热取 49.5×10^6J/kg；

H_V——液体在常压沸点下的蒸发热，取 474×10^3J/kg；

c_p——恒压比热容取 2072J/(kg·K)；

T_b——油料沸点取 417K；

T_a——周围温度取 297.86K。

CO 产生量计算公式：

$$G_{CO}=2330qC;$$

式中　G_{CO}——CO 的产生量，g/kg；

C——燃料中碳的质量百分比含量(%)，取 85%；

q——化学不完全燃烧值(%)，取 5%~20%，在此取 8.4%。

根据《大气环境工程是实用手册》(化学工业出版社，2003 年出版)计算烟气量，本产品分馏装置区的围堰内面积为 15m×25m，即约 375m²的液面，则发生火灾时，产生的事故源强见表 11-17。

表 11-17　二甲苯输送管线发生火灾的伴生/次生源强

装　置	液池面积 m²	燃烧速率/[kg/(m²·s)]	CO 释放速率/(kg/s)	释放高度/m	烟气量/(Nm³/kg)	烟气量/(Nm³/s)
二甲苯输送管线	375	0.07	36.4	20	32	1456

③ 含苯轻烃泄漏挥发

本装置在生产反应过程中会产生少量的苯，在分馏工段和反应液分开，汽提塔顶与副产品轻烃 C_3/C_4 中含少量苯，循环塔顶少量苯/甲苯的混合物管道输送至反应系统参与反应，从两股含苯物质的走向看，评价选择输送距离相对较长的含苯轻烃泄漏挥发作为本次的最大可信事故。

本次评价假设含有少量苯的副产品轻烃 C_3/C_4 分馏系统输送管线发生泄漏破裂，泄漏量按最大在线量需要考虑，则轻烃最大泄漏速率为 0.38kg/s，释放高度以 10m 计算，泄漏时间 10min，泄漏量为 0.23t，其中含苯根据设计单位提供为 35%左右，苯的蒸发量根据公式计算见表 11-18。

表 11-18　含苯轻烃输送管道泄漏蒸发源强

风速 / 质量蒸发 / 稳定度条件	质量蒸发速度/(kg/s)				
	0.5(m/s)	1.5(m/s)	3.5(m/s)	5.0(m/s)	7.0(m/s)
不稳定(A，B)	0.44	1.06	2.18	—	—
中性(D)	0.50	1.17	2.29	3.41	4.30
稳定(E，F)	0.57	1.23	2.29	—	—

六、最大可信事故后果预测与评价

1. 事故后果预测

可信气象条件：按出现频率最高的气象条件，风速 2.5m/s，稳定度为 D 类。

不利气象条件：风速 0.5m/s，稳定度为 F 类；1.5m/s，稳定度为 F 类。

二甲苯的 IDLH(立即威胁生命和健康浓度)浓度值为 4400mg/m³，小于 CO 的 IDLH 浓度值，所以评价选取二甲苯管线发生火灾爆炸事故伴生的 CO 进行后果预测。

(1) 二甲苯输送管线泄漏

本次评价假设二甲苯产品分馏系统输送管线发生泄漏破裂，泄漏量按最大在线量需要考虑，则二甲苯最大泄漏速率为 12.6kg/s，释放高度以 10m 计算，泄漏时间 10min，泄漏量为 7.56t。发生输送管道泄漏事故时，计算二甲苯的最大落地浓度预测结果见表 11-19。

表 11-19　不同气象条件下二甲苯预测结果

风速/稳定度	源强/(kg/s)	最大浓度落地距离/m	最大落地浓度/(mg/m³)	影响半径/m	
				>19747mg/m³半致死浓度	>4400mg/m³ IDLH 浓度
1.5m/s，F	0.16	72	149.56	/	/
0.5m/s，F	0.07	72	130.52	/	/
3.5m/s，D	0.30	72	122.81	/	/
7.0m/s，D	0.56	72	94.16	/	/

从表 11-19 可知，发生二甲苯产品分馏输送管线泄漏事故时，没有出现半致死和 IDLH 浓度，不会对敏感点带来伤害。

但为保守起见建议 100m 范围作为该装置事故状态时的控制范围，事故一旦发生在该范围内的职工需立即组织撤离，非专业救援人员禁止入内，同时应定期安排此范围内人员进行紧急撤离演习。

(2) 发生火灾事故半生的 CO

发生管线泄漏火灾事故，计算条件下 CO 的最大落地浓度预测结果见表 11-20。

表 11-20　二甲苯输送管线设定火灾事故伴生 CO 不同气象条件下 CO 预测结果

风速/稳定度	源强/(kg/s)	最大浓度落地距离/m	最大落地浓度/(mg/m³)	影响半径/m	
				>1700mg/m³半致死浓度	>4600mg/m³ IDLH 浓度
1.5m/s，F	36.7	290	5057.61	580	210
1.5m/s，D	36.7	290	2999.47	360	/
0.5m/s，F	36.7	290	1545.26	/	/
0.5m/s，D	36.7	290	1341.03	/	/
2.6m/s，D	36.7	290	1730.55	/	/

输送管线在发生火灾爆炸事故伴生的 CO 扩散，将在周边出现 IDLH 浓度，最大为产品分馏输送管线周边 580m，事故一旦发生在该范围内的职工需立即组织撤离，非专业救援人员禁止入内，同时应定期安排此范围内人员进行紧急撤离演习；半致死浓度范围为事故点周边 210m，在该范围内禁止有常住居民、学校、医院等敏感点，厂内也禁止设置倒班宿舍，结合总平面布置图可知，该距离内没有居民，可满足上述要求。

(3) 含苯轻烃泄漏挥发

含有少量苯的副产品轻烃 C_3/C_4 分馏系统输送管线发生泄漏破裂，泄漏量按最大在线量需要考虑，则轻烃最大泄漏速率为 0.38kg/s，释放高度以 10m 计算，泄漏时间 10min，泄漏量为 0.23t，其中含苯根据设计单位提供为 35%左右，发生输送管道泄漏事故时，计算苯的最大落地浓度预测结果见表 11-21。

表 11-21　不同气象条件下苯预测结果

风速/稳定度	源强/(kg/s)	最大浓度落地距离/m	最大落地浓度/(mg/m³)	影响半径/m	
				>19747mg/m³半致死浓度	>4400mg/m³ IDLH 浓度
1.5m/s，F	0.16	72	49.85	/	/
0.5m/s，F	0.07	72	43.51	/	/
3.5m/s，D	0.30	72	40.94	/	/
7.0m/s，D	0.56	72	31.39	/	/

从表 11-21 可知，发生含苯的副产品轻烃 C_3/C_4 分馏输送管线泄漏事故时，没有出现半致死和 IDLH 浓度，不会对敏感点带来伤害。

2. 风险值计算与分析

（1）风险值计算

风险值是风险评价表征量，包括事故的发生概率和事故的危害程度：

$$\text{风险值}\left(\frac{\text{后果}}{\text{时间}}\right)=\text{概率}\left(\frac{\text{事故数}}{\text{单位时间}}\right)\times\text{危害程度}\left(\frac{\text{后果}}{\text{每次事故}}\right)$$

按事故设定源项和概率，及污染物在不同类型天气下对周围人群造成的伤害，计算各种污染物突发事故下所致的风险值。

（2）风险可接受分析

风险可接受分析采用最大可信事故风险值 R_{max} 与同行业可接受风险水平 R_L 比较：

$R_{max} \leq R_L$，认为环境风险水平是可以接受的；

$R_{max} > R_L$，需要进一步采取环境风险防范措施，以达到可接受水平；否则不可接受。

石油化工行业的标准值见表 11-22，本评价选取行业风险值为 8.33×10^{-5}。

表 11-22　石油化工行业可接受风险值（死亡/年）

行业参考值	建议标准值
美国 7.14×10^{-5}	8.33×10^{-5}
英国 9.52×10^{-5}	
中国 8.81×10^{-5}	

发生本评价设定的最大可信事故时，二甲苯输送管线发生火灾伴生的 CO 挥发出现了半致死浓度为 210m，结合厂区总平面布置来看控制在厂区范围以内，发生该类事故时出现死亡概率浓度的范围大部分在本项目范围内，则半致死浓度范围的人员以厂区人员为主。

七、结论

（1）本装置的主要涉及的物料为 C_{9+} 重芳、氢气、二甲苯等，根据《建设项目环境风险评价技术导则》（HJ 169—2018）的要求，对本项目涉及的物质进行火灾危险性识别，均为易燃物质，其中属于易燃 1 类的为氢气，易燃 2 类的为二甲苯。

根据《职业性接触毒物危害程度分级》（GBZ 230—2010），对本项目涉及的物质进行毒物危害程度分级分析，二甲苯为Ⅲ级中度危害有毒物质。

（2）本装置二甲苯、氢气的在线量均远低于《危险化学品重大危险源辨识》（GB 18218—2018）或《建设项目环境风险评价技术导则》（HJ 169—2018）中规定的临界量，生产装置区二甲苯、氢气的在线量未超过临界量不属于重大危险源；风险评价等级确定为一级。

（3）经过风险识别，本次评价选取二甲苯产品分馏系统输送管线发生泄漏破裂、发生火灾事故半生的 CO 为最大可信事故，发生管线泄漏事故时，没有出现二甲苯半致死和 IDLH 浓度，不会对敏感点带来伤害。

输送管线在发生火灾爆炸事故伴生的 CO 扩散，将在周边出现 IDLH 浓度，最大为产品分馏输送管线周边 580m，事故一旦发生在该范围内的职工需立即组织撤离，非专业救援人员禁止入内，同时应定期安排此范围内人员进行紧急撤离演习；半致死浓度范围为事故点周边 210m。

(4) 本项目最大可信事故对环境所造成的风险值 R 最大值为 2.4×10^{-5}次/年，与石油化工行业统计风险值 8.3×10^{-5}人/年比较，属可接受风险值。

习　题

1. 名词解释

环境风险；环境风险潜势；危险单元；最大可信事故。

2. 环境风险评价工作等级划分的依据是什么？

3. 了解大气、地表水、地下水环境敏感程度(E)等级判断方法与依据。

4. 简述环境风险评价的基本内容。

5. 源项分析的主要内容是什么？源项分析一般采取什么方法？

6. 简述建设项目环境风险预测常用模型选择与参数选择。

7. 简述常见的企业环境风险管理防范措施。

第十二章　规划环境影响评价

第一节　基本概念

1. 生态空间

指具有自然属性、以提供生态服务或生态产品为主体功能的国土空间，包括森林、草原、湿地、河流、湖泊、滩涂、岸线、海洋、荒地、荒漠、戈壁、冰川、高山冻原、无居民海岛等区域，是保障区域生态系统稳定性、完整性，提供生态服务功能的主要区域。

2. 环境目标

指为保护和改善生态环境而设定的、拟在相应规划期限内达到的环境质量、生态功能和其他与生态环境保护相关的目标和要求，是规划编制和实施应满足的生态环境保护总体要求。

3. 生态保护红线

指在生态空间范围内具有特殊重要生态功能、必须强制性严格保护的区域，是保障和维护国家生态安全的底线和生命线，通常包括具有重要水源涵养、生物多样性维护、水土保持、防风固沙、海岸生态稳定等功能的生态功能重要区域，以及水土流失、土地沙化、石漠化、盐渍化等生态环境敏感脆弱区域。

4. 环境质量底线

指按照水、大气、土壤环境质量不断优化的原则，结合环境质量现状和相关规划、功能区划要求，考虑环境质量改善潜力，确定的分区域分阶段环境质量目标及相应的环境管控、污染物排放控制等要求。

5. 资源利用上线

以保障生态安全和改善环境质量为目的，结合自然资源开发管控，提出的分区域分阶段的资源开发利用总量、强度、效率等管控要求。

6. 环境敏感区

指依法设立的各级各类保护区域和对规划实施产生的环境影响特别敏感的区域，主要包括生态保护红线范围内或者其外的下列区域：

① 自然保护区、风景名胜区、世界文化和自然遗产地、海洋特别保护区、饮用水水源保护区；

② 永久基本农田、基本草原、森林公园、地质公园、重要湿地、天然林、野生动物重要栖息地、重点保护野生植物生长繁殖地、重要水生生物自然产卵场、索饵场、越冬场和洄游通道、天然渔场、水土流失重点预防区、沙化土地封禁保护区、封闭及半封闭海域；

③ 以居住、医疗卫生、文化教育、科研、行政办公等为主要功能的区域，以及文物保护单位。

7. 重点生态功能区

指生态系统脆弱或生态功能重要，需要在国土空间开发中限制进行大规模高强度工业化城镇化开发，以保持并提高生态产品供给能力的区域。

8. 生态系统完整性

指自然生态系统通过其组织、结构、关系等应对外来干扰并维持自身状态稳定性和生产能力的功能水平。

9. 环境管控单元

指集成生态保护红线及生态空间、环境质量底线、资源利用上线的管控区域。

10. 生态环境准入清单

指基于环境管控单元，统筹考虑生态保护红线、环境质量底线、资源利用上线的管控要求，以清单形式提出的空间布局、污染物排放、环境风险防控、资源开发利用等方面生态环境准入要求。

11. 跟踪评价

指规划编制机关在规划的实施过程中，对已经和正在产生的环境影响进行监测、分析和评价的过程，用以检验规划实施的实际环境影响以及不良环境影响减缓措施的有效性，并根据评价结果，提出完善环境管理方案，或者对正在实施的规划方案进行修订。

值得注意的是，上述定义中“生态保护红线、环境质量底线、资源利用上线和生态环境准入清单”又简称“三线一单”。

第二节　评价原则和方法

一、评价目的

规划环评以改善环境质量和保障生态安全为目标，论证规划方案的生态环境合理性和环境效益，提出规划优化调整建议；明确不良生态环境影响的减缓措施，提出生态环境保护建议和管控要求，为规划决策和规划实施过程中的生态环境管理提供依据。

二、评价原则

1. 早期介入、过程互动

评价应在规划编制的早期阶段介入，在规划前期研究和方案编制、论证、审定等关键环节和过程中充分互动，不断优化规划方案，提高环境合理性。

2. 统筹衔接、分类指导

评价工作应突出不同类型、不同层级规划及其环境影响特点，充分衔接“三线一单”成果，分类指导规划所包含建设项目的布局和生态环境准入。

3. 客观评价、结论科学

依据现有知识水平和技术条件对规划实施可能产生的不良环境影响的范围和程度进行客观分析，评价方法应成熟可靠，数据资料应完整可信，结论建议应具体明确且具有可操作性。

三、评价范围

按照规划实施的时间维度和可能影响的空间尺度来界定评价范围。

时间维度上，应包括整个规划期，并根据规划方案的内容、年限等选择评价的重点时段。

空间尺度上，应包括规划空间范围以及可能受到规划实施影响的周边区域。周边区域确定应考虑各环境要素评价范围，兼顾区域流域污染物传输扩散特征、生态系统完整性和行政边界。

四、评价工作流程

规划环境影响评价应在规划编制的早期阶段介入，并与规划编制、论证及审定等关键环节和过程充分互动。规划环境影响评价的一般工作流程如下：

（1）在规划前期阶段，同步开展规划环评工作。通过对规划内容的分析，收集与规划相关的法律法规、环境政策等，收集上层位规划和规划所在区域战略环评及“三线一单”成果，对规划区域及可能受影响的区域进行现场踏勘，收集相关基础数据资料，初步调查环境敏感区情况，识别规划实施的主要环境影响，分析提出规划实施的资源、生态、环境制约因素，反馈给规划编制机关。

（2）在规划方案编制阶段，完成现状调查与评价，提出环境影响评价指标体系，分析、预测和评价拟定规划方案实施的资源、生态、环境影响，并将评价结果和结论反馈给规划编制机关，作为方案比选和优化的参考和依据。

（3）在规划的审定阶段：

① 进一步论证拟推荐的规划方案的环境合理性，形成必要的优化调整建议，反馈给规划编制机关。针对推荐的规划方案提出不良环境影响减缓措施和环境影响跟踪评价计划，编制环境影响报告书。

② 如果拟选定的规划方案在资源、生态、环境方面难以承载，或者可能造成重大不良生态环境影响且无法提出切实可行的预防或减缓对策和措施，或者根据现有的数据资料和专家知识对可能产生的不良生态环境影响的程度、范围等无法做出科学判断，应向规划编制机关提出对规划方案做出重大修改的建议并说明理由。

（4）规划环境影响报告书审查会后，应根据审查小组提出的修改意见和审查意见对报告书进行修改完善。

（5）在规划报送审批前，应将环境影响评价文件及其审查意见正式提交给规划编制机关。

规划环境影响评价的技术流程见图 12-1。

五、评价方法

规划环境影响评价各工作环节常用的方式和方法见各具体章节，部分常用方法参见《规划环境影响评价技术导则 总纲（HJ 130—2019）》附录 B。进行具体评价工作时可根据需要选用其他成熟的技术方法。

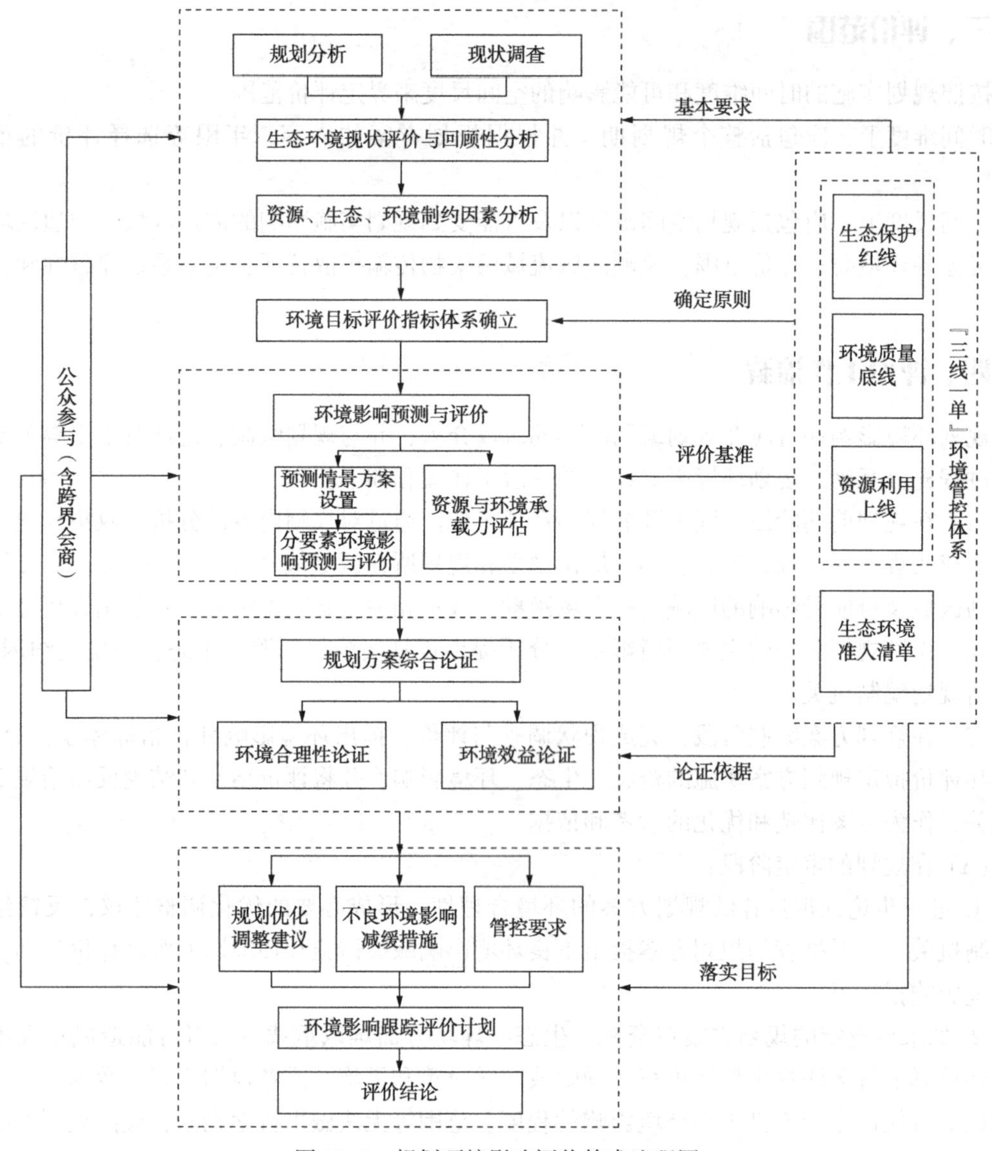

图 12-1　规划环境影响评价技术流程图

第三节　规划环境影响评价内容

一、规划分析

规划分析包括规划概述和规划协调性分析。规划概述应明确可能对生态环境造成影响的规划内容；规划协调性分析应明确规划与相关法律、法规、政策的相符性，以及规划在空间布局、资源保护与利用、生态环境保护等方面的冲突和矛盾。

1. 规划概述

规划概述介绍规划编制背景和定位，结合图、表梳理分析规划的空间范围和布局，规划不同阶段目标、发展规模、布局、结构(包括产业结构、能源结构、资源利用结构等)、建设时序，配套基础设施等可能对生态环境造成影响的规划内容，梳理规划的环境目标、环境污染治理要求、环保基础设施建设、生态保护与建设等方面的内容。如规划方案包含的具体建设项目有明确的规划内容，应说明其建设时段、内容、规模、选址等。

2. 规划协调性分析

（1）规划协调性分析要标筛选出与本规划相关的生态环境保护法律法规、环境经济政策、环境技术政策、资源利用和产业政策，分析本规划与其相关要求的符合性。

（2）分析规划规模、布局、结构等规划内容与上层位规划、区域“三线一单”管控要求、战略或规划环评成果的符合性，识别并明确在空间布局以及资源保护与利用、生态环境保护等方面的冲突和矛盾。

（3）筛选出在评价范围内与本规划同层位的自然资源开发利用或生态环境保护相关规划，分析与同层位规划在关键资源利用和生态环境保护等方面的协调性，明确规划与同层位规划间的冲突和矛盾。

二、现状调查与评价

规划环境影响评价的基本要求是开展资源利用和生态环境现状调查、环境影响回顾性分析，明确评价区域资源利用水平和生态功能、环境质量现状、污染物排放状况，分析主要生态环境问题及成因，梳理规划实施的资源、生态、环境制约因素。

1. 现状调查

现状调查从以下三方面着手：

（1）调查应包括自然地理状况、环境质量现状、生态状况及生态功能、环境敏感区和重点生态功能区、资源利用现状、社会经济概况、环保基础设施建设及运行情况等内容。实际工作中应根据规划环境影响特点和区域生态环境保护要求开展调查和资料收集，并附相应图件。

（2）现状调查应立足于收集和利用评价范围内已有的常规现状资料，并说明资料来源和有效性。有常规监测资料的区域，资料原则上包括近5年或更长时间段资料，能够说明各项调查内容的现状和变化趋势。对其中的环境监测数据，应给出监测点位名称、监测点位分布图、监测因子、监测时段、监测频次及监测周期等，分析说明监测点位的代表性。

（3）当现有资料不能满足评价要求，或评价范围内有需要特别保护的环境敏感区时，可利用相关研究成果，必要时进行补充调查或监测，补充调查样点或监测点位应具有针对性和代表性。

2. 现状评价与回顾性分析

（1）资源利用现状评价

明确与规划实施相关的自然资源、能源种类，结合区域资源禀赋及其合理利用水平或上线要求，分析区域水资源、土地资源、能源等各类资源利用的现状水平和变化趋势。

（2）环境与生态现状评价

① 结合各类环境功能区划及其目标质量要求，评价区域水、大气、土壤、声等环境要素的质量现状和演变趋势，明确主要和特征污染因子，并分析其主要来源；分析区域环境质量达标情况、主要环境敏感区保护等方面存在的问题及成因，明确需解决的主要环境问题。

② 结合区域生态系统的结构与功能状况，评价生态系统的重要性和敏感性，分析生态状况和演变趋势及驱动因子。当评价区域涉及环境敏感区和重点生态功能区时，应分析其生

态现状、保护现状和存在的问题等；当评价区域涉及受保护的关键物种时，应分析该物种种群与重要生境的保护现状和存在问题。明确需解决的主要生态保护和修复问题。

（3）环境影响回顾性分析

结合上一轮规划实施情况或区域发展历程，分析区域生态环境演变趋势和现状生态环境问题与上一轮规划实施或发展历程的关系，调查分析上一轮规划环评及审查意见落实情况和环境保护措施的效果。提出本次评价应重点关注的生态环境问题及解决途径。

3. 制约因素分析

分析评价区域资源利用水平、生态状况、环境质量等现状与区域资源利用上线、生态保护红线、环境质量底线等管控要求间的关系，明确提出规划实施的资源、生态、环境制约因素。

三、环境影响识别与评价指标体系构建

1. 环境影响识别

（1）根据规划方案的内容、年限，识别和分析评价期内规划实施对资源、生态、环境造成影响的途径、方式，以及影响的性质、范围和程度。识别规划实施可能产生的主要生态环境影响和风险。

（2）对于可能产生具有易生物蓄积、长期接触对人群和生物产生危害作用的无机和有机污染物、放射性污染物、微生物等的规划，还应识别规划实施产生的污染物与人体接触的途径以及可能造成的人群健康风险。

（3）对资源、生态、环境要素的重大不良影响，可从规划实施是否导致区域环境质量下降和生态功能丧失、资源利用冲突加剧、人居环境明显恶化等三个方面进行分析与判断。

（4）通过环境影响识别，筛选出受规划实施影响显著的资源、生态、环境要素，作为环境影响预测与评价的重点。

2. 环境目标与评价指标确定

（1）确定环境目标

分析国家和区域可持续发展战略、生态环境保护法规与政策、资源利用法规与政策等的目标及要求，重点依据评价范围涉及的生态环境保护规划、生态建设规划以及其他相关生态环境保护管理规定，结合规划协调性分析结论，衔接区域“三线一单”成果，设定各评价时段有关生态功能保护、环境质量改善、污染防治、资源开发利用等的具体目标及要求。

（2）建立评价指标体系

结合规划实施的资源、生态、环境等制约因素，从环境质量、生态保护、资源利用、污染排放、风险防控、环境管理等方面构建评价指标体系。评价指标应符合评价区域生态环境特征，体现环境质量和生态功能不断改善的要求，体现规划的属性特点及其主要环境影响特征。

（3）确定评价指标值

评价指标应易于统计、比较和量化，指标值符合相关产业政策、生态环境保护政策、相关标准中规定的限值要求，如国内政策、标准中没有相应的规定，也可参考国际标准来确定；对于不易量化的指标可参考相关研究成果或经过专家论证，给出半定量的指标值或定性说明。

四、环境影响预测与评价

1. 基本要求

(1) 规划环境影响预测与评价主要针对环境影响识别出的资源、生态、环境要素，开展多情景的影响预测与评价，一般包括预测情景设置、规划实施生态环境压力分析，环境质量、生态功能的影响预测与评价，对环境敏感区和重点生态功能区的影响预测与评价，环境风险预测与评价，资源与环境承载力评估等内容。

(2) 环境影响预测与评价应给出规划实施对评价区域资源、生态、环境的影响程度和范围，叠加环境质量、生态功能和资源利用现状，分析规划实施后能否满足环境目标要求，评估区域资源与环境承载能力。

(3) 应充分考虑不同层级和属性规划的环境影响特征以及决策需求，采用定性和定量相结合的方式开展评价。对主要环境要素的影响预测和评价可参考相应的环境影响评价技术导则。

2. 环境影响预测与评价的内容

(1) 预测情景设置

应结合规划所依托的资源环境和基础设施建设条件、区域生态功能维护和环境质量改善要求等，从规划规模、布局、结构、建设时序等方面，设置多种情景开展环境影响预测与评价。

(2) 规划实施生态环境压力分析

① 依据环境现状评价和回顾性分析结果，考虑技术进步等因素，估算不同情景下水、土地、能源等规划实施支撑性资源的需求量和主要污染物(包括常规污染物和特征污染物)的产生量、排放量。

② 依据生态现状评价和回顾性分析结果，考虑生态系统演变规律及生态保护修复等因素，评估不同情景下主要生态因子(如生物量、植被覆盖度/率、重要生境面积等)的变化量。

(3) 影响预测与评价

① 水环境影响预测与评价

预测不同情景下规划实施导致的区域水资源、水文情势、海洋水文动力环境和冲淤环境、地下水补径排状况等的变化，分析主要污染物对地表水和地下水、近岸海域水环境质量的影响，明确影响的范围、程度，评价水环境质量的变化能否满足环境目标要求，绘制必要的预测与评价图件。

② 大气环境影响预测与评价

预测不同情景下规划实施产生的大气污染物对环境空气质量的影响，明确影响范围、程度，评价大气环境质量的变化能否满足环境目标要求，绘制必要的预测与评价图件。

③ 土壤环境影响预测与评价

预测不同情景下规划实施的土壤环境风险，评价土壤环境的变化能否满足相应环境管控要求，绘制必要的预测与评价图件。

④ 声环境影响预测与评价

预测不同情景下规划实施对声环境质量的影响，明确影响范围、程度，评价声环境质量的变化能否满足相应的功能区目标，绘制必要的预测与评价图件。

⑤ 生态影响预测与评价

预测不同情景下规划实施对生态系统结构、功能的影响范围和程度，评价规划实施对生物多样性和生态系统完整性的影响，绘制必要的预测与评价图件。

⑥ 环境敏感区影响预测与评价

预测不同情景下规划实施对评价范围内生态保护红线、自然保护区等环境敏感区的影响，评价其是否符合相应的保护和管控要求，绘制必要的预测与评价图件。

⑦ 人群健康风险分析

对可能产生具有易生物蓄积、长期接触对人群和生物产生危害作用的无机和有机污染物、放射性污染物、微生物等的规划，根据上述特定污染物的环境影响范围，估算暴露人群数量和暴露水平，开展人群健康风险分析。

⑧ 环境风险预测与评价

对于涉及重大环境风险源的规划，应进行风险源及源强、风险源叠加、风险源与受体响应关系等方面的分析，开展环境风险评价。

（4）资源与环境承载力评估

① 资源与环境承载力分析

分析规划实施支撑性资源（水资源、土地资源、能源等）可利用上限和规划实施主要环境影响要素（大气、水等）污染物允许排放量，结合现状利用和排放量、区域削减量，分析各评价时段剩余可利用的资源量和剩余污染物允许排放量。

② 资源与环境承载状态评估

根据规划实施新增资源消耗量和污染物排放量，分析规划实施对各评价时段剩余可利用资源量和剩余污染物允许排放量的占用情况，评估资源与环境对规划实施的承载状态。

五、规划方案综合论证

规划方案的综合论证包括环境合理性论证和环境效益论证两部分内容。前者从规划实施对资源、生态、环境综合影响的角度，论证规划内容的合理性；后者从规划实施对区域经济、社会与环境发挥的作用，以及协调当前利益与长远利益之间关系的角度，论证规划方案的合理性。

1. 规划方案的环境合理性论证

（1）基于区域环境保护目标以及“三线一单”要求，结合规划协调性分析结论，论证规划目标与发展定位的环境合理性。

（2）基于环境影响预测与评价和资源与环境承载力评估结论，结合资源利用上线和环境质量底线等要求，论证规划规模和建设时序的环境合理性。

（3）基于规划布局与生态保护红线、重点生态功能区、其他环境敏感区的空间位置关系和对以上区域的影响预测结果，结合环境风险评价的结论，论证规划布局的环境合理性。

（4）基于环境影响预测与评价和资源与环境承载力评估结论，结合区域环境管理和循环经济发展要求，以及规划重点产业的环境准入条件和清洁生产水平，论证规划用地结构、能源结构、产业结构的环境合理性。

（5）基于规划实施环境影响预测与评价结果，结合生态环境保护措施的经济技术可行性、有效性，论证环境目标的可达性。

2. 规划方案的环境效益论证

分析规划实施在维护生态功能、改善环境质量、提高资源利用效率、减少温室气体排放、保障人居安全、优化区域空间格局和产业结构等方面的环境效益。

3. 不同类型规划方案综合论证重点

值得注意的是，不同类型规划方案综合论证重点进行综合论证时，应针对不同类型和不同层级规划的环境影响特点，选择论证方向，突出重点。

(1) 对于资源能源消耗量大、污染物排放量高的行业规划，重点从流域和区域资源利用上线、环境质量底线对规划实施的约束、规划实施可能对环境质量的影响程度、环境风险、人群健康风险等方面，论述规划拟定的发展规模、布局(及选址)和产业结构的环境合理性。

(2) 对于土地利用的有关规划和区域、流域、海域的建设、开发利用规划，农业、畜牧业、林业、能源、水利、旅游、自然资源开发专项规划，重点从流域或区域生态保护红线、资源利用上线对规划实施的约束，以及规划实施对生态系统及环境敏感区、重点生态功能区结构、功能的影响和生态风险等角度，论述规划方案的环境合理性。

(3) 对于公路、铁路、城市轨道交通、航运等交通类规划，重点从规划实施对生态系统结构、功能所造成的影响，规划布局与评价区域生态保护红线、重点生态功能区、其他环境敏感区的协调性等方面，论述规划布局(及选线、选址)的环境合理性。

(4) 对于产业园区等规划，重点从区域资源利用上线、环境质量底线对规划实施的约束、规划及包括的交通运输实施可能对环境质量的影响程度以及环境风险与人群健康风险等方面，综合论述规划规模、布局、结构、建设时序以及规划环境基础设施、重大建设项目的环境合理性。

(5) 对于城市规划、国民经济与社会发展规划等综合类规划，重点从区域资源利用上线、生态保护红线、环境质量底线对规划实施的约束，城市环境基础设施对规划实施的支撑能力、规划及相关交通运输实施对改善环境质量、优化城市生态格局、提高资源利用效率的作用等方面，综合论述规划方案的环境合理性。

六、规划方案优化调整建议

(1) 根据规划方案的环境合理性和环境效益论证结果，对规划内容提出明确的、具有可操作性的优化调整建议，特别是出现以下情形时：

① 规划的主要目标、发展定位不符合上层位主体功能区规划、区域“三线一单”等要求。

② 规划空间布局和包含的具体建设项目选址、选线不符合生态保护红线、重点生态功能区，以及其他环境敏感区的保护要求。

③ 规划开发活动或包含的具体建设项目不满足区域生态环境准入清单要求、属于国家明令禁止的产业类型或不符合国家产业政策、环境保护政策。

④ 规划方案中配套的生态保护、污染防治和风险防控措施实施后，区域的资源、生态、环境承载力仍无法支撑规划实施，环境质量无法满足评价目标，或仍可能造成重大的生态破坏和环境污染，或仍存在显著的环境风险。

⑤ 规划方案中有依据现有科学水平和技术条件，无法或难以对其产生的不良环境影响的程度或范围作出科学、准确判断的内容。

(2) 应明确优化调整后的规划布局、规模、结构、建设时序，给出相应的优化调整图、表，说明优化调整后的规划方案具备资源、生态和环境方面的可支撑性。

（3）将优化调整后的规划方案，作为评价推荐的规划方案。

（4）说明规划环评与规划编制的互动过程、互动内容和各时段向规划编制机关反馈的建议及其被采纳情况等互动结果。

七、环境影响减缓对策和措施

规划的环境影响减缓对策和措施是针对评价推荐的规划方案实施后可能产生的不良环境影响，在充分评估规划方案中已明确的环境污染防治、生态保护、资源能源增效等相关措施的基础上，提出的环境保护方案和管控要求。

（1）环境影响减缓对策和措施应具有针对性和可操作性，能够指导规划实施中的生态环境保护工作，有效预防重大不良生态环境影响的产生，并促进环境目标在相应的规划期限内可以实现。

（2）环境影响减缓对策和措施一般包括生态环境保护方案和管控要求。

环境影响减缓对策和措施主要内容包括：

① 提出现有生态环境问题解决方案，规划区域整体性污染治理、生态修复与建设、生态补偿等环境保护方案，以及与周边区域开展联防联控等预防和减缓环境影响的对策措施。

② 提出规划区域资源能源可持续开发利用、环境质量改善等目标、指标性管控要求。

③ 对于产业园区等规划，从空间布局约束、污染物排放管控、环境风险防控、资源开发利用等方面，以清单方式列出生态环境准入要求。

八、规划所包含建设项目环评要求

如规划方案中包含具体的建设项目，应针对建设项目所属行业特点及其环境影响特征，提出建设项目环境影响评价的重点内容和基本要求，并依据规划环评的主要评价结论提出建设项目的生态环境准入要求（包括选址或选线、规模、资源利用效率、污染物排放管控、环境风险防控和生态保护要求等）、污染防治措施建设要求等。

对符合规划环评环境管控要求和生态环境准入清单的具体建设项目，应将规划环评结论作为重要依据，其环评文件中选址选线、规模分析内容可适当简化。当规划环评资源、环境现状调查与评价结果仍具有时效性时，规划所包含的建设项目环评文件中现状调查与评价内容可适当简化。

九、环境影响跟踪评价计划

结合规划实施的主要生态环境影响，拟定跟踪评价计划，监测和调查规划实施对区域环境质量、生态功能、资源利用等的实际影响，以及不良生态环境影响减缓措施的有效性。

跟踪评价取得的数据、资料和结果应能够说明规划实施带来的生态环境质量实际变化，反映规划优化调整建议、环境管控要求和生态环境准入清单等对策措施的执行效果，并为后续规划实施、调整、修编，完善生态环境管理方案和加强相关建设项目环境管理等提供依据。

跟踪评价计划应包括工作目的、监测方案、调查方法、评价重点、执行单位、实施安排等内容。主要包括：

（1）明确需重点调查、监测、评价的资源生态环境要素，提出具体监测计划及评价指标，以及相应的监测点位、频次、周期等。

（2）提出调查和分析规划优化调整建议、环境影响减缓措施、环境管控要求和生态环境准入清单落实情况和执行效果的具体内容和要求，明确分析和评价不良生态环境影响预防和减缓措施有效性的监测要求和评价准则。

（3）提出规划实施对区域环境质量、生态功能、资源利用等的阶段性综合影响，环境影响减缓措施和环境管控要求的执行效果，后续规划实施调整建议等跟踪评价结论的内容和要求。

十、公众参与和会商意见处理

收集整理公众意见和会商意见，对于已采纳的，应在环境影响评价文件中明确说明修改的具体内容；对于未采纳的，应说明理由。

十一、评价结论

评价结论是对全部评价工作内容和成果的归纳总结，应文字简洁、观点鲜明、逻辑清晰、结论明确。

在评价结论中应明确以下内容：

（1）区域生态保护红线、环境质量底线、资源利用上线，区域环境质量现状和演变趋势，资源利用现状和演变趋势，生态状况和演变趋势，区域主要生态环境问题、资源利用和保护问题及成因，规划实施的资源、生态、环境制约因素。

（2）规划实施对生态、环境影响的程度和范围，区域水、土地、能源等各类资源要素和大气、水等环境要素对规划实施的承载能力，规划实施可能产生的环境风险，规划实施环境目标可达性分析结论。

（3）规划的协调性分析结论，规划方案的环境合理性和环境效益论证结论，规划优化调整建议等。

（4）减缓不良环境影响的生态环境保护方案和管控要求。

（5）规划包含的具体建设项目环境影响评价的重点内容和简化建议等。

（6）规划实施环境影响跟踪评价计划的主要内容和要求。

（7）公众意见、会商意见的回复和采纳情况。

第四节　规划环境影响评价文件的编制要求

规划环境影响评价文件应图文并茂、数据详实、论据充分、结构完整、重点突出、结论和建议明确。

规划环境影响报告书应包括以下主要内容：总则、规划分析、环境现状调查与评价、环境影响识别与评价指标体系构建、环境影响识别与评价指标体系构建、环境影响预测与评价、规划方案综合论证和优化调整建议、环境影响减缓措施、环境影响跟踪评价、公众意见回复和采纳情况以及评价结论。在评价结论中，要归纳总结评价工作成果，明确规划方案的环境合理性，以及优化调整建议和调整后的规划方案。

另外，规划环境影响评价文件中所附图件的要求如下：

（1）规划环境影响评价文件中图件一般包括规划概述相关图件，环境现状和区域规划相关图件，现状评价、环境影响评价、规划优化调整、环境管控、跟踪评价计划等成果图件。

（2）成果图件应包含地理信息、数据信息，依法需要保密的除外。

（3）报告书应包含的成果图件及格式、内容要求见《规划环境影响评价技术导则 总纲》（HJ 130—2019）的附录F。

习　题

1. 名词解释

环境敏感区；重点生态功能区；生态系统完整性；跟踪评价；生态保护红线。

2. 规划环境影响评价的目的是什么？

3. 规划环境影响评价的评价原则。

4. 什么是“三线一单”？

参 考 文 献

[1] 陆雍森. 环境评价[M]. 上海：同济大学出版社，1999.
[2] 环境保护部环境工程评估中心. 环境影响评价技术导则与标准[M]. 北京：中国环境科学出版社，2016.
[3] 全国人大环境与资源保护委员会法案室. 中华人民共和国环境影响评价法释义[M]. 北京：中国法制出版社，2003.
[4] 金腊华. 环境影响评价[M]. 北京：化学工业出版社，2015.
[5] 钱瑜. 环境影响评价[M]：江苏：南京大学出版社，2009.
[6] 环境保护部环境工程评估中心. 环境影响评价技术方法[M]. 北京：中国环境科学出版社，2008.
[7] 环境保护部环境工程评估中心. 建设项目环境影响评价分级审批目录. 2015 年[M]. 北京：中国环境出版社，2016.
[8] 环境保护部环境工程评估中心. 环境影响评价资质管理政策法规[M]. 北京：中国环境出版社，2015.
[9] 王罗春. 环境影响评价(第 2 版)[M]. 北京：冶金工业出版社，2012.
[10] 环境保护部环境工程评估中心. 环境影响评价相关法律法规[M]. 北京：中国环境科学出版社，2016.
[11] 王喆，吴犇. 环境影响评价[M]. 天津：南开大学出版社，2014.
[12] 沈洪艳. 环境影响评价教程[M]. 北京：化学工业出版社，2017.
[13] 何德文. 环境影响评价(第二版)[M]. 北京：科学出版社，2018.
[14] 李淑芹，孟宪林. 环境影响评价(第二版)[M]. 北京：化学工业出版社，2018.
[15]《环境影响评价与管理实务大全》编委会. 环境影响评价与管理实务大全[M]. 北京：中国水利水电出版社出版，2008.
[16] 环境保护部环境工程评估中心，环境影响评价案例分析：2011 年版[M]. 北京：中国环境科学出版社，2011.
[17] 叶建能. 城市道路声环境影响评价[D]. 石家庄铁道大学，2014.
[18] 李光耀. 呼和浩特石化公司 500×10^4t/a 炼油扩能改造项目环境保护措施技术与经济可行性研究[D]. 内蒙古大学，2013.
[19] 吴志涛. 基于路肩处等效声源的高速公路交通噪声预测与评价研究[D]. 哈尔滨工业大学，2013.
[20] 杨载松. 石化厂催化连续重整联合装置建设项目环境影响分析与实例研究[D]. 暨南大学，2010.
[21] 邓晴雯. 石化项目环境影响后评价方法及案例研究[D]. 大连理工大学，2015.
[22] 杨虹. 张家港石化码头的环境影响分析[D]. 天津大学，2009.
[23] 环境保护部，环境工程评估中心. 环境影响评价技术导则与标准：2014 年版[M]. 北京：中国环境科学出版社，2014.
[24] 环境保护部环境工程评估中心. 环境影响评价技术方法：2014 年版[M]. 北京：中国环境科学出版社，2014.
[25] 陆书玉. 环境影响评价[M]. 北京：高等教育出版社，2001.
[26] 国家环境保护总局监督管理司. 中国环境影响评价[M]. 北京：化学工业出版社，2000.
[27] 包存宽，陆雍森，尚金城. 规划环境影响评价方法及实例[M]. 北京：科学出版社，2004.
[28] 程胜高. 环境影响评价与环境规划[M]. 北京：中国环境科学出版社，1999.
[29] 郑铭. 环境影响评价导论[M]. 北京：化学工业出版社，2003.
[30] 国家发展和改革委员会. 产业结构调整指导目录(2019 年本)[M]，2019.
[31] HJ/T 169—2018 建设项目环境风险评价技术导则.
[32] HJ 964—2018 环境影响评价技术导则 土壤环境(试行).
[33] HJ 2. 2—2018 环境影响评价技术导则 大气环境.
[34] HJ 2. 3—2018 环境影响评价技术导则 地表水环境.
[35] HJ 610—2016 环境影响评价技术导则 地下水环境.

[36] 国家生态环境部. 环境影响评价公众参与办法[S]. 中国环境科学出版社，2018.
[37] HJ 130—2019 规划环境影响评价技术导则 总纲.
[38] HJ 2. 1—2011 环境影响评价技术导则 总纲.
[39] HJ 2. 4—2009 环境影响评价技术导则 声环境.
[40] HJ 19—2011 环境影响评价技术导则 生态环境.
[41] GB 15618—2018 土壤环境质量 农用地土壤污染风险管控标准(试行).
[42] GB 36600—2018 建设用地土壤污染风险管控标准.
[43] GB 18597—2001 危险废物储存污染控制标准.
[44] GB/T 19485—2014 海洋工程环境影响评价技术导则.
[45] 孙艳军，等. 城市轨道交通噪声环境影响评价方法及实例分析[J]. 环境监测管理与技术，2005(04)：19-22.